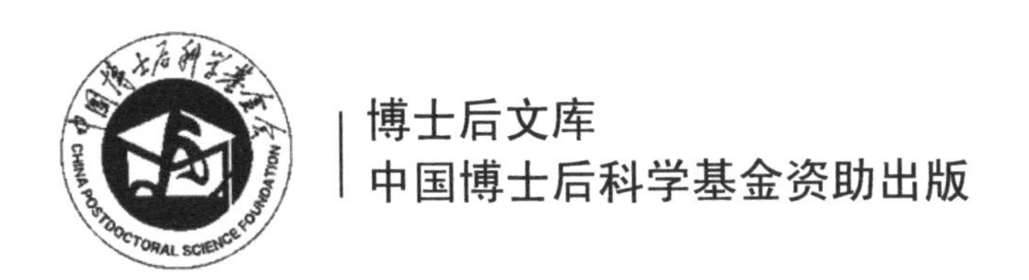

新型自适应微胶油藏适应性及调驱机理研究

孙　哲　著

科　学　出　版　社
北　京

内 容 简 介

本书通过多学科交叉创新的研究方法，开展自适应微胶物理化学性能、油藏适应性评价方法、传输运移和液流转向能力评价方法研究，建立孔喉和油藏不同尺度渗流实验及研究方法，探索自适应微胶与连续相调驱体系渗流机制及驱油机理的差异，然后对其矿场应用典型实例进行分析，建立提高采收率的百万吨产能数值模拟模型和经济分析模型，并给出提高采收率幅度定量预测图版。

本书可供油田开发人员、提高采收率研究工作者及石油工程、油气田开发、油田化学、应用化学等专业的研究生和本科生使用和参考。

图书在版编目（CIP）数据

新型自适应微胶油藏适应性及调驱机理研究/孙哲著. —北京：科学出版社，2022.11

（博士后文库）

ISBN 978-7-03-072323-9

Ⅰ. ①新… Ⅱ. ①孙… Ⅲ. ①油气藏-提高采收率-研究 Ⅳ. ①TE357

中国版本图书馆CIP数据核字（2022）第087602号

责任编辑：万群霞 崔元春 / 责任校对：王萌萌
责任印制：吴兆东 / 封面设计：陈 敬

科学出版社 出版
北京东黄城根北街16号
邮政编码：100717
http://www.sciencep.com
北京捷迅佳彩印刷有限公司 印刷
科学出版社发行 各地新华书店经销
*
2022年11月第 一 版 开本：720 × 1000 1/16
2022年11月第一次印刷 印张：13 1/2
字数：277 000

定价：178.00元

（如有印装质量问题，我社负责调换）

“博士后文库”编委会

“博士后文库”序言

在李政道先生的倡议和邓小平同志的亲自关怀下，1985 年，我国建立了博士后制度，同时设立了博士后科学基金。30 多年来，在党和国家的高度重视下，在社会各方面的关心和支持下，博士后制度为我国培养了一大批青年高层次创新人才。在这一过程中，博士后科学基金发挥了不可替代的独特作用。

博士后科学基金是中国特色博士后制度的重要组成部分，专门用于资助博士后研究人员开展创新探索。博士后科学基金的资助，对正处于独立科研生涯起步阶段的博士后研究人员来说，适逢其时，有利于培养他们独立的科研人格、在选题方面的竞争意识以及负责的精神，是他们独立从事科研工作的“第一桶金”。尽管博士后科学基金资助金额不大，但对博士后青年创新人才的培养和激励作用不可估量。四两拨千斤，博士后科学基金有效地推动了博士后研究人员迅速成长为高水平的研究人才，“小基金发挥了大作用”。

在博士后科学基金的资助下，博士后研究人员的优秀学术成果不断涌现。2013 年，为提高博士后科学基金的资助效益，中国博士后科学基金会联合科学出版社开展了博士后优秀学术专著出版资助工作，通过专家评审遴选出优秀的博士后学术著作，收入“博士后文库”，由博士后科学基金资助、科学出版社出版。我们希望，借此打造专属于博士后学术创新的旗舰图书品牌，激励博士后研究人员潜心科研，扎实治学，提升博士后优秀学术成果的社会影响力。

2015 年，国务院办公厅印发了《关于改革完善博士后制度的意见》（国办发〔2015〕87 号），将“实施自然科学、人文社会科学优秀博士后论著出版支持计划”作为“十三五”期间博士后工作的重要内容和提升博士后研究人员培养质量的重要手段，这更加凸显了出版资助工作的意义。我相信，我们提供的这个出版资助平台将对博士后研究人员激发创新智慧、凝聚创新力量发挥独特的作用，促使博士后研究人员的创新成果更好地服务于创新驱动发展战略和创新型国家的建设。

祝愿广大博士后研究人员在博士后科学基金的资助下早日成长为栋梁之才，为实现中华民族伟大复兴的中国梦做出更大的贡献。

中国博士后科学基金会理事长

序

随着国民经济的快速发展，我国能源特别是石油资源消费需求量逐年上升，石油对外依存度不断增加。2021 年我国原油进口总量为 5.13 亿 t，原油对外依存度高达 72%，远超国际公认的能源安全警戒线（50%）。为此，国家要求加大国内油气勘探开发力度，增储上产，提高油气自给能力，石油产量要保持在 2 亿 t 以上。聚合物驱油以其技术简单和费用较低而受到油田开发技术人员广泛重视，目前已在大庆、胜利和渤海等油田开展工业化推广应用或矿场试验，取得了明显的增油降水效果。然而聚合物驱油过程进入中后期后，由于驱油体系无区分增加储层油水流动阻力，中-低渗透层因吸入聚合物溶液而引起启动压力持续升高，吸液压差逐步减小，进而引起“吸液剖面返转”，造成低渗透区域剩余油难以启动，最终影响油田整体开发效果。针对上述问题，在精细油藏描述及油藏工程研究的基础上，国内外石油开发科技工作者形成了以廉价高效深部调驱剂开发为核心，以渗流机制及提高采收率机理研究为基础，以建立准确快捷决策及相关配套技术和促进深部调驱技术工业化应用为目标的油田开发技术体系。自适应微胶是依据岩石孔隙结构特征、流体渗流特点和现代功能微材料特性而创建的深部调驱体系，大量现场试验表明该体系增油降水效果十分显著，具有广阔的发展和应用前景。然而，目前业内对于自适应微胶深部调驱技术的研究还不够系统和深入，无论是宏观渗流特征还是微观渗流机理等方面都存在大量亟待研究的工作。此外，自适应微胶渗流机理理论研究不足也制约了该技术的进一步发展，亟待对相关领域开展深入研究工作。

著者长期从事新型深部调驱体系室内研究和现场服务工作，积累了丰富的实践经验和第一手资料，发表了多篇高水平论文，获得了多项发明专利授权，为提高新型深部调驱体系矿场试验效果提供了重要的理论指导和技术支持。该书采用多学科交叉创新研究方法，以油藏工程、物理化学和生物流体力学等为理论指导，以孔隙尺度微观物理模拟和三维仿真宏观物理模拟技术（微流控技术与低场核磁共振等）为研究手段，结合 3D 打印技术等，开展了自适应微胶物理化学性能、油藏适应性评价方法、传输运移和液流转向能力评价方法研究。建立了孔喉和油藏不同尺度渗流实验及研究方法，探究了自适应微胶与连续相调驱体系（聚合物溶液和交联聚合物凝胶）渗流机制及驱油机理的差异，分析了矿场应用典型实例，建立了提高采收率百万吨产能数值模拟模型和经济分析模型，以及提高采收率幅度定量预测图版，为油田开发提供了全新的理论视角，有着较高的理论和实用价值。

该书是一部理论与实践相结合的专著，其中自适应微胶油藏适应性匹配图版可在矿场应用中选择与储层匹配性好的自适应微胶粒径，以提高自适应微胶调驱矿场试验效果；利用矿场应用典型实例进行分析建立的提高采收率百万吨产能数值模拟模型和经济分析模型，可为油田开发技术决策提供更有效的判断依据，降低项目投资风险，可以预见这些研究成果具有十分广阔的应用前景。

任何一项技术的发展与完善都是一个艰苦探索的过程，若要将该技术应用到更宽和更广阔的领域，就需要广大科技工作者在参考应用时予以深入挖掘、不断推进新型深部调驱技术进步。颗粒悬浮液及复杂流体在多孔介质中的流动问题广泛存在于自然界、工业和生物医疗等诸多领域，是渗流力学研究领域中普遍关注的前沿课题。因此，该书出版有助于进一步完善化学驱油理论和技术，具有重要的实际应用价值。

卢祥国

2022 年 3 月 26 日

前　言

传统聚合物驱油（简称聚合物驱）以其技术相对简单和采收率增幅较大而成为石油开发的重要技术手段。但在聚合物驱油中后期，由于储层非均质性和聚合物溶液滞留特性引起的“吸液剖面返转”现象，严重影响了聚合物驱油的开发效果。自适应微胶是近年发展起来的一项新型深部调驱体系，具有弹性较好、变形能力较强和微胶颗粒分布范围较窄等特点，其进入多孔介质内后具有“堵大不堵小”的封堵特性和运移→捕集→变形→再运移→再捕集→再变形的运动特征，可以减缓剖面返转进程，达到深部液流转向和扩大波及体积的目的。近年来，自适应微胶调驱技术在国内尤其是渤海油田进行了一系列矿场试验，增油降水效果十分明显。与矿场试验和应用现状相比，自适应微胶的研究与探索仍处于起步阶段，亟待深入开展相关研究工作。

本书通过多学科交叉创新研究方法，以及宏观和微观物理模拟，探索自适应微胶物理化学性能、油藏适应性、传输运移和驱油能力评价方法，深入剖析自适应微胶渗流机制和驱油机理，以及其矿场实际应用情况。自适应微胶颗粒具有良好的水化膨胀性能，其膨胀倍数随温度升高、溶剂水矿化度降低而增大。自适应微胶的油藏适应性受微胶类型、质量浓度和岩心渗透率影响：随微胶粒径、质量浓度和注入速度的增加，阻力系数呈逐渐上升的趋势。说明微胶溶液质量浓度增大和注入速度增加，导致在多孔介质中滞留的微胶数量增加，颗粒架桥封堵概率增大，并且颗粒继续膨胀，流动阻力持续增加，液流转向作用逐步增强。当质量分数为0.3%时，自适应微胶 $Microgel_{(W)}$ 和 $Microgel_{(Y)}$ 的渗透率极限值分别为 $240\times10^{-3}\mu m^2$ 和 $710\times10^{-3}\mu m^2$。自适应微胶传输运移岩心实验表明，自适应微胶与携带液“分工合作”，可以实现深部液流转向，扩大宏观和微观波及体积。自适应微胶液流转向能力评价实验表明，自适应微胶调驱增油降水效果要优于聚合物驱油，证实了其驱油机理的先进性与科学性。采用自适应微胶与水或自适应微胶与弱凝胶交替注入方式，可以减轻吸液剖面返转的严重程度，有利于提高自适应微胶调驱增油降水效果。自适应微胶调驱技术已经在华北、新疆、辽河、青海、渤海、大港等不同条件的油藏进行了矿场试验或应用，均取得显著的增油降水效果。运用建立提高采收率百万吨产能数值模拟模型和经济分析模型进行研究，结果表明8个油藏自适应微胶调驱都获得显著的技术经济效果，即使以油价30美元/Bbl计算，8个项目的投入产出比也在1∶9.04～1∶1.0。在油价低于30美元/Bbl时，采用该种提高采收率方法开发老油田仍然具有经济可行性。例如，对老油田采用该种提高采收率方法开发的百万吨产能建设投资为488.7百万美元，而对常规新区和致密页岩油新区采用该种提高采收率方法开发的百万吨产能建设投资分别在900百万～1100百万美元和1500百万美元之上，这可为石油公司在低油价下的投资决策提供参考。在此基础上根据统计分析方法，建立了华北、新疆、辽河、青海、渤海、大港等油田提高采收率幅度与渗透率、孔隙度、温度、矿化度及原油黏度的关系表达式，给出提高采收率幅度定量预测图版。通过分析可得，随着注入时机提前、注入孔隙体积倍数(PV数)增加和低采出程度，提高采收率幅度呈现持续升高态势。研究结果将有利于形成新的提高采收率技术思路和方法，可为大幅度提高油田采收率提供理论和技术支撑，从而进一步保障国家能源供应安全。

本书由中国博士后科学基金“海上油田自适应微胶驱油机理研究”(2018M641610)资助完成，得到了中海油研究总院有限责任公司康晓东首席、东北石油大学卢祥国教授和中国石油勘探开发研究院吴行才教授的悉心指导，中国海洋石油集团有限公司未来科学城实验研究中心和东北石油大学石油工程学院提供了良好的研究条件，在此表示衷心的感谢！

由于能力所限，书中不足之处在所难免，希望同行批评指正。

孙哲

2022年1月

目　　录

第1章 绪 论

储层非均质性是陆相沉积油藏的基本特性，在水驱开发过程中，由于储层非均质性(微观和宏观)和不利流度比，注入水会优先进入高渗透层，造成其含油饱和度减小、水相渗透率增加即渗流阻力减小，这将进一步增加高渗透层吸水量和采出程度，最终造成注入水在高渗透层中低效或无效循环，进而降低了中-低渗透层波及程度和油藏水驱开发效果(韩大匡，2010；周守为，2009)。聚合物驱是一种在三次采油过程中应用较为广泛的提高采收率技术，其工业化推广应用和矿场试验取得了较好的效果。聚合物驱油的技术原理是将聚合物溶液注入非均质油藏，聚合物溶液会优先进入渗流阻力较小即启动压力较低的高渗透层或大孔道，并在其中滞留，从而减小孔隙过流断面和增大渗流阻力。此时若保持注入速度不变，注入压力就会升高，中-低渗透层吸液压差就会增大，吸液量随之增加，进而达到扩大波及体积和提高采收率(EOR)的目的。随着聚合物溶液进入中-低渗透层，聚合物将在孔隙内发生滞留，而且其渗流阻力增加幅度要远大于高渗透层渗流阻力增加幅度的值。当聚合物驱油过程进入中后期，由于注入压力不能超过储层岩石破裂压力，而中-低渗透层因吸入聚合物溶液而引起启动压力持续升高，其吸液压差就会逐步减小，进而引起“吸液剖面返转”现象，最终影响聚合物驱开发效果。因此，亟待探索提高采收率的新方法和新理论，从而大幅度提高油田开发效果。

自适应微胶颗粒水分散液体系是近年来发展起来的新型深部调驱体系，自适应微胶在储层岩石孔隙和喉道中呈现运移→捕集→变形→再运移→再捕集→再变形的运动特征，具有“堵大不堵小”的封堵特性，因此，其可以逐级启动储层孔隙内的剩余油，减缓吸液剖面返转程度或延缓其发生时间，进而提高油藏开发效果。

1.1 聚合物驱的技术现状、存在问题和发展趋势

1.1.1 聚合物驱的技术现状

在化学驱油技术中，聚合物驱占主导地位。从20世纪60年代开始，世界各国开展了聚合物驱的研究工作(Du and Guan，2004；Strauss，2010；Leena，2014)。1964年，美国首次开展了聚合物驱矿场试验，随后5年间相继进行了61个矿场试验项目。1970～1985年开展的183个聚合物驱试验项目，均取得了良好的增油降水效果和经济效益。加拿大和苏联等多个国家也相继开展了聚合物驱矿场试验，

试验结果表明，聚合物驱可在水驱的基础上大幅度提高原油采收率。目前，世界上已有 200 多个油田或区块开展了聚合物驱矿场试验(Aladasani and Bai，2010；Renouf，2014；Laila et al., 2014)。

在国内，聚合物驱已成为石油开发的重要技术手段。自 2006 年以来，大庆油田进入聚合物驱工业化应用阶段，其规模和范围逐年扩大，以聚合物驱为主导的化学驱年产油量已经连续 10 年超过 1000 万 t(王德民等, 2005; 孙龙德等, 2018)。同时, 海上油田于 2007 年开展了聚合物驱矿场试验, 也取得了明显的增油降水效果(张凤久等，2011)。目前，我国已成为世界上聚合物驱应用规模和范围最广、增油效果最好的国家，聚合物驱成为我国石油保持高产量的重要技术举措。

1.1.2 聚合物驱存在问题

对于非均质性比较严重的油藏, 聚合物驱中后期并没有取得很好的增油降水效果。在聚合物驱初期，其可以改善油藏吸液剖面，但由于其无区分地进入所有波及区域，增加不同大小孔隙中的流动阻力，进入开发中后期，出现由储层非均质和聚合物滞留特性引起的“吸液剖面返转”现象，进一步加剧了层间矛盾，使中-低渗透层严重堵塞，吸液更加困难，不利于提高中-低渗透层的动用程度(卢祥国等，2011，2016)，从而导致后续注入过程中的驱油剂主要在剩余油饱和度较低的高渗透层中低效乃至无效循环，无法进一步扩大波及体积(图 1.1)。同时，矿场实践表明，“吸液剖面返转”现象出现时机越早，吸液剖面返转的程度越大，聚合物利用率越低，对聚合物驱开发效果影响越严重(孔柏岭等，1998；曹瑞波等，2009；李仲谨等，2010)。

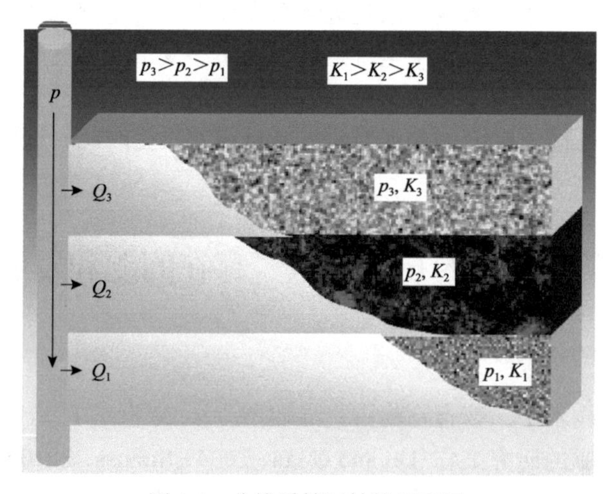

图 1.1 非均质储层结构示意图

K_1、K_2、K_3-高、中、低渗透层渗透率，$10^{-3}\mu m^3$；p_1、p_2、p_3-高、中、低渗透层启动压力，MPa；Q_1、Q_2、Q_3-高、中、低渗透层吸液量，m^3；p-注入压力，MPa

在国内多个油田聚合物驱的中后期均出现了“吸液剖面返转”现象，严重影响整体开发效果，下面以大庆喇嘛甸油田和渤海 LD10-1 油田为例进行阐述。

1. 大庆喇嘛甸油田

对大庆喇嘛甸油田葡 I_{1-2} 油层运用聚合物驱的 161 口注水井进行分析，在试验初期注入调驱体系后，原水驱阶段高渗透层相对吸水比例大幅度下降，而低渗透层相对吸水比例明显增加。但在试验后期，高渗透层相对吸水比例再次升高，甚至高于原水驱阶段高渗透层相对吸水比例。经统计，聚合物驱后期出现“吸液剖面返转”现象的注水井有 151 口，占总井数的 93.8%，油层动用程度出现不同程度的降低，导致生产井生产能力下降。

2. 渤海 LD10-1 油田

LD10-1 油田位于渤海辽东湾海域，截至 2019 年底，油田综合含水率为 83.6%，采油速度为 1.3%，累计生产原油为 1470.91 万 m^3，采出程度为 31.8%。

LD10-1 油田 A23 井Ⅱ油组 2005 年、2007 年、2008 年和 2015 年吸水剖面测试资料汇总和对比分析数据见表 1.1 和图 1.2。

表 1.1　A23 井Ⅱ油组吸水剖面对比分析

层位	平均渗透率/$10^{-3}\mu m^2$	原始含油饱和度/%	垂厚/m	2005.12.15		2007.03.08		2008.11.17		2015.03.11	
				相对吸液量/%	吸水强度/[m^3/(d·m)]	相对吸液量/%	吸水强度/[m^3/(d·m)]	相对吸液量/%	吸水强度/[m^3/(d·m)]	相对吸液量/%	吸水强度/[m^3/(d·m)]
Ⅰ	1060	86.1	29.0	70	13.8	21.6	3.8	0	0	100	11.0
Ⅱ	1177	79.8	21.8	17	4.4	28.4	6.6	88.1	14.3	0	0
Ⅲ	897	68.6	10.4	10	5.3	31.4	15.2	11.9	4.0	0	0
Ⅳ	263	45.8	2.1	3	9.8	18.6	44.5	0	0	0	0

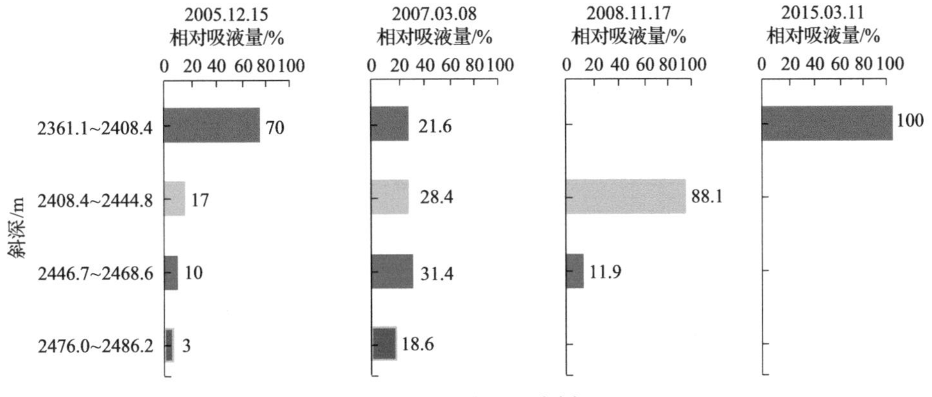

图 1.2　调驱前后吸液剖面

从表 1.1 和图 1.2 中可得，A23 井 2007 年进行化学驱后吸液剖面发生了明显改善，高渗透层相对吸液量从 70%降低为 21.6%，下降了 69.1%，中-低渗透层相对吸液量明显增大，增加幅度在 15.6%～21.4%。然而 2008 年 11 月，斜深为 2446.7～2468.6m 的 3 号中渗透层和斜深为 2476.0～2486.2m 的 4 号低渗透层均发生剖面返转；2015 年 3 月，斜深为 2361.1～2408.4m 的 1 号高渗透层吸液剖面发生返转。

用 LD10-1 油田生产动态特征曲线来反映“吸液剖面返转”现象对整体开发效果的影响：LD10-1 油田油井开井 39 口，日产液量 5820m^3，日产油量 1795m^3，其中化学驱受效井 24 口，日产液量 2747m^3，日产油量 983m^3。全油田产液量和产油量与时间关系见图 1.3，全区含水率和聚合物驱受效井含水率与时间关系见图 1.4。

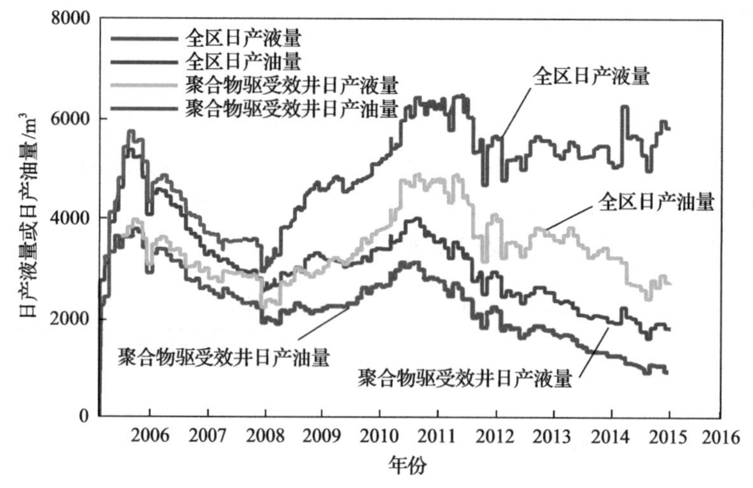

图 1.3　日产液量和日产油量与时间关系

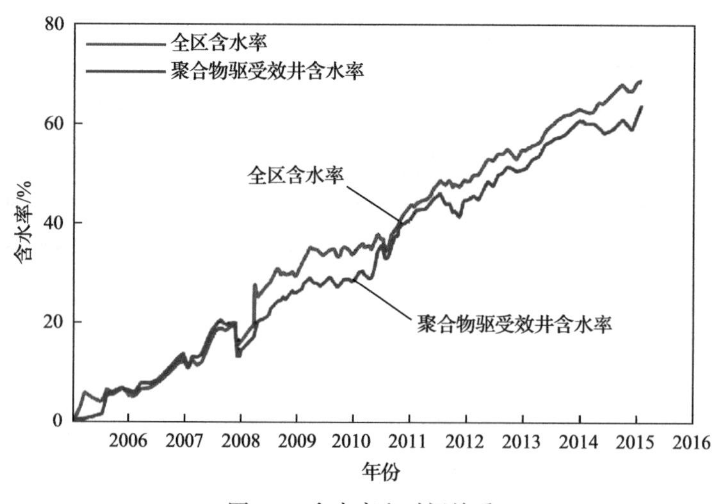

图 1.4　含水率和时间关系

从图 1.3 和图 1.4 可以看出，LD10-1 油田生产后期日产液量稳中有降，日产油量呈下降趋势。分析表明，实施化学驱后，有效抑制了含水率上升和产油量下降趋势，受效井日产油量呈上升趋势，取得了明显的增油降水效果。但由于受后期“吸液剖面返转”现象的影响，油田开发效果逐渐变差，部分受效井出现含水回返、产聚浓度高且上升速度快、聚合物利用率下降等问题，日产油量呈下降趋势。这种情况不仅严重影响整体采收率的提高，而且给提高采收率措施的推广和应用带来极大困难。同时，根据目前聚合物驱实施情况看，仍有 45%以上优质剩余油残留在地下，由于剩余油分布高度分散，注入液无效循环日趋严重，加剧了进一步挖潜的难度。

随着我国油田的开发方式由二次采油过渡到以聚合物驱为主的化学驱提高采收率技术，剩余油研究重点也转向了聚合物驱，如何开采剩余油是油田开发所面临的重要问题之一，因此迫切需要研究和试验进一步提高采收率的技术和方法。

1.1.3 聚合物驱发展趋势

近年来，多家研究机构和高校在聚合物驱后剩余油分布规律和类型研究等方面取得重要成果和认识。对于非均质油藏，从宏观分布来看，聚合物驱后剩余油在纵向上主要分布在远离注水井的中-低渗透层，在平面上主要分布在远离主流线的两翼部位，这部分剩余油需要通过扩大波及体积措施来采出。因此，为改善油藏开发效果，需对高渗透层或大孔道进行封堵，提高注入液的波及体积。同时随着开发不断深入，地层非均质性进一步加强，常规的调剖手段难以实现有效封堵。

海上油田储层岩石胶结强度极低，单井注采强度较大，水流冲刷作用较强，极易破坏岩石结构，形成大尺寸优势通道；此外，为防止储层结构破坏后出砂，海上油田油水井皆采取优质筛管完井方式。因此，陆地油田广泛应用的颗粒类封堵剂(如预交联体膨颗粒等)因颗粒尺寸较大，难以过筛管而无法使用(唐孝芬等，2009)；聚合物凝胶类封堵剂因封堵强度低和药剂费用高等因素的制约，无法满足大尺寸优势通道封堵技术及经济指标要求(张云宝等，2015)。

综合分析以上因素，近几年发展起来的一项新型提高采收率技术——非连续相体系调驱技术，具有较好的适用性(王聪等，2008)。非连续相体系是充分依据岩石孔隙结构特征及渗流特点，吸取现代微材料设计合成(韩秀贞等，2006，2008，2009；雷光伦，2011；曹毅等，2011a；李宏岭等，2011；李娟等，2012；刘义刚等，2015)。该体系普适性较强，具有良好的耐温抗盐性能。同时，由于其注入工艺简单，可直接采用污水或海水配液在线注入，适用于海上平台的有限空间。此外，由于非连续相体系调驱技术不需要熟化工艺环节，解决了长期困扰海上油田聚合物熟化效果差的技术难题。因此，开展非连续相体系调驱技术研究工作，不仅对于提高陆地油田，尤其对提高海上油田化学驱矿场试验的应用效果、扩大应用规模和范围具有重要的理论意义与现实价值。

1.2　非连续相体系 EOR 技术

非连续相调驱体系由粒径均匀的颗粒及其携带液(水或表面活性剂溶液)组成，颗粒呈固态或半固态球状(图 1.5)，具有良好的吸水膨胀性能，在储层岩石孔隙和喉道中呈现运移→捕集→变形→再运移→再捕集→再变形的运动特征(白宝君等，2002；曹毅等，2011b；韩海英和李俊键，2013；胡泽文等，2016；Lee et al., 2018；Liu et al., 2019；Yang et al., 2019；Du et al., 2020a)。在驱油过程中，相较于连续相驱油体系无区分地增加储层油、水的流动阻力，导致生产井供液能力不足，难以启动低渗透区域相对富集的剩余油；非连续相调驱体系中的颗粒与携带液“分工合作”(图 1.6)，颗粒在大孔隙中聚集形成桥堵，携带液进入小孔隙中驱油，可以减小进入中-低渗透层的驱油剂的滞留能力(即渗流阻力)，来减缓剖面返转程度或延缓返转发生时间，逐级启动相对低渗透区域的剩余油，有效增大油层尤其是深部和油井附近油层的波及体积，达到深部液流转向、直接波及和高效动用剩余油的目的(张霞林和周晓君，2008；张艳辉等，2012)。由于非连续相调驱体系具有优良的地层适应性和调驱性能，已成为国内外专家学者研究的热点话题，并出现了许多新技术(付欣等，2013；黄学宾等，2013；Afeez et al., 2018；Liang et al., 2019；Du et al., 2020b)。

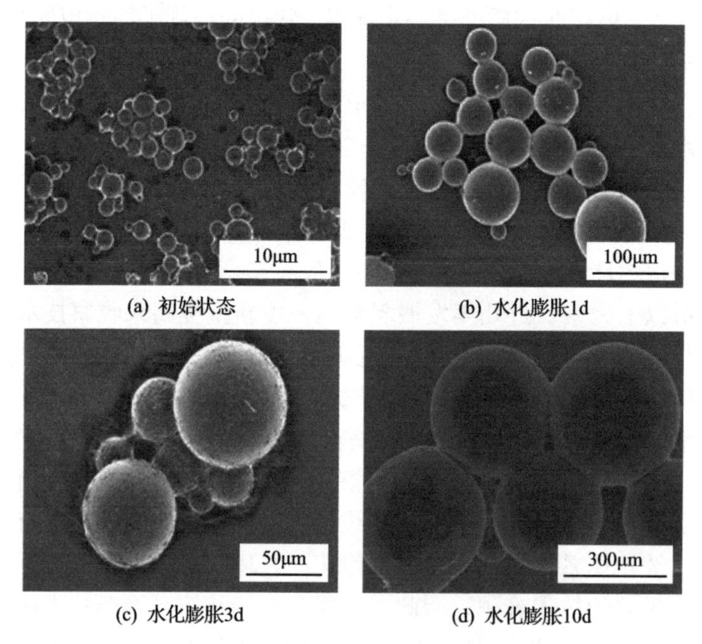

(a) 初始状态　(b) 水化膨胀1d

(c) 水化膨胀3d　(d) 水化膨胀10d

图 1.5　非连续相调驱体系形态随时间变化

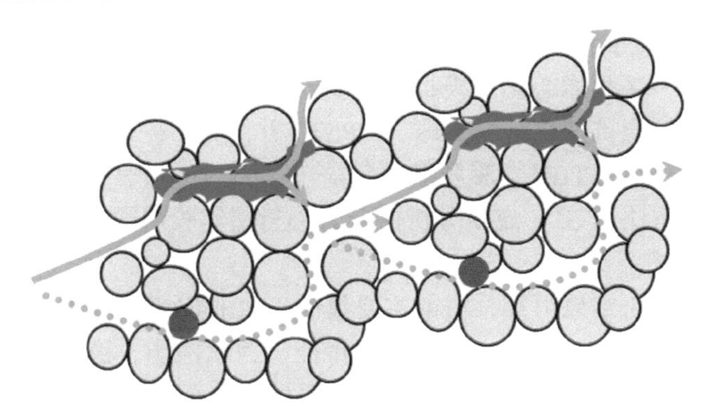

图1.6 自适应微胶“靶向”驱油机理

红色为微胶颗粒；灰绿色为剩余油；绿色实线为水流方向；绿色虚线为微胶运移方向

因此，非连续相调驱体系的研究涉及油藏适应性评价方法、传输运移能力、深部液流转向能力和驱油机理等几个方面。

1.2.1 非连续相调驱体系油藏适应性评价方法研究

我国研究者在近几年发展了一项聚合物活性颗粒调驱技术，他们用不同方法合成尺寸从几十、几百纳米到近百微米的弹性小颗粒，并与油层孔隙喉道匹配。

反相乳液聚合方法由于聚合条件温和、副反应比较少，近几年来发展比较迅速，陈海玲等(2011)和姜志高等(2016a)采用反相乳液聚合方法合成了不同性能的聚合物微球。贾晓飞等(2011)提出了与油藏初始状态匹配的颗粒直径计算模型，建立了调驱弹性颗粒直径与储层物性参数、油水井日常生产参数及颗粒膨胀倍率间的匹配关系。与此同时，Yao 等(2012)通过研究表明：微球具有较强的选择注入性，当微球粒径与孔喉直径之比为 1.35～1.55 时，微球能够运移至填砂管深部且最终的封堵率超过 85%。Almohsin 等(2014)和王鸣川等(2010)借助填砂管实验研究了纳米级聚合物微球颗粒在多孔介质中的注入和封堵性能，实验结果表明，100～285nm 的聚合物微球颗粒可以运移的渗透率范围为 143×10^{-3}～$555\times10^{-3}\mu m^2$。Hua 等(2013，2014)通过核孔膜过滤实验对微球尺寸与核孔大小的匹配关系进行了研究，结果表明当颗粒粒径远大于核孔直径时，微球滞留在表面且不能够进入核孔深部；当颗粒粒径与核孔直径相近时，微球在一定压力下能够变形且进入核孔深部；当颗粒粒径比核孔直径小 1/3～2/3 时，微球能够吸附、沉积及架桥封堵核孔；当颗粒粒径远小于核孔直径时，微球能够轻易通过核孔。

在此基础上，戴彩丽等(2018)通过室内物理模拟实验，以弹性冻胶分散体(DPG)在岩心中的注入性及调控能力为指标，研究了不同匹配系数条件下弹性冻胶分散体颗粒与油藏孔喉的匹配规律，并提出了弹性冻胶分散体颗粒在岩心孔喉中的匹配及深部调控机理。蒲万芬等(2018a)和赵帅等(2019)采用实验室自制聚合物微球 PM1 的微观形貌及粒度分布进行评价，通过岩心压汞法对岩心喉道分布进行测试，开展了一系列岩心物理模拟驱替实验。鲍文博等（2019）采用二次反相乳液聚合法制备了抗温抗盐聚合物微球 AMPST，并优化了微球的合成工艺。利用傅里叶变换红外光谱仪（FTIR）、凝胶渗透色谱法（GPC）、光学显微镜、扫描电子显微镜（SEM）、热重法（TG）、流变分析仪及岩心封堵实验对微球 AMPST 进行了结构表征与性能测试。

由以上文献调研结果可知，目前主要集中于对非连续相调驱体系基本性质的研究，而在非连续相调驱体系本身的微观特征、力学性能、稳定性及非连续相调驱体系悬浮液的流变特性方面，还需要进行系统和全面的研究。同时，目前关于非连续相调驱体系的颗粒粒径与油藏储层孔喉尺寸的匹配性研究所得结论仍存在着较大的差异，且缺乏定量化的研究结果，亟待开展深入的研究工作。

1.2.2　非连续相调驱体系传输运移能力、深部液流转向能力和驱油机理研究

近年来，研究学者在非连续相调驱体系的驱油效果和机理方面开展了大量的研究工作。非连续相调驱体系在多孔介质中的运移通过方式不同于常规的无机颗粒，可在油层岩石孔隙中封堵、变形、运移，通过改变注入流体在油藏中的渗流方向，提高油藏的波及体积。

近年来新发展起来的可动微胶分散体系具有较好的深部调驱效果，田鑫等（2010）和罗强等（2014）采用填砂管试验对可动微胶分散体系的封堵性能及其影响因素进行了研究。孙玉青（2011）从力学角度出发，利用张量分析的方法，建立了弹性微球通过入口收缩阶段、孔喉阶段和突破孔喉阶段的压降数学模型，并指出弹性微球的调驱机理是因为弹性微球在喉道处产生了总附加压力，增加了驱替动力，从而启动了其他毛细管中的原油。Yao 等（2014）利用可视化微观运移模型研究了弹性微球在孔喉中的几种封堵机理：捕集封堵、叠加封堵和架桥封堵。此外还分析了弹性微球捕集封堵、弹性变形、稳定运移和恢复变形四个阶段的受力情况，如图 1.7 所示。

耐温抗盐聚合物微球/表面活性剂交替段塞调驱实验研究结果表明，在非均质条件下，耐温抗盐聚合物微球/表面活性剂交替段塞的调驱效果明显好于表面活性剂体系。该研究对耐温抗盐聚合物微球/表面活性剂复合体系注入方案设计有重要的指导意义（蒲万芬等，2018b）。Wu 等（2017a）对微胶颗粒水分散液体系在多孔介质中的驱替机理进行了研究。实验表明，自适应微凝胶（SMG）颗粒与水可实现“分工合作”——大量的颗粒在不同时间和位置上持续、接替地暂堵抑制相对高渗透层区域或大孔隙、孔喉的水流，同时迫使水进入相对低渗透层区域或小孔隙、孔喉中，直接驱替其中的剩余油，提高了注入水的驱替效率。赵光等（2018）借助岩心流动实验和可视化实验，研究了冻胶分散体软体非均质相复合驱油体系的特征及驱油机理。在多孔介质中运移时，该体系以直接通过和变形通过两种形式进入

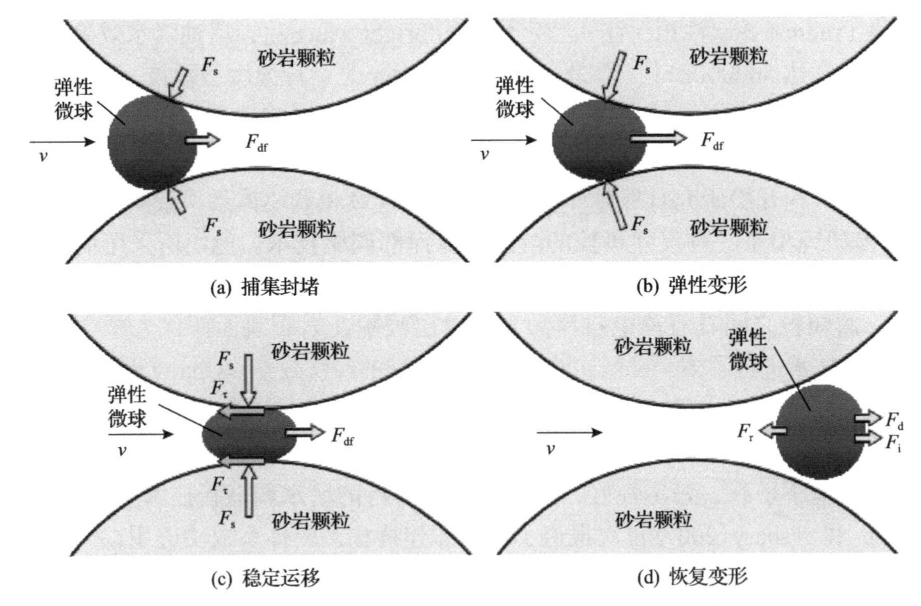

图 1.7 聚合物微球在孔喉中运移过程中的受力分析

v-聚合物微球运动方向；F_s-孔隙喉道壁的支持力；F_{df}-流体的驱替动力；F_τ-孔隙喉道壁的摩擦阻力；F_d-流体的拖曳力；F_r-摩擦阻力；F_i-自身的惯性力

地层深部，通过单个颗粒直接封堵、多个颗粒架桥封堵、吸附、滞留形式实现对储层的微观调控。孙哲等(2016, 2019)通过孔隙尺度微观物理模拟技术，深入研究了聚合物溶液与颗粒型聚合物 SMG 水分散液的驱油机理及性能，初步探索了颗粒型聚合物 SMG“堵大不堵小”的封堵特性和运移特征(Sun et al.，2016)。

总的来说，非连续相调驱体系具有良好的传输运移和深部液流转向能力，但由于非连续相调驱体系的特性和结构较复杂，非连续相调驱体系在油藏中的作用机理相对来说还不成熟，随着研究手段和研究方法的不断创新，非连续相调驱体系的驱油机理会更加清晰。

1.2.3 非连续相调驱体系矿场应用情况

对非连续相调驱体系在油田中应用的研究起步较晚。20 世纪 90 年代，美国石油公司研究人员提出了智能水(bright water)深部调驱颗粒技术，经多年不断完善，证明其是一种优异的深部调驱技术(Sheng，2011)。2001 年，BP 石油公司在印度尼西亚米纳斯(Minas)油田开展了第一个 bright water 矿场先导试验，试验表明，bright water 注入储层后并没有增加注入压力或者堵塞近井地带，驱油剂可以很好地在岩石多孔介质中运移，且可在预先设计时间内发生膨胀，但是产油量并不稳定(Ohms et al.，2009)。bright water 第一次商业化应用是由美国石油公司在美国米尔恩(Milne)和普拉德霍湾(Prudhoe Bay)油田中的应用。Husband 等(2010)

报道在 Prudhoe Bay 油田，注入特定尺寸的 bright water 后，增油降水效果明显，增产原油高达 500000Bbl①。但是由于 bright water 是一种温敏型颗粒，其调驱性能受孔喉特征、油藏温度及自身在油藏中的渗流速度的影响较大，在调驱施工设计及施工过程中要求严格，这也限制了其普适性。

国外机构开始研究对外界环境不敏感的非连续相调驱体系，俄罗斯石油研究院(IFP)研究出了一种尺寸可控的凝胶颗粒深部调驱技术。他们所采用的聚合物是丙烯酰胺/丙烯酸盐/磺酸盐基团的三元共聚物，其用四价锆盐或三价铬盐作交联剂，而颗粒之间具有静电排斥力，可单层吸附在岩石表面而优先减少水相渗透率，该技术进行了多个矿场实验均取得了较好的经济效益。Chauveteau(2001)、Chauveteau 和 Denys(2002)对非连续相调驱体系的成胶时间、颗粒尺寸及调驱性能等方面开展了深入研究，认为非连续相调驱体系与本体凝胶相比，尺寸可控、对油藏环境不敏感、稳定性好，是一项切实可行的堵水调剖新技术。2007 年，Zaitoun 和 Tabary(2007)首次报道了这种非连续相调驱体系成功应用在气井调堵作业中，注入的颗粒粒径为 2μm。

从国内各大油田的应用情况来看，非连续相调驱体系已经在国内河南油田、胜利油田、中原油田、华北油田、长庆油田、塔河油田、冀东油田、江苏油田、吉林油田、渤海油田等成功应用或者开展了相关的先导试验(雷光伦和郑家朋，2007；宋岱锋等，2011；黎晓茸等，2012；廖新武等，2013；任闽燕等，2014)。河南油田开展非连续相体系调驱技术研究在国内起步较早，目前非连续相体系调驱技术已成为河南油田一项特色的三次采油技术；胜利油田在 2005 年之后也开始了非连续相体系调驱技术的研究，并在孤岛、新立村、现河和滨南平方王等油田开展了矿场试验。由于矿场试验中取得的良好效果，非连续相调驱体系试验也由单井组转变为区块整体调驱。矿场注入时，非连续相调驱体系随注水系统注入，操作方便，真正实现了非连续相体系的在线调驱(雷光伦和郑家朋，2007；刘承杰和安俞蓉，2010；林伟民等，2011；姜志高等，2016b)。非连续相体系调驱技术以其良好的增油降水效果，将会在油田提高采收率应用中发挥更大的潜力。

1.2.4 与其他新技术的结合

自适应微胶作为一种新型深部调驱剂，是一种非常有潜力的技术。因此，进一步探索非连续相调驱剂(自适应微胶)与连续相调驱剂(聚合物溶液和聚合物凝胶)调驱机理的差异，具有重要的指导意义。在生命科学领域新兴的微流控技术(microfluidic technology)，又称芯片实验室(lab-on-a-chip)，应用该技术进行微观驱油实验可视化研究，可以直观、具体地反映出自适应微胶调驱、聚合物溶液驱

① $1Bbl=1.58987\times10^2dm^2$。

油和聚合物凝胶调驱实验过程，从而为自适应微胶调驱、聚合物溶液驱油和聚合物凝胶调驱机理分析提供有力的客观依据。

1. 技术概述

微流控技术是一种精细加工技术，在一个平方厘米级大小的芯片上加工出微型通道网络结构和其他功能单元，以实现集微量样品制备、进样、反应、分离和检测于一体的快速、高效、低耗的微型分析实验。其最终目标是建立微全分析系统(m-TAS)或微缩芯片实验室，在微米尺度空间中对流体进行操控，将化学和生物实验室的基本功能微缩到一个平方厘米的芯片上(Utada，2005；王立凯和冯喜增，2005；余明芬等，2014)。

经过多年发展和改进，微流控技术已经取得了巨大成就，尤其在化学、流体物理、新材料、微电子、生物学和生物医学工程等领域表现出非常广阔的发展潜力和应用前景。

2. 芯片制作工艺

微流控芯片的基体材料最常用的是聚甲基丙烯酸甲酯(PMMA，一种有机玻璃)和晶体硅。因有机玻璃具有一定强度，绝缘性、透光性和散热性较好，适用于通常的样品分析。硅橡胶-聚二甲基硅氧烷(polydimethylsiloxane，PDMS)具有绝缘性好、易成型、价格便宜和批量生产成本低等优点，已逐渐成为另一个研究热点(赵亮和黄岩谊，2011)。芯片微通道主要有以下制作方法：①光刻化学腐蚀方法；②等离子或反应离子深刻蚀方法，微通道截面形状为矩形，可得到较高的深宽比；③注塑、印模或激光烧蚀；④软刻蚀技术(soft lithography)等。键合是微流控芯片加工中一个关键工艺环节，一般可分为直接键合、静电键合、热键合和黏接等方法，材料不同，其制作方法也有所不同。

在硬质材料如PMMA和晶体硅等表面加工出凹槽，从而得到微尺度通道，其方法是：首先，用光刻胶在其表面形成一层特定形状的保护膜；其次，用酸液、三氯甲烷或者其他刻蚀液将表面材料部分腐蚀到一定深度；最后，得到下凹的微通道结构。

对于有机玻璃和晶体硅多采用静电键合的方式，该方法应用于一个绝缘表面和一个导电表面之间的键合；对于玻璃与玻璃，经常采用热键合或静电键合。热键合就是将玻璃加热到一定温度，使两基片之间的表面黏接在一起，然后冷却得到微流控芯片。

PDMS基芯片的制作需要依赖于光刻和键合专用设备，通常包括以下3步：①由常规光刻法制得具有凸形图案的模板；②预聚物再铸模；③等离子体黏接闭合微孔道。由于硅橡胶-PDMS软化点温度低，可在室温下加压直接黏合，黏合后还可撕开清洗微通道。在用等离子体氧化后，可增加 PDMS 键合强度，因此可在室温下实现 PDMS 与有机玻璃、晶体硅及其他高分子材料的粘合。

3. 微流控技术的应用

微流控技术的应用领域无比宽广，而且在生物医学领域发挥了越来越重要的作用。基于剪切扩散原理和红细胞的法-林效应(Fåhraeus-Lindquist effect)，微流控技术可以用来分离血液中的血浆和血细胞。基于相同的实验原理，可以应用微流控技术来模拟自适应微胶在不同分支流道中运移时出现的颗粒相分离现象，探索连续相与非连续相调驱剂颗粒运移的差异，反映微胶体系进入多孔介质后呈现“堵大不堵小”的封堵特性。因此，运用该技术可以进一步对比分析聚合物溶液和自适应微胶对“吸液剖面返转”现象的影响。

1.3 存在问题

通过前面的调研发现，尽管国内外在非连续相调驱体系的性能评价和驱油效果等方面取得了很大进展，矿场应用也初具规模，但是非连续相调驱体系在油田提高采收率的应用中仍存在很多问题。

(1)非连续相调驱体系各方面的性能还需要进行全面研究，这是决定非连续相调驱体系取得较好的驱油效果和大规模工业化应用的物质基础。

(2)非连续相调驱体系粒径必须与储层孔喉尺寸相匹配才能发挥最佳驱油效果。粒径太小，则非连续相调驱体系不能产生有效封堵；而粒径太大，则非连续相调驱体系注入困难，不能运移至储层深部，甚至可能伤害储层。因此，为了取得最佳的增油降水效果，就需要系统研究非连续相调驱体系粒径与储层孔喉尺寸之间的匹配关系。然而以往研究都是基于颗粒粒径中值与岩心孔喉尺寸中值的匹配关系来开展，需要进一步定量化分析自适应微胶粒径分布与储层孔喉尺寸分布的匹配关系。

(3)在非连续相调驱体系驱油效果方面，需要研究将其与其他常规驱油剂结合起来使用，充分发挥各自的优势，弥补各自的劣势。因此，需要探索非连续相调驱体系与常规驱油剂协同调驱效果，进一步优化驱油剂体系组成和段塞组合。

(4)非连续相调驱体系“堵大不堵小”的封堵特性都是从定性的角度进行阐述和分析，未见相关文献从定量角度进行讨论，可引入生物流体力学中较成熟的经验公式或数学模型开展相关方面的研究工作。

综上所述，自适应微胶调驱技术在国内尤其是渤海油田进行了一系列矿场试验，可显著提高注入压力，降低含水率，改善吸液剖面，增油降水效果十分显著。

但与矿场试验和应用规模相比较，自适应微胶油藏适应性评价方法和调驱机理研究还处于起步探索阶段，尤其是针对非连续相与连续相调驱剂驱油机理差异的认识还不够深入，对二者在多孔介质内的传输运移、捕集和桥堵作用及其对剩余油动用机理方面的研究还很薄弱，涉及聚合物驱后通过微胶调驱来进一步提高采收率技术的文献报道还很少，难以满足矿场实际需求，这在一定程度上制约了该调驱技术的进一步完善和发展，所以亟待深入开展相关方法和作用机理研究。

第 2 章　自适应微胶的物理化学性能研究

自适应微胶粒径必须与储层孔喉尺寸相匹配才能发挥最佳的驱油效果。就需要系统地研究自适应微胶物理化学性能。本章利用三目金相显微镜、激光粒度仪和统计学原理分析方法，开展自适应微胶粒径分布和水化膨胀性能研究，绘制自适应微胶膨胀前后的粒径分布曲线图版，采用具有代表性的韦布尔分布函数表征自适应微胶粒径分布，重点研究不同温度、矿化度、Ca^{2+}和 Mg^{2+}浓度等因素对其水化膨胀能力的影响规律。以上研究工作是进行自适应微胶粒径与储层参数匹配关系研究的基础，也是自适应微胶调驱技术取得最佳效果的前提。

2.1　自适应微胶外观形态

2.1.1　物理化学性能评价实验条件

1. 物理化学性能评价实验材料

自适应微胶包括 $Microgel_{(W)}$微米级和 $Microgel_{(Y)}$亚毫米级两种(简称 SMG)，有效含量为 100%，由中国石油勘探开发研究院油田化学研究所提供，自适应微胶分散在乳状液内，乳状液宏观上为乳白色或淡黄色液体。实验用水为大庆油田第一采油厂采出污水、注入清水和地层水，水质分析见表 2.1。

表 2.1　水质分析　　（单位：mg/L）

水型	阳离子			阴离子				总矿化度
	Na^{+}	Ca^{2+}	Mg^{2+}	HCO_3^-	Cl^-	SO_4^{2-}	CO_3^{2-}	
地层水	2455.40	14.90	7.48	2160.08	2266.88	54.10	197.66	7156.5
注入清水	231.20	34.10	24.30	225.10	88.70	36.00	90.00	729.4
采出污水	1265.0	32.10	7.30	1708.56	780.12	9.61	210.07	4012.8

实验设备包括 Waring 搅拌器、BMM-900 三目金相显微镜(上海巴拓仪器有限公司)、载玻片、盖玻片、激光粒度仪(德国 Microtrac S-3500)、超声波清洗仪等。

2. 物理化学性能实验方案设计

采用大庆油田第一采油厂注入清水配制自适应微胶溶液(浓度为 3000mg/L)，配制溶液前摇动自适应微胶试剂瓶，使之分散均匀，可用玻璃棒搅拌使之分散；抽取一定量自适应微胶原液与一定量溶剂水混合，混合均匀后用 Waring 搅拌器匀速搅拌 10min，放置于烘箱中，调整烘箱温度为 45℃。一定时间后取出少量样品，采用三目金相显微镜观测自适应微胶形态，同时用摄像机拍摄成像。

2.1.2　物理化学性能结果分析

1. 外观形态

自适应微胶分散在乳状液内。

1) $Microgel_{(W)}$样品

$Microgel_{(W)}$样品宏观上为均质白色或棕黄色液体。

2) $Microgel_{(Y)}$样品

$Microgel_{(Y)}$样品宏观上为均质白色或棕黄色颗粒悬浮液体。

2. 微观形态

采用三目金相显微镜观测自适应微胶形态(显微镜的放大倍数均为 400 倍)，不同时间条件下 $Microgel_{(W)}$和 $Microgel_{(Y)}$分散状态见图 2.1 和图 2.2。

从图 2.1 和图 2.2 中可以看出，自适应微胶外观呈球形，圆球度较好，在溶剂中分布比较均匀。自适应微胶是单体在过氧化物引发剂的引发下所形成的具有一定链长的单体自由基，自由基再与交联剂发生交联反应，使聚合物链不断地交联缠绕在一起，最终形成分子内交联的具有三维空间网络结构的球形弹性聚合物胶体(赵怀珍等，2005；王涛等，2006；熊廷江等，2007)。这种特殊网络结构使自适应微胶不溶于水，但具有良好的吸水膨胀性能。

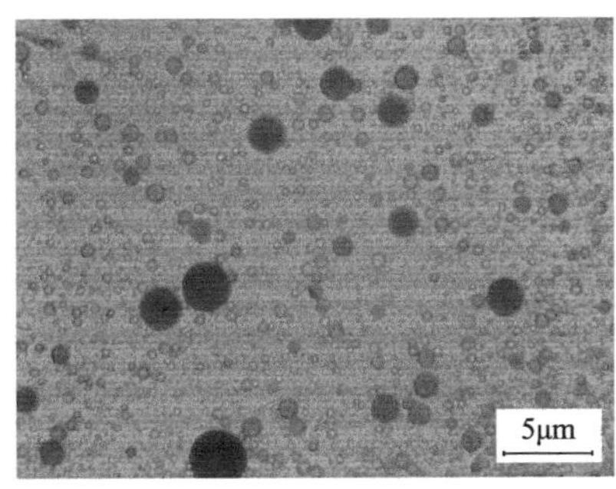

(a) 膨胀前

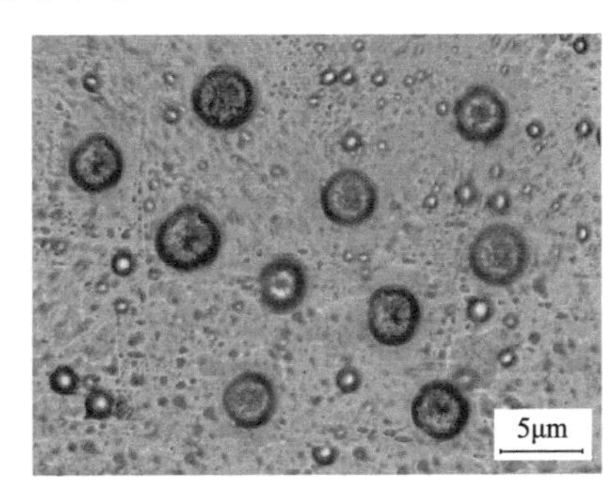

(b) 膨胀后

图 2.1　$Microgel_{(W)}$显微照片

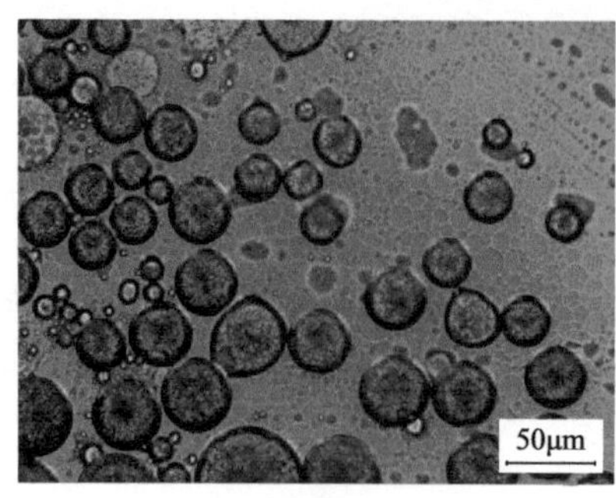

(a) 膨胀前

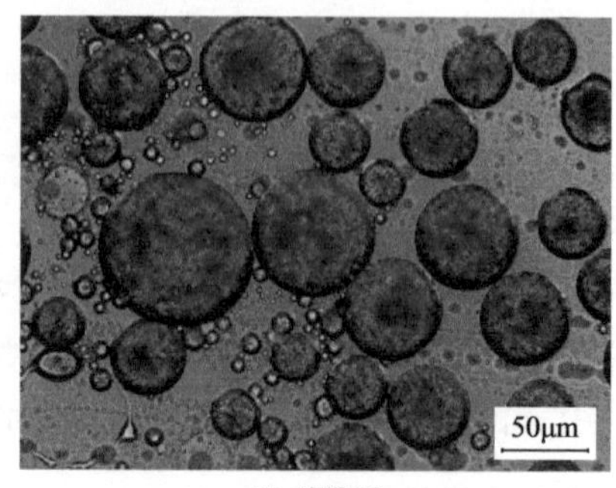

(b) 膨胀后

图 2.2 Microgel$_{(Y)}$显微照片

2.2 自适应微胶膨胀能力评价

2.2.1 自适应微胶粒径尺寸检测

1. 实验材料

实验材料与 2.1.1 中的“物理化学性能评价实验材料”相同。

2. 方案设计

(1)在配制自适应微胶溶液前，摇动和搅拌自适应微胶样品，使之分散均匀，微胶样品中各处浓度相近。

(2)称取设计用量自适应微胶样品，与溶剂水混合，混合均匀后用 Waring 搅拌器匀速搅拌 10min，获得设计浓度自适应微胶溶液。

(3)将 Microgel$_{(W)}$和 Microgel$_{(Y)}$放置于样品瓶中并储存于 45℃保温箱内吸水膨胀，间隔一段时间取出样品，采用三目金相显微镜观测微胶形态，同时用摄像机拍摄成像，利用视频采集软件计算微胶外观尺寸，或采用激光粒度仪检测微胶粒径分布。

3. 结果分析

(1)用三目金相显微镜测量 Microgel$_{(W)}$和 Microgel$_{(Y)}$膨胀前后的粒径，测试结果见图 2.3 和图 2.4。从图中可以看出，Microgel$_{(W)}$膨胀前粒径中值 d_{50}=1.42μm，膨胀后粒径中值 d_{50}=9.28μm；Microgel$_{(Y)}$膨胀前粒径中值 d_{50}=16.38μm，膨胀后粒径中值 d_{50}=55.47μm。由此可见，与 Microgel$_{(W)}$相比较，Microgel$_{(Y)}$的初始粒径较大。随水化时间增加，两种微胶尺寸增大。对比分析发现，Microgel$_{(Y)}$水化过程完成后结构比较致密，聚集性较好，并且膨胀后最终粒径也较大。

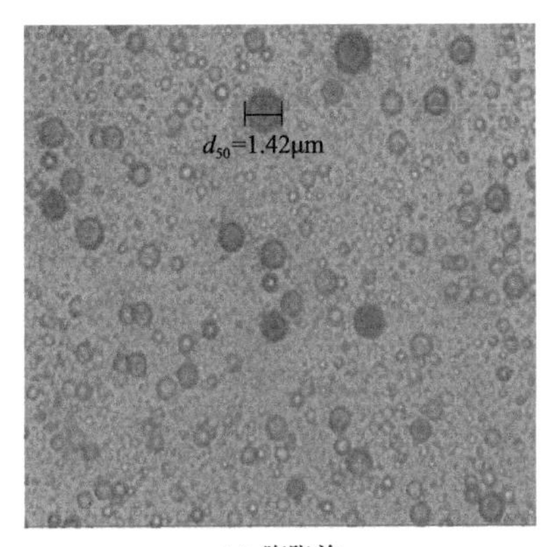

(a) 膨胀前

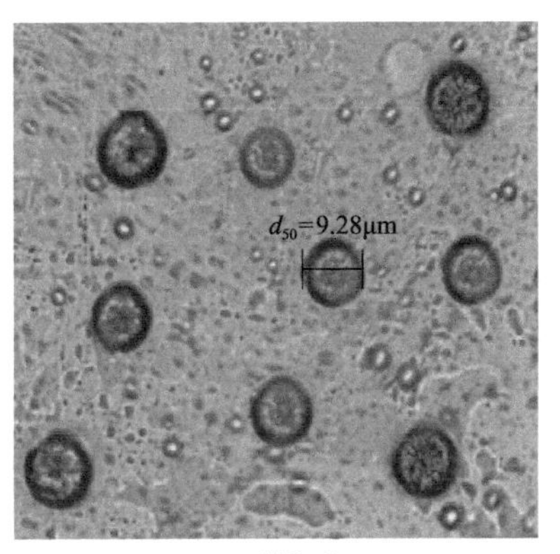

(b) 膨胀后

图 2.3 Microgel$_{(W)}$显微镜测量尺寸

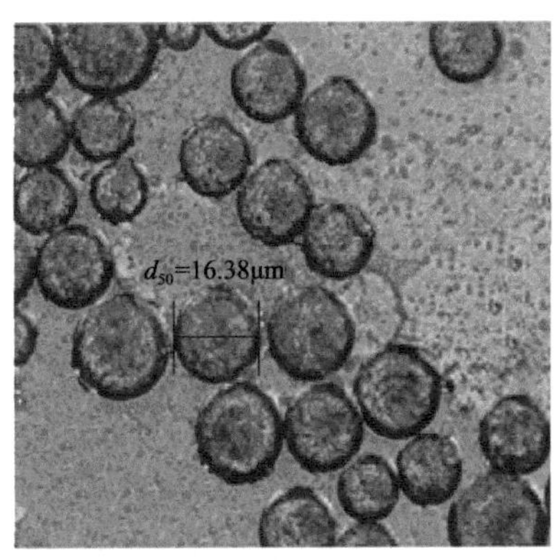

(a) 膨胀前

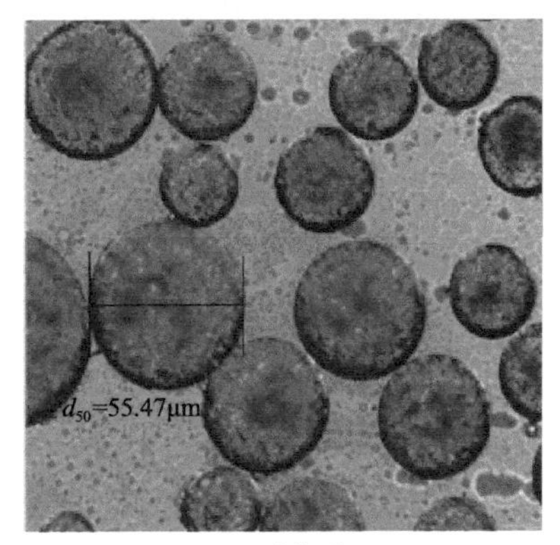

(b) 膨胀后

图 2.4 Microgel$_{(Y)}$显微镜测量尺寸

(2)采用激光粒度仪测 Microgel$_{(W)}$和 Microgel$_{(Y)}$膨胀前后的粒径分布，在油相中 Microgel$_{(W)}$和 Microgel$_{(Y)}$的初始粒径见图 2.5 和图 2.6。

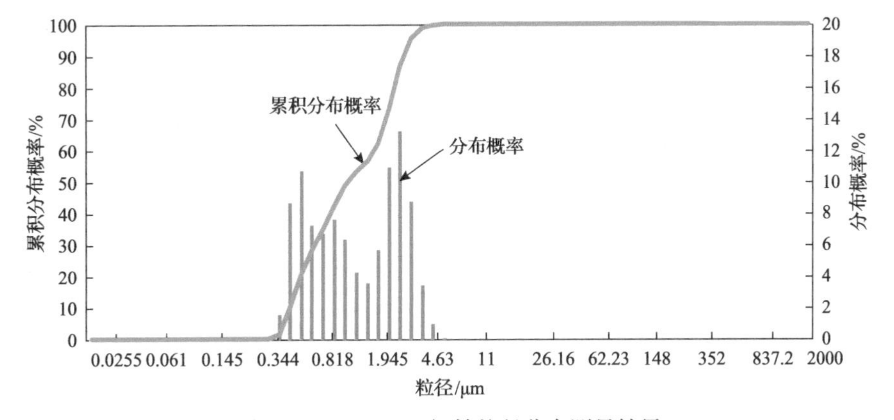

图 2.5 Microgel$_{(W)}$初始粒径分布测量结果

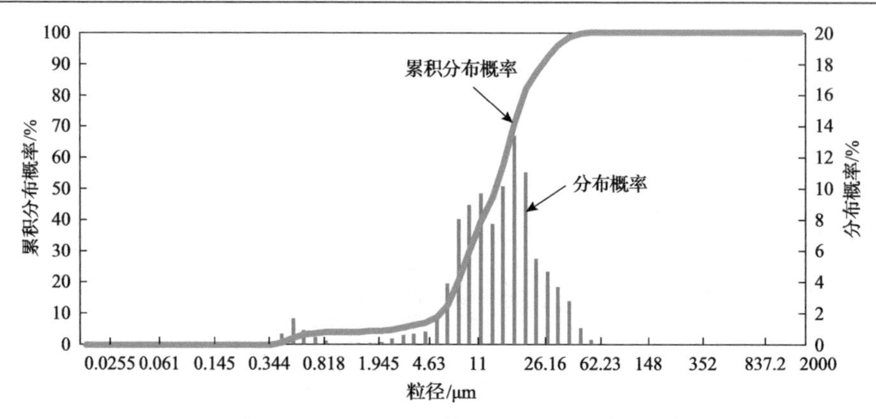

图 2.6　Microgel(Y)初始粒径分布测量结果

在水相中 Microgel(W)和 Microgel(Y)膨胀后的粒径见图 2.7 和图 2.8。

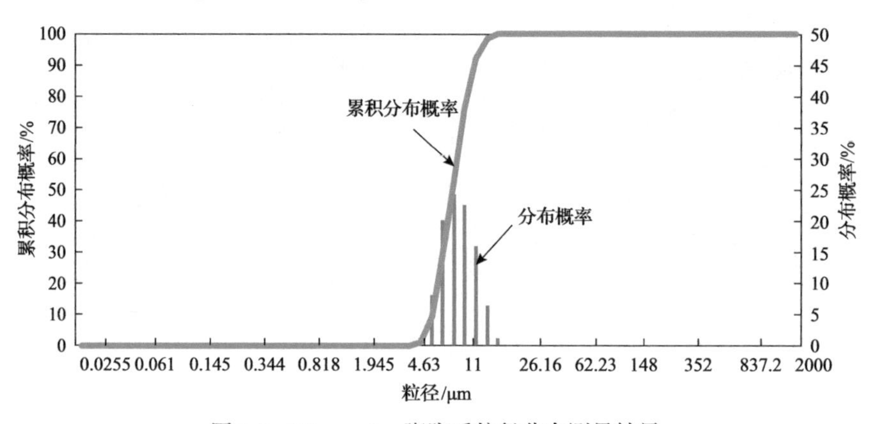

图 2.7　Microgel(W)膨胀后粒径分布测量结果

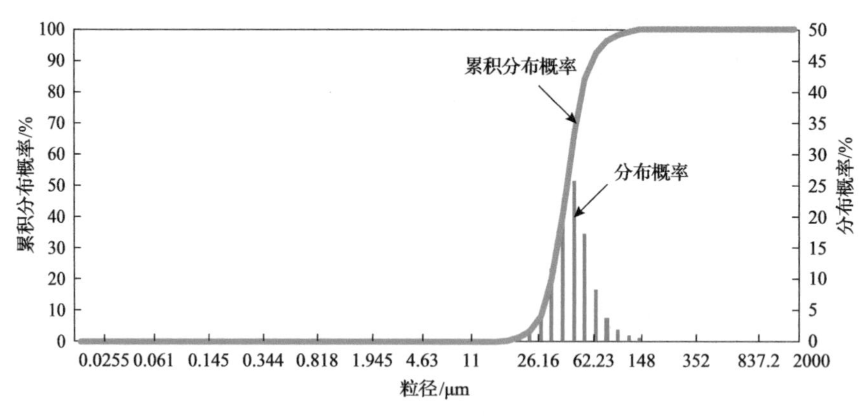

图 2.8　Microgel(Y)膨胀后粒径分布测量结果

从图 2.5～图 2.8 对比分析可以看出，三目金相显微镜测量的 Microgel(W)和

Microgel(Y)膨胀前后的粒径与激光粒度仪的测试结果吻合较好。激光粒度仪测量结果易受微胶颗粒抱团、聚并的影响，导致其测量结果往往偏大，因此采用三目金相显微镜测量 Microgel(W)和 Microgel(Y)的颗粒粒径，可对激光粒度仪的测量结果辅以验证或修正。

(3)在三目金相显微镜和激光粒度仪检测结果的基础上，确定了 Microgel(W)和 Microgel(Y)在不同膨胀时间下的粒径分布曲线，如图 2.9 和图 2.10 所示。

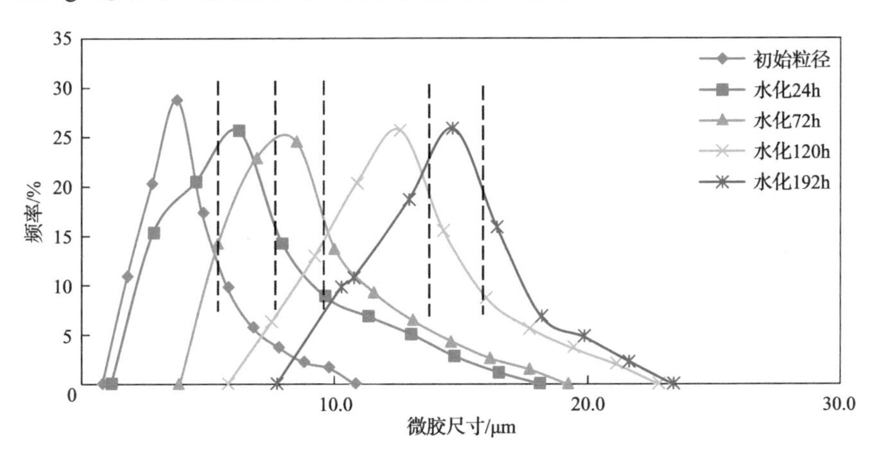

图 2.9　Microgel(W)不同膨胀时间下的粒径分布曲线

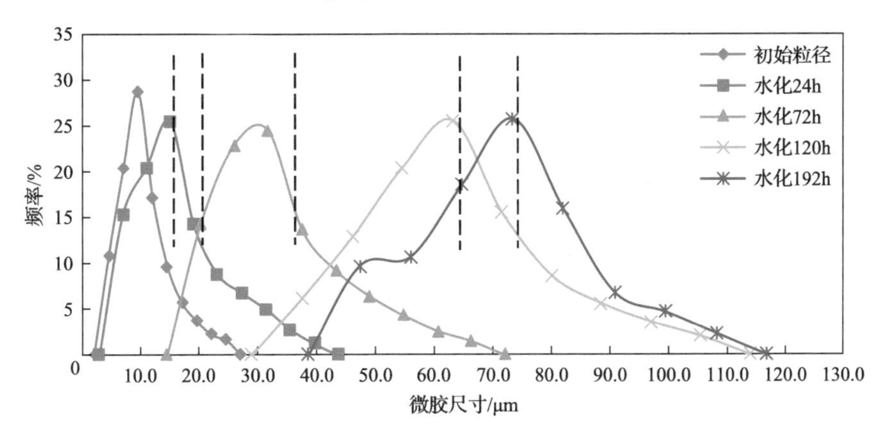

图 2.10　Microgel(Y)不同膨胀时间下的粒径分布曲线

对于颗粒粒径分布的描述，目前常用的分布函数有正态分布函数、对数正态分布函数、瑞利分布函数和韦布尔分布函数。各分布的概率密度函数如表 2.2 所示。

采用比较有代表性的韦布尔分布函数表征自适应微胶粒径分布，可得韦布尔分布的参数估计结果，如表 2.3 所示。

从表 2.3 中可得自适应微胶粒径分布，以及韦布尔分布的参数估计结果，从而为后续确定自适应微胶粒径与储层岩石孔喉尺寸的匹配关系奠定了良好的基础。

表 2.2　描述粒径分布的概率密度函数

分布函数名称	分布函数	分布参数
正态分布	$f(x)=\frac{1}{\sqrt{2\pi}\sigma}\exp\left[-\frac{1}{2\sigma^2}(x-\mu)^2\right]$	μ 表示均值 σ 表示标准差
对数正态分布	$f(x)=\begin{cases}\frac{1}{\sqrt{2\pi}\sigma}\exp\left[-\frac{1}{2}\left(\frac{\ln x-\mu}{\sigma}\right)^2\right], & x>0\\ 0, & x\leqslant 0\end{cases}$	μ 表示均值 σ 表示标准差
瑞利分布	$f(x)=\frac{x}{\sigma^2}\exp\left(-\frac{x^2}{2\sigma}\right)$	σ 表示标准差
韦布尔分布	$f(x)=\frac{\alpha}{\beta}(x-\sigma)^{\alpha-1}\exp\left[-\frac{(x-\delta)^\alpha}{\beta}\right],\quad x\geqslant\delta$	α 表示形状参数，$\alpha>1$ β 表示尺度参数，$\beta>0$ δ 表示位置参数，$\delta\geqslant 0$ σ 表示标准差

表 2.3　韦布尔分布的参数估计结果

序号	微胶类型	d_{50}/μm	韦布尔分布参数拟合结果			
			α	β	δ	拟合参数 R
1	A	2.101	2.1862	2.1359	0.4091	0.9916
2	B	16.38	2.2137	113.65	8.1678	0.9924

2.2.2　自适应微胶膨胀能力评价

采用三目金相显微镜和激光粒度仪测试 $\text{Microgel}_{(W)}$（浓度为 3000mg/L、5000mg/L）和 $\text{Microgel}_{(Y)}$（浓度为 3000mg/L、5000mg/L）的粒径分布，绘制微胶粒径和膨胀时间变化关系曲线，如图 2.11 所示。

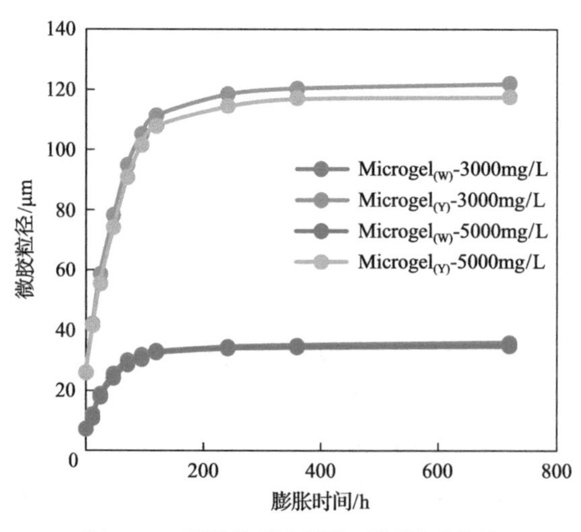

图 2.11　微胶粒径和膨胀时间关系曲线

吸水膨胀倍数定义为微胶颗粒吸水膨胀后的粒径与吸水膨胀前的粒径之比，它能反映颗粒的吸水膨胀能力，其值越大，说明颗粒吸水膨胀能力越强，反之越弱。

膨胀倍数计算公式为

$$n = \frac{d_{50}(\text{膨胀})}{d_{50}(\text{初始})} \tag{2.1}$$

式中，n 为膨胀倍数；d_{50}(初始)为自适应微胶的初始粒径，μm；d_{50}(膨胀)为自适应微胶吸水膨胀后的粒径，μm。

利用上述测试和计算方法，确定了 $\text{Microgel}_{(W)}$和 $\text{Microgel}_{(Y)}$的膨胀倍数和膨胀时间关系曲线，如图 2.12～图 2.15 所示。从图可以看出，随 $\text{Microgel}_{(W)}$和 $\text{Microgel}_{(Y)}$与水接触时间延长，微胶吸水膨胀倍数增加，并且微胶与水接触初期膨胀速度较快，之后膨胀速度减缓。与 $\text{Microgel}_{(Y)}$相比较，$\text{Microgel}_{(W)}$初始粒径较小，但膨胀倍数增长速率较快，而且最终膨胀倍数较大。

自适应微胶与水接触一段时间后，体积会膨胀到初始时的数倍，大量水溶胀在微胶中，根据其赋存状态可分为结合水、非正常水和自由水(张增丽等，2007；王代流和肖建洪，2008；贾晓飞等，2009)。微胶吸水膨胀过程可分为两个阶段：第一阶段为水分子与微胶接触后，与微胶相互作用形成溶剂化层，微胶表面的羧基等亲水基团与水分子形成氢键，这部分水为结合水，此阶段时间短，速度快，并伴有热效应。第二阶段为水溶液的渗透扩散作用，当溶剂化层形成之后，其中

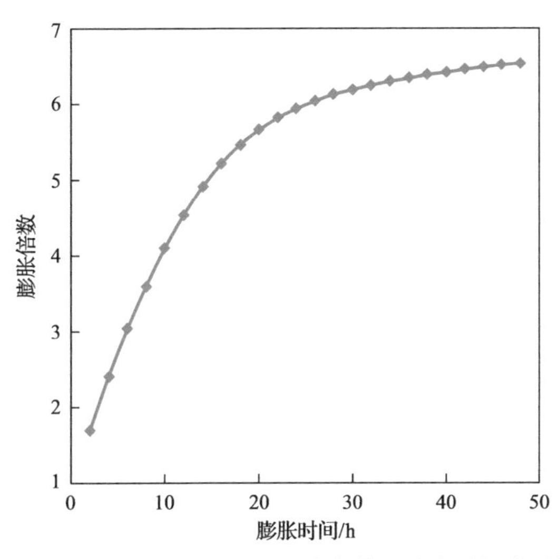

图 2.12　膨胀 48h $\text{Microgel}_{(W)}$膨胀倍数和膨胀时间关系曲线

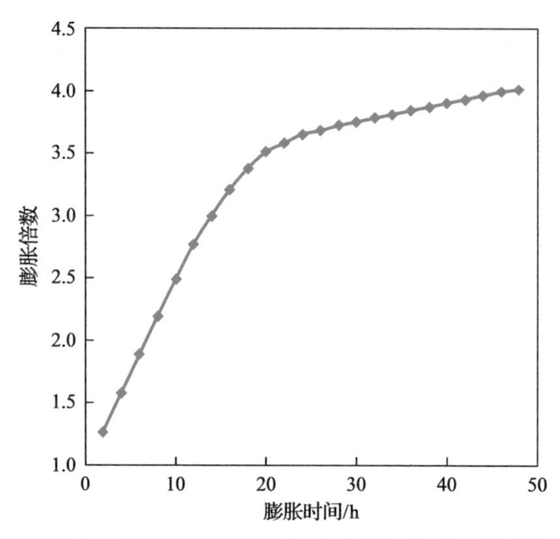

图 2.13 膨胀 48h Microgel$_{(Y)}$膨胀倍数和膨胀时间关系曲线

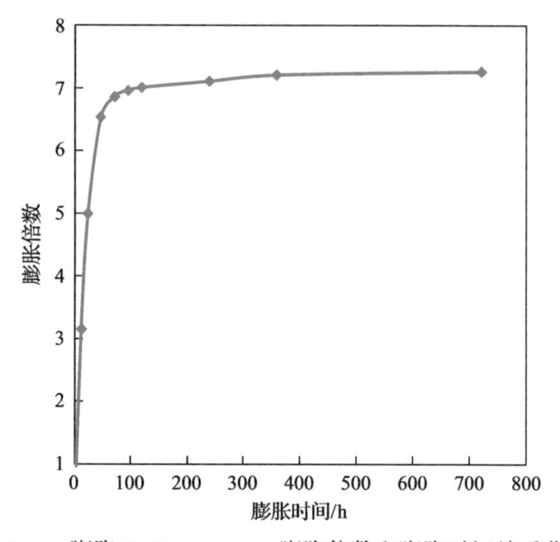

图 2.14 膨胀 30d Microgel$_{(W)}$膨胀倍数和膨胀时间关系曲线

水分子对高分子链的溶剂化作用使高分子线团开始扩张，从而微胶的分子链骨架网络开始扩展，其中亲水基团会水解出可移动的离子，在网络的内部和外部产生离子浓度差，继而产生渗透压差。在此渗透压差作用下，水分子会向骨架网络中渗透，此时渗透的水分子为自由水，同时进入的自由水会和微胶内部的亲水基团形成氢键，进而促进微胶内部亲水基团的水解和渗透压差的进一步形成，使水分子不断进入微胶内部，直至微胶内部的渗透压差很小，微胶吸水达到平衡。这一阶段持续时间较长，但是该阶段初期由于形成的渗透压差大，吸水膨胀速率快，后期渗透压差逐步减小，吸水膨胀速率变小。因此，自适应微胶的吸水膨胀机理

主要有氢键形成、亲水基团的水解和渗透压差引起的扩散。

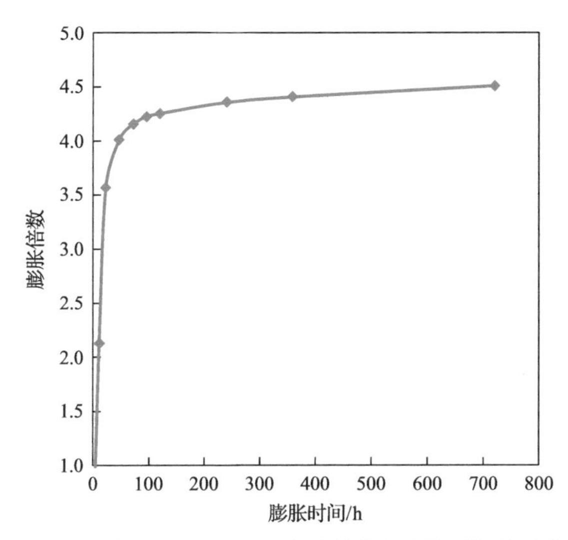

图 2.15　膨胀 30d Microgel$_{(Y)}$膨胀倍数和膨胀时间关系曲线

2.2.3　自适应微胶膨胀能力的影响因素

在不同油藏条件下，地层水或注入水矿化度和储层温度是变化的，这对自适应微胶吸水膨胀性能会产生影响，进而影响到调驱效果。因此，需要深入研究溶剂水矿化度和储层温度等其他因素对自适应微胶膨胀倍数的影响。

1. 储层温度的影响

1) 方案设计

(1) 称取设计用量 Microgel$_{(W)}$和 Microgel$_{(Y)}$样品，与相同溶剂水混合，混合均匀后用 Waring 搅拌器匀速搅拌 10min，获得设计浓度微胶溶液。

(2) 将 Microgel$_{(W)}$和 Microgel$_{(Y)}$溶液放置到样品瓶中吸水膨胀，分别储存于 25℃、45℃和 65℃保温箱内，在第 1d、3d、5d、10d、15d 和 30d 取出样品，采用三目金相显微镜观测微胶形态，同时用摄像机拍摄成像，利用视频采集软件计算微胶外观尺寸，再由式(2.1)计算微胶膨胀倍数。

2) 结果分析

在 25℃、45℃和 65℃条件下，Microgel$_{(W)}$和 Microgel$_{(Y)}$膨胀倍数与温度和膨胀时间关系曲线如图 2.16 和图 2.17 所示。从图可以看出，Microgel$_{(W)}$和 Microgel$_{(Y)}$

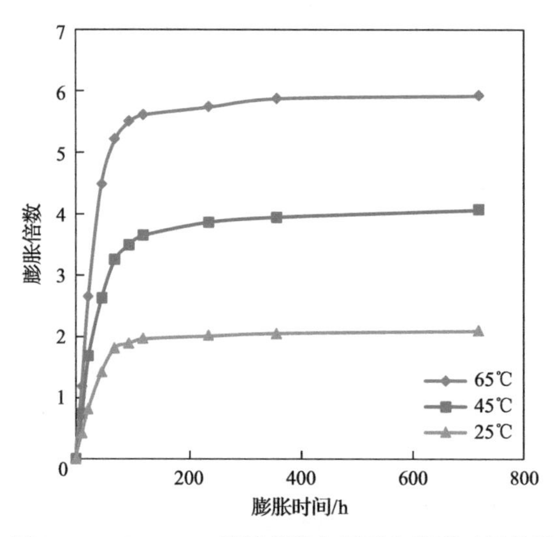

图 2.16　Microgel$_{(W)}$膨胀倍数与温度和膨胀时间关系

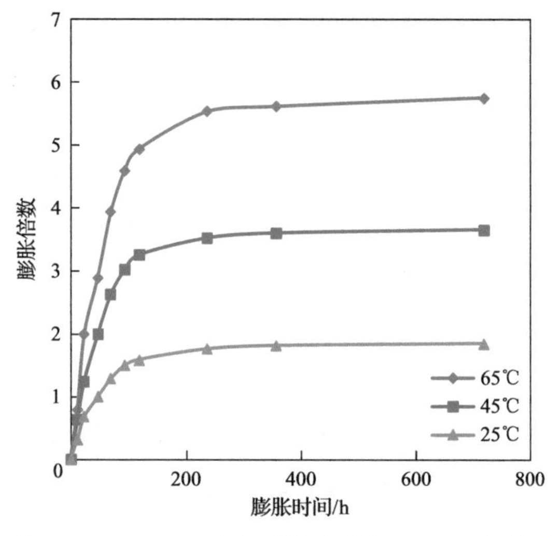

图 2.17　Microgel$_{(Y)}$膨胀倍数与温度和膨胀时间关系

膨胀倍数随温度升高而增大。其原因是温度升高导致微胶网络结构中主链变得更加柔软，增强了水的进入能力。同时，会促使微胶中的酰胺基团水解程度增加，这也可以增大微胶的吸水量。因此，在宏观上表现出微胶吸水能力随温度升高而增强，膨胀倍数随温度升高而增加。微胶这一性能可增强其在高温地层中的注入性，温度升高使膨胀后较柔软的微胶顺利进入地层深部，发挥深部液流转向和扩大波及体积的作用(鲁光亮等，2009；王崇阳等，2015)。

微胶粒径的大小影响其膨胀过程中的吸水快慢，但膨胀度变化趋势却是一致的。这是因为微胶体积膨胀和收缩所需的时间与其特征长度 L 的平方成正比，增加微胶比表面积，可以增大吸水膨胀速度(Hoffmann，2003；陈才等，2012；韩海英和李俊键，2013)。因此，微胶粒径越小，膨胀和收缩速度越快。

2. 溶剂水矿化度的影响

1)方案设计

(1)称取设计用量 Microgel$_{(W)}$和 Microgel$_{(Y)}$样品，分别与大庆油田第一采油厂采出污水、注入清水和地层水混合，混合均匀后用 Waring 搅拌器匀速搅拌 10min，获得设计浓度微胶溶液。

(2)将 Microgel$_{(W)}$和 Microgel$_{(Y)}$溶液放置到样品瓶中吸水膨胀，分别储存于45℃保温箱内，在第 1d、3d、5d、10d、15d 和 30d 取出样品，采用三目金相显微镜观测微胶形态，同时用摄像机拍摄成像，利用视频采集软件计算微胶外观尺寸，再由式(2.1)计算微胶膨胀倍数。

2)结果分析

Microgel$_{(W)}$和 Microgel$_{(Y)}$膨胀倍数与矿化度和膨胀时间关系曲线如图 2.18 和图 2.19 所示。从图可以看出，Microgel$_{(W)}$和 Microgel$_{(Y)}$膨胀倍数随溶剂水矿化度升高而减小，这是因为自适应微胶吸水膨胀过程中自由能包括混合自由能 ΔF_M 和弹性自由能 ΔF_{el} (Dong et al.，2005；Kiyoshi，2006；Denney，2007)。

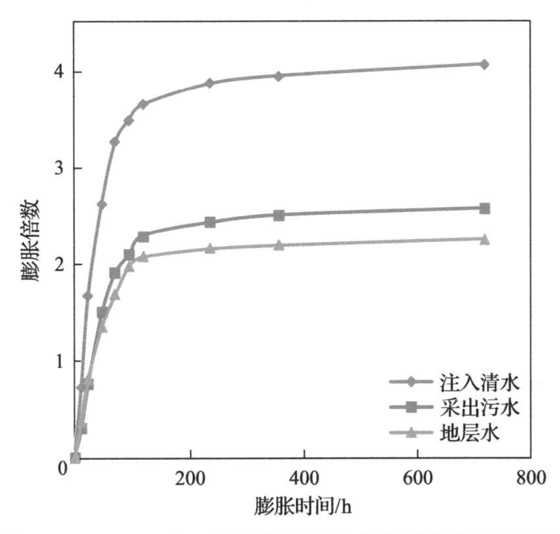

图 2.18　Microgel$_{(W)}$膨胀倍数与矿化度和膨胀时间关系

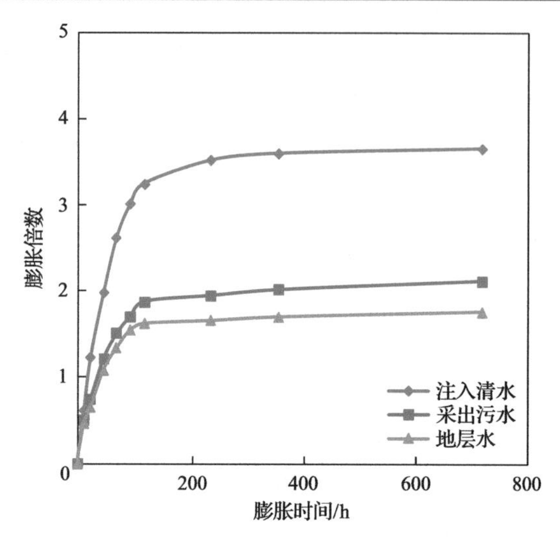

图 2.19 Microgel(Y)膨胀倍数与矿化度和膨胀时间关系

当体系处于稳定状态时，其能量最低，吸水量达到最大值。微胶在吸水膨胀过程中体系熵增加，混合自由能 ΔF_M 减小，但因克服膨胀过程中分子间作用力而使弹性自由能 ΔF_{el} 增大。当体系化学势 $\mu=0$ 时，体系处于稳定状态，弹性自由能 $\Delta F_{el}=0$ 。

溶剂水矿化度对微胶吸水膨胀能力的影响可通过自由能的变化进行分析，微胶吸水膨胀后，聚合物分子链段上具有大量可离解的基团，生成许多带正电的阳离子和高分子阴离子。阳离子无规则地分散在阴离子周围，从而形成稳定的电场。但阳离子浓度增加后，由于其对负电荷的屏蔽作用，减弱了高聚物分子间的作用力，降低了体系的弹性自由能，更容易趋于稳定状态，因此自适应微胶的吸水膨胀能力也随之降低。

3. Ca^{2+}和 Mg^{2+}浓度的影响

1) 方案设计

(1) 称取设计用量 Microgel(W)和 Microgel(Y)样品，分别与相同溶剂水 A、B、C 混合，其中溶剂水 A 含 Ca^{2+}和 Mg^{2+}浓度为 60mg/L，溶剂水 B 含 Ca^{2+}和 Mg^{2+}浓度为 80mg/L，溶剂水 C 含 Ca^{2+}和 Mg^{2+}浓度为 100mg/L。混合均匀后用 Waring 搅拌器匀速搅拌 10min，获得设计浓度微胶溶液。

(2) 将 Microgel(W)和 Microgel(Y)溶液放置到样品瓶中吸水膨胀，分别储存于 45℃保温箱内，在第 1d、3d、5d、10d、15d 和 30d 取出样品，采用三目金相显微镜观测微胶形态，同时用摄像机拍摄成像，利用视频采集软件计算微胶外观尺寸，再由式(2.1)计算微胶膨胀倍数。

2) 结果分析

在不同 Ca^{2+}和 Mg^{2+}浓度条件下，$Microgel_{(W)}$和 $Microgel_{(Y)}$的膨胀倍数和膨胀时间关系曲线如图 2.20 和图 2.21 所示。从图中可以看出，$Microgel_{(W)}$和 $Microgel_{(Y)}$膨胀倍数随溶剂水 Ca^{2+}和 Mg^{2+}浓度升高而减小。阳离子对负电荷的屏蔽作用可以减弱高聚物分子间的作用力，使其趋于稳定状态，而二价离子具有比一价离子更强的中和屏蔽能力，因此 Ca^{2+}和 Mg^{2+}离子对微胶吸水膨胀能力的影响更为明显。

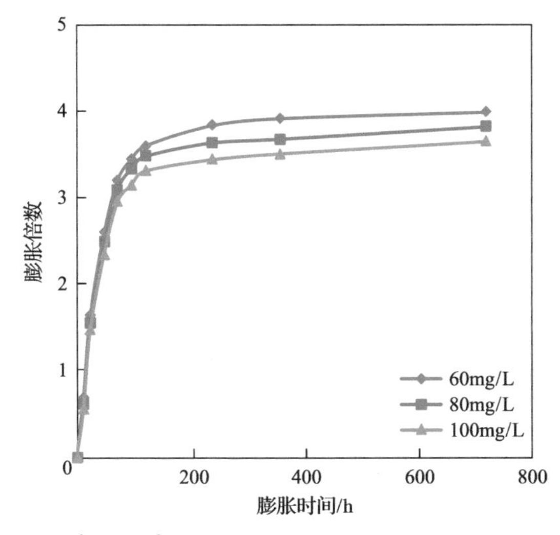

图 2.20　不同 Ca^{2+}和 Mg^{2+}浓度条件下 $Microgel_{(W)}$膨胀倍数和膨胀时间关系

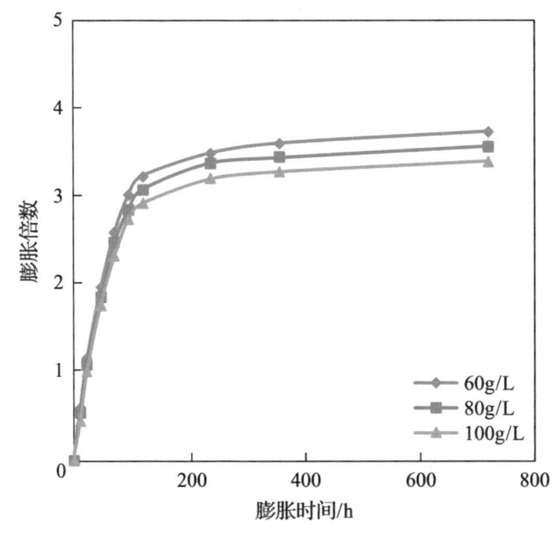

图 2.21　$Microgel_{(Y)}$膨胀倍数和膨胀时间关系

4. 综合影响

1) 方案设计

(1) 称取设计用量 Microgel$_{(W)}$和 Microgel$_{(Y)}$样品，分别与不同离子浓度溶剂水混合，混合均匀后用 Waring 搅拌器匀速搅拌 10min，获得设计浓度微胶溶液。

(2) 将 Microgel$_{(W)}$和 Microgel$_{(Y)}$溶液放置到样品瓶中吸水膨胀，分别储存于不同浓度保温箱内，在第 1d、3d、5d、10d、15d 和 30d 取出样品，采用三目金相显微镜观测微胶形态，同时用摄像机拍摄成像，利用视频采集软件计算微胶外观尺寸，再由式(2.1)计算微胶膨胀倍数。

2) 结果分析

(1) 在 25℃、45℃和 65℃条件下，Microgel$_{(W)}$和 Microgel$_{(Y)}$膨胀倍数与溶剂水矿化度和温度关系曲线如图 2.22 和图 2.23 所示。从图中可以看出，Microgel$_{(W)}$和 Microgel$_{(Y)}$膨胀倍数随温度升高、溶剂水矿化度降低而增大。当溶剂水矿化度在[0mg/L，5000mg/L]范围内，Microgel$_{(W)}$65℃时膨胀倍数的极差 $\Delta w_1 = 3.80$，45℃时膨胀倍数的极差 $\Delta w_2 = 2.07$，25℃时膨胀倍数的极差 $\Delta w_3 = 0.52$；Microgel$_{(Y)}$ 65℃时膨胀倍数的极差 $\Delta y_1 = 3.56$，45℃时膨胀倍数的极差 $\Delta y_2 = 1.88$，25℃时膨胀倍数的极差 $\Delta y_3 = 0.53$。由此可得，在高温条件下，溶剂水矿化度对自适应微胶膨胀性能的影响更为明显。

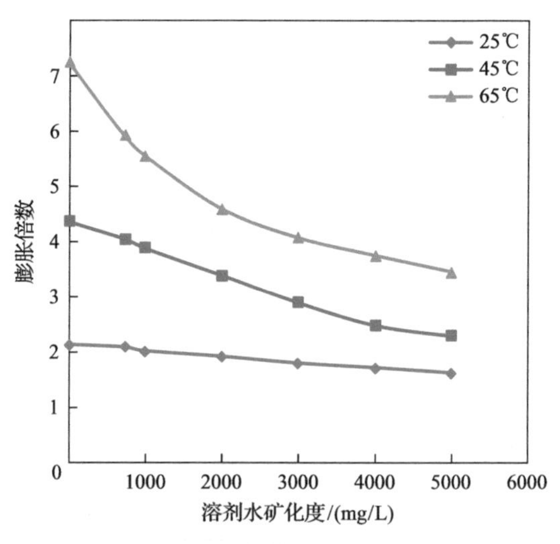

图 2.22　Microgel$_{(W)}$膨胀倍数与溶剂水矿化度和温度关系

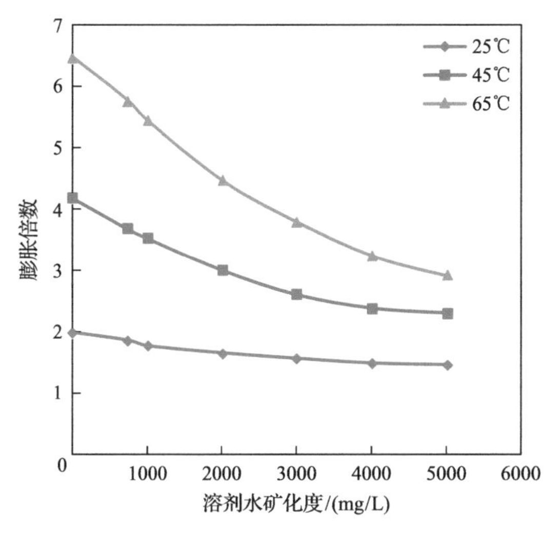

图 2.23　Microgel(Y)膨胀倍数与溶剂水矿化度和温度关系

(2)溶剂水为大庆油田第一采油厂采出污水、注入清水和地层水的条件下，Microgel(W)和 Microgel(Y)溶液的膨胀倍数与温度关系曲线如图 2.24 和图 2.25 所示。依据图中曲线，计算曲线回归系数和回归直线斜率(直线段斜率反映微胶吸水膨胀性能在不同矿化度条件下随温度的变化率)。当温度在[25℃，65℃]范围内时，Microgel(W)在 729mg/L 矿化度溶剂水中直线斜率 $K_{w1}=0.096$，4013mg/L 矿化度溶剂水中直线斜率 $K_{w2}=0.041$，7157mg/L 矿化度溶剂水中直线斜率 $K_{w3}=0.037$。Microgel(Y)在 729mg/L 矿化度溶剂水中直线斜率 $K_{y1}=0.096$，4013mg/L 矿化度溶

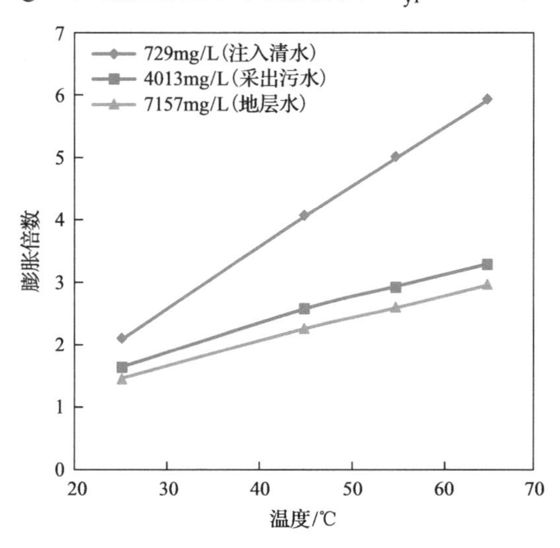

图 2.24　不同矿化度溶剂水条件下 Microgel(W)膨胀倍数随温度变化关系

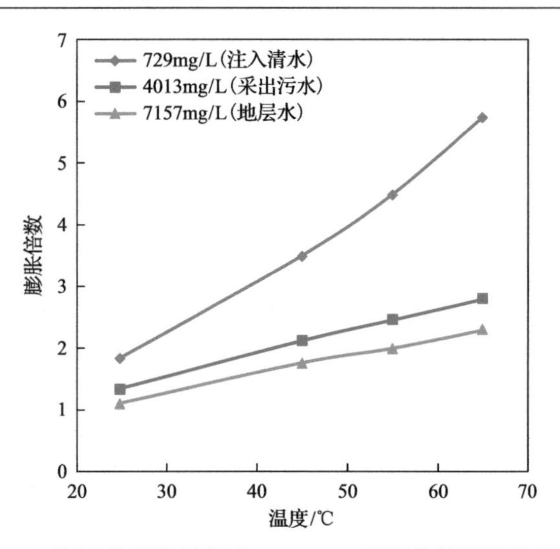

图 2.25　不同矿化度溶剂水下 Microgel$_{(Y)}$膨胀倍数随温度变化关系

剂水中直线斜率 $K_{y2}=0.036$，7157mg/L 矿化度溶剂水中直线斜率为 $K_{y3}=0.029$。由此可得，当溶剂水矿化度较低时，温度对自适应微胶膨胀性能影响更为明显。

第3章 自适应微胶油藏适应性评价方法研究

自适应微胶粒径过小不能产生有效封堵作用，而粒径太大则较易在端面造成堵塞，难以到达储层深部。因此，当自适应微胶粒径与储层孔喉尺寸匹配时，就可以随携带液进入地层，并且颗粒在进入油藏深部过程中不断水化膨胀，逐步发生滞留和增加渗流阻力，从而实现携带液或后续注入驱油剂转向进入中-低渗透层和小孔隙，达到扩大波及体积的效果。本章根据岩心流动实验方法，确定自适应微胶通过岩心不发生堵塞的最低渗透率(即渗透率极限)，建立不同溶液质量浓度下微胶粒径中值与岩石渗透率间的匹配关系。应用微流控测试和3D打印技术，建立孔喉尺度渗流图像实时采集及数据测试分析系统，追踪自适应微胶颗粒在孔喉中的运移、堵塞和变形通过特征，给出自适应微胶在不同运移与封堵模式下的作用机理，以及其粒径分布与岩心孔喉尺寸分布的匹配系数。在此基础上，进一步分析自适应微胶类型、浓度和岩心渗透率对阻力系数、残余阻力系数影响规律和定量变化曲线图版，最后针对实际油田地质特征，评价自适应微胶油藏适应性，这对提高微胶矿场试验增油降水效果具有重要的指导意义。

3.1 岩心孔隙结构特征

在油田三次采油技术开发实践中，化学驱油剂和调剖剂增油降水效果评价工作都离不开岩心驱替实验。目前，由于天然岩心来源和规格尺寸限制，国内各石油院校和研究院所进行岩心实验时除少量采用天然岩心外，绝大多数使用人造岩心。人造岩心制作常用方法包括石英砂充填、磷酸铝石英烧结、石英砂环氧树脂胶结压制等。从人造岩心孔隙结构与天然岩心的相似性、岩心制作工艺难易程度和岩心参数重复性等方面来看，石英砂环氧树脂胶结压制法具有一定优势，因而被广泛应用于聚合物溶液、聚合物/表面活性剂二元复合体系、碱/表面活性剂/聚合物三元复合体系和自适应微胶等调驱剂性能评价工作中。

3.1.1 岩心孔隙结构特征及其影响因素

天然岩心和人造岩心压汞测试数据见表3.1。

表 3.1　岩心压汞测试数据

岩心类型	渗透率 K /$10^{-3}\mu m^2$	孔隙度/%	排驱压力/MPa	中值压力 p_{c50}/MPa	分选系数	歪度	最大进汞饱和度/%	退汞效率/%	平均喉道半径/μm
天然岩心	127	19.7	0.107	0.314	2.67	0.85	79.18	2.76	2.71
	323	24.6	0.082	0.177	2.70	0.83	80.71	0.92	4.62
	518	25.4	0.063	0.126	2.58	0.80	83.55	0.35	6.22
	995	27.2	0.048	0.097	2.56	0.80	90.81	1.07	8.17
人造岩心	126	18.8	0.097	0.219	0.17	0.25	75.26	24.70	3.25
	328	24.0	0.063	0.134	0.62	0.56	86.31	24.41	5.32
	515	24.7	0.055	0.097	0.36	0.26	84.89	19.10	7.16
	984	26.8	0.044	0.074	0.53	0.16	88.72	20.29	9.12

从表 3.1 可以看出，在渗透率相同(近)条件下，天然岩心与人造岩心在孔隙结构特征方面存在差异。

(1)孔喉半径：与人造岩心相比较，天然岩心饱和度中值压力 p_{c50} 较大(即饱和度中值半径 r_{50} 较小)，平均喉道半径较小。

(2)孔喉分布特征：人造岩心分选性较好，孔喉均匀且孔喉较大。天然岩心分选系数较大，歪度较粗，表明其中孔喉大小不一，非均质性较强。

(3)孔喉连通性：人造岩心和天然岩心最大进汞饱和度相近，但人造岩心退汞效率较大，表明其连通性较好。

综上所述，与人造岩心相比较，天然岩心孔隙结构复杂，分选系数大，孔喉分布不均匀，连通性较差，非均质性较强。人造岩心和天然岩心进汞饱和度与毛细管压力对比曲线见图 3.1，喉道半径和渗透率贡献率对比曲线见图 3.2。

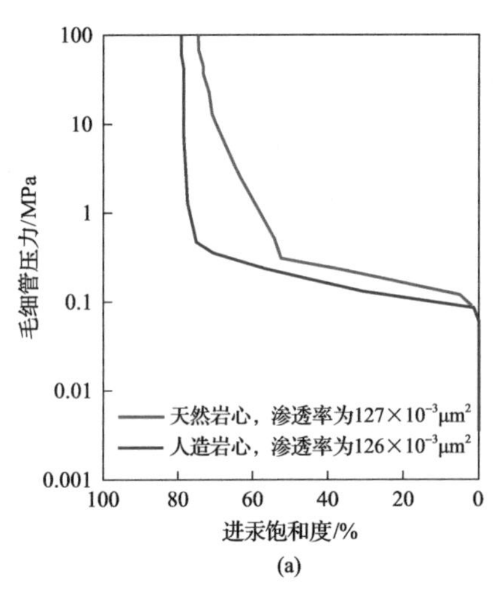

(a)

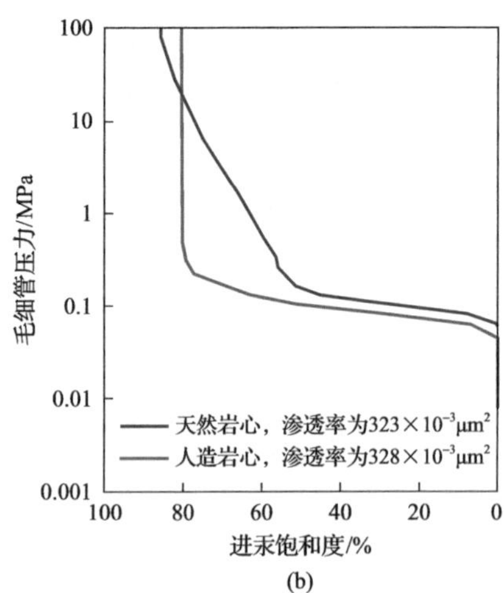

(b)

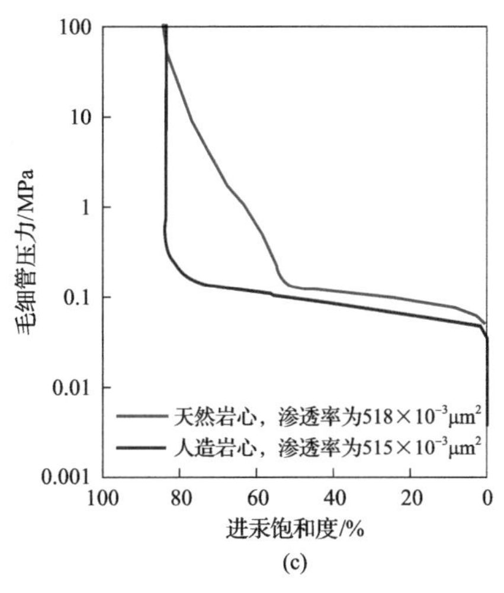

(c)

图 3.1　进汞饱和度与毛细管压力关系

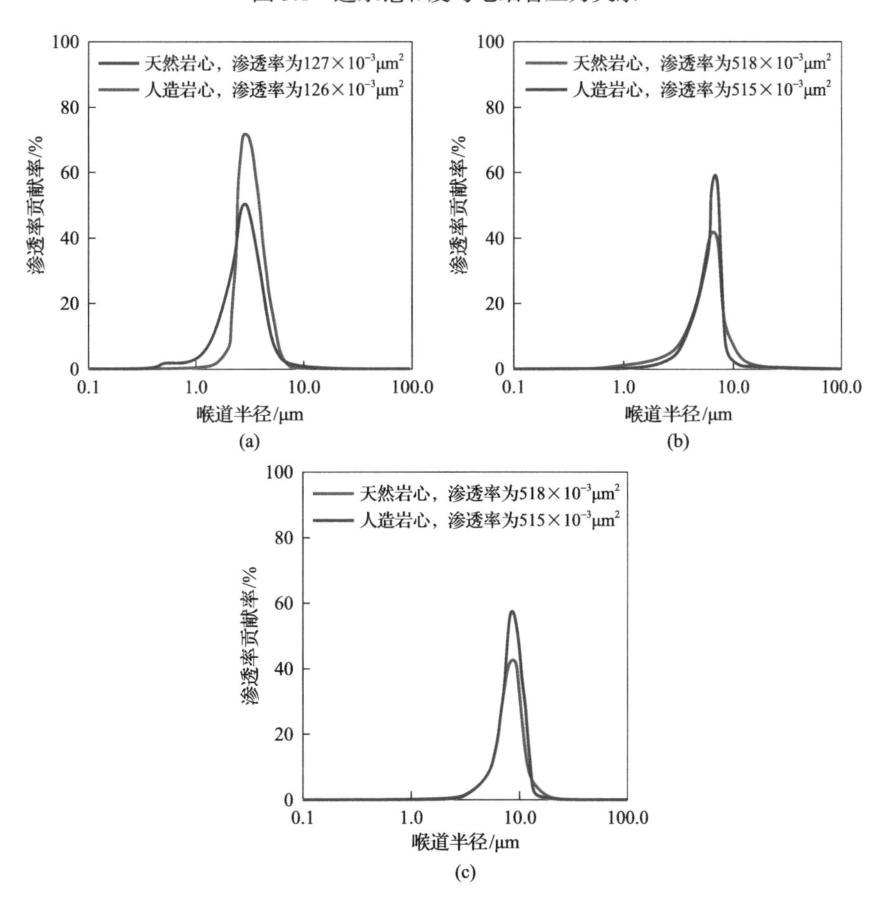

(a)　(b)　(c)

图 3.2　喉道半径和渗透率贡献率关系

从图 3.2 可以看出，人造岩心喉道半径分布较集中，而天然岩心喉道半径分布范围较大，表明人造岩心孔喉均匀，天然岩心则存在不同大小的孔喉，非均质性较强。

3.1.2 岩心渗透率与孔隙结构特征参数关系

人造岩心压汞测试结果见表 3.2，平均喉道半径和岩心渗透率关系见图 3.3。

表 3.2 人造岩心压汞测试数据

序号	渗透率 K /$10^{-3}\mu m^2$	孔隙度 /%	排驱压力 /MPa	中值压力 p_{c50}/MPa	分选系数	歪度	最大进汞饱和度/%	退汞效率 /%	平均喉道半径 /μm
1	55	15.4	0.138	0.421	0.59	0.24	77.85	7.98	1.87
2	126	18.8	0.097	0.219	0.17	0.25	79.18	2.76	3.25
3	215	23.2	0.085	0.156	0.25	0.33	82.37	2.45	4.51
4	328	24.0	0.063	0.134	0.62	0.56	80.71	0.92	5.32
5	515	24.7	0.055	0.097	0.36	0.26	83.551	0.35	7.16
6	984	26.8	0.044	0.074	0.53	0.16	90.81	1.07	9.12
7	1386	28.2	0.039	0.064	0.46	0.34	91.91	0.28	11.30
8	2312	29.3	0.031	0.048	0.46	0.20	97.07	0.53	13.69
9	3462	30.5	0.028	0.041	0.46	0.38	94.49	0.43	17.50
10	5023	32.7	0.022	0.033	0.43	0.25	95.60	0.33	21.95

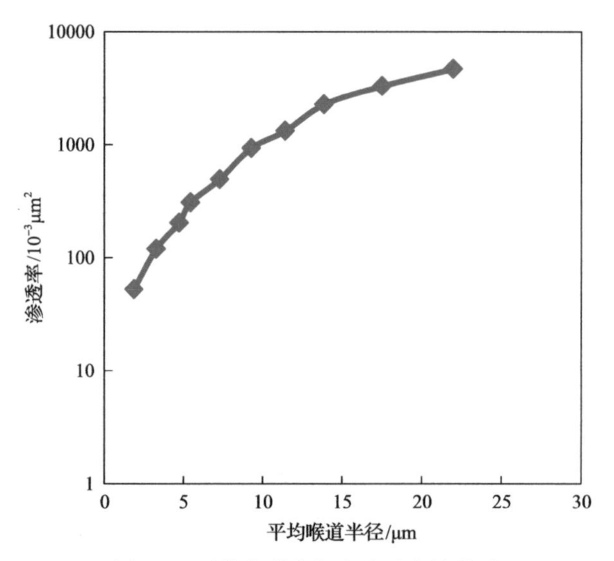

图 3.3 平均喉道半径和渗透率的关系

从表 3.2 和图 3.3 可以看出，人造岩心分选系数好，孔喉均匀，连通性较好。随岩心渗透率增大，孔隙度增大，排驱压力和中值压力下降，退汞效率整体降低，平均喉道半径增加。低渗透和高渗透岩心孔隙结构差异主要为孔喉半径的差异。

3.2　自适应微胶渗透率极限确定方法

3.2.1　渗透率极限测试实验条件

1. 渗透率极限测试实验材料

1) 药剂

实验用药剂为自适应微胶，包括"$Microgel_{(W)}$微米级"和"$Microgel_{(Y)}$亚毫米级"，有效含量为 100%，由中国石油勘探开发研究院油田化学研究所提供。实验用水为大庆油田第一采油厂采出污水，水质分析见表 2.1。

2) 岩心

岩心为石英砂环氧树脂胶结人造均质柱状岩心(卢祥国等，1994)，几何尺寸为ϕ2.5cm×10cm(图 3.4)。

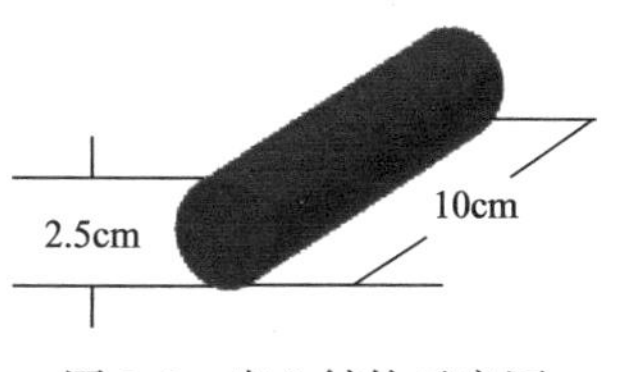

图 3.4　岩心结构示意图

2. 自适应微胶溶液配制方法

(1)在配制自适应微胶溶液前，人工剧烈摇动自适应微胶试样瓶，或用玻璃棒搅拌，使微胶分散均匀。

(2)按照设计浓度抽取自适应微胶原液，并与一定量溶剂水混合，然后将其置于磁力搅拌器上搅拌 15min。

(3)将自适应微胶溶液转入带搅拌装置的活塞容器中，启动搅拌器，以避免微胶颗粒聚并和沉降，以及由此对实验结果造成的不利影响。

3. 实验原理

自适应微胶与孔隙适应性可以用微胶与孔隙尺寸匹配关系来评价。调驱剂通过岩心不发生堵塞的最低渗透率称为渗透率极限，利用阻力系数和残余阻力系数法进行测试：选用不同渗透率岩心测试调驱剂的阻力系数和残余阻力系数，若自适应微胶注入岩心过程中压力呈现持续升高态势，说明微胶颗粒在岩心孔隙处发生聚并和滞留，最终形成桥堵。当岩心发生堵塞时，将岩心渗透率增大 $20\times10^{-3}\mu m^2$，继续测试阻力系数和残余阻力系数；若岩心继续堵塞，则将渗透率再增大 $20\times10^{-3}\mu m^2$，重复上述实验过程，直到不发生堵塞为止，此时岩心渗透率称为微胶渗透率极限值。

自适应微胶在多孔介质内的滞留量大小可以用阻力系数和残余阻力系数(F_R和F_{RR})来评价，其定义为

$$F_R = \frac{\Delta p_2}{\Delta p_1}, \quad F_{RR} = \frac{\Delta p_3}{\Delta p_1} \tag{3.1}$$

式中，Δp_1为岩心水驱压差；Δp_2为微胶注入压差；Δp_3为后续水驱压差。上述注入过程必须保持注液速度相同，注入量为4～6PV。

4. 实验设备

实验仪器设备主要包括平流泵、压力传感器、岩心夹持器和中间容器等。除平流泵外，其他部分置于45℃恒温箱内，实验设备及流程见图3.5。

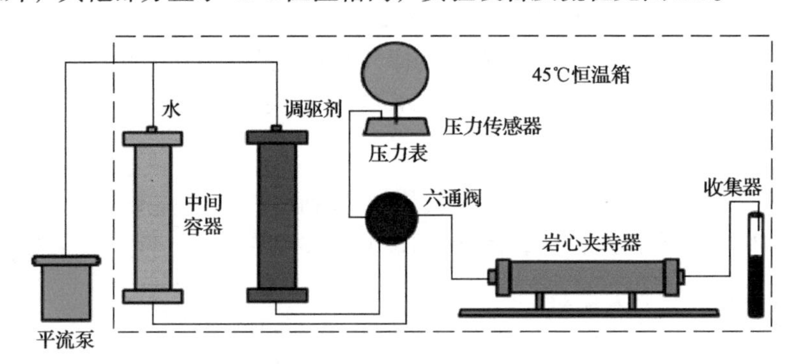

图3.5　设备及流程示意图

实验步骤如下。

(1)岩心抽空饱和地层水，注模拟注入水，记录压差Δp_1；

(2)注自适应微胶溶液5PV，记录压差Δp_2；

(3)注后续水，记录压差Δp_3。

上述实验过程注液速度为0.3mL/min，压力记录间隔为30min。

5. 方案设计

方案设计如表3.3所示。

表3.3　方案设计

方案编号	岩心渗透率	质量分数/%	阶段1	阶段2
1-1	K=190×10^{-3}μm^2，800×10^{-3}μm^2，1200×10^{-3}μm^2	0.1	注5PV微胶Microgel$_{(W)}$溶液	后续水驱至压力稳定
1-2	K=205×10^{-3}μm^2，800×10^{-3}μm^2，1200×10^{-3}μm^2	0.2	注5PV微胶Microgel$_{(W)}$溶液	

续表

方案编号	岩心渗透率	质量分数/%	阶段 1	阶段 2
1-3	$K=220\times10^{-3}\mu m^2$，$800\times10^{-3}\mu m^2$，$1200\times10^{-3}\mu m^2$	0.3	注 5PV 微胶 Microgel$_{(W)}$溶液	后续水驱至压力稳定
1-4	$K=650\times10^{-3}\mu m^2$，$800\times10^{-3}\mu m^2$，$1200\times10^{-3}\mu m^2$	0.1	注 5PV 微胶 Microgel$_{(Y)}$溶液	
1-5	$K=670\times10^{-3}\mu m^2$，$800\times10^{-3}\mu m^2$，$1200\times10^{-3}\mu m^2$	0.2	注 5PV 微胶 Microgel$_{(Y)}$溶液	
1-6	$K=690\times10^{-3}\mu m^2$，$800\times10^{-3}\mu m^2$，$1200\times10^{-3}\mu m^2$	0.3	注 5PV 微胶 Microgel$_{(Y)}$溶液	
2-1	$K=800\times10^{-3}\mu m^2$	0.3	注 30PV 微胶 Microgel$_{(W)}$溶液	
2-2	$K=3000\times10^{-3}\mu m^2$	0.3	注 30PV 微胶 Microgel$_{(Y)}$溶液	
3-1	$K=250\times10^{-3}\mu m^2$，$800\times10^{-3}\mu m^2$，$1000\times10^{-3}\mu m^2$，$2500\times10^{-3}\mu m^2$，$4000\times10^{-3}\mu m^2$	0.3	注 5PV 微胶 Microgel$_{(W)}$溶液	
3-2	$K=750\times10^{-3}\mu m^2$，$1000\times10^{-3}\mu m^2$，$2000\times10^{-3}\mu m^2$，$3000\times10^{-3}\mu m^2$，$6000\times10^{-3}\mu m^2$	0.3	注 5PV 微胶 Microgel$_{(Y)}$溶液	

注：以上实验过程中，样品配制后立即注入岩心。

3.2.2　渗透率极限结果分析

1. 自适应微胶渗透率极限

自适应微胶阻力系数 F_R 和残余阻力系数 F_{RR} 实验数据见表 3.4。

表 3.4　自适应微胶阻力系数和残余阻力系数

序号	微胶类型	质量分数/%	渗透率 $K/10^{-3}\mu m^2$	阻力系数 F_R	残余阻力系数 F_{RR}
1	Microgel$_{(W)}$	0.1	190	堵塞	堵塞
			800	12.5	13.0
			1200	7.8	8.2
		0.2	205	堵塞	堵塞
			800	15.9	17.7
			1200	10.3	11.2
		0.3	220	堵塞	堵塞
			800	20.8	22.7
			1200	12.1	13.7

续表

序号	微胶类型	质量分数/%	渗透率 $K/10^{-3}\mu m^2$	阻力系数 F_R	残余阻力系数 F_{RR}
2	Microgel(Y)	0.1	650	堵塞	堵塞
			800	47.3	50.0
			1200	19.3	21.2
		0.2	670	堵塞	堵塞
			800	56.4	61.5
			1200	25.5	27.6
		0.3	690	堵塞	堵塞
			800	69.1	71.8
			1200	31.7	34.3

从表 3.4 可以看出，自适应微胶类型、质量浓度和岩心渗透率对阻力系数和残余阻力系数存在影响。在自适应微胶类型和质量浓度相同条件下，随岩心渗透率增加，阻力系数和残余阻力系数减小。由此可见，随岩心渗透率增加，孔喉尺寸增大，微胶与岩心孔喉间配伍性变好，滞留量减小，渗流阻力降低，液流转向效果变差。在岩心渗透率相同条件下，随溶液浓度增加，阻力系数和残余阻力系数增大。

注入压力与 PV 数关系见图 3.6～图 3.11。从图中可以看出，在自适应微胶注入过程中，当岩心渗透率相同时，自适应微胶质量浓度越大，注入压力增幅越大；当自适应微胶溶液质量浓度相同时，岩心渗透率越低，注入压力增幅越高。随岩心渗透率减小，注入压力升高速度加快，压力达到稳定值较高。当渗透率低于某

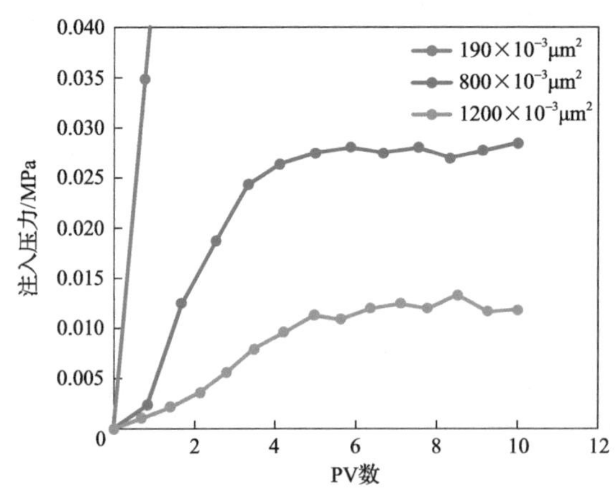

图 3.6　注入压力与 PV 数关系（Microgel(W)，质量分数为 0.1%）

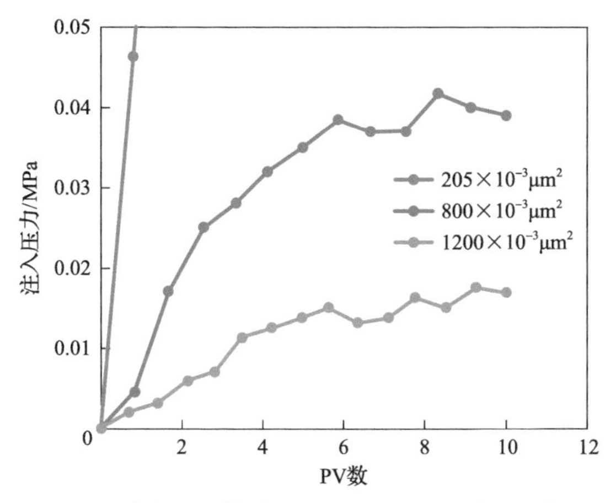

图 3.7　注入压力与 PV 数关系（$Microgel_{(W)}$，质量分数为 0.2%）

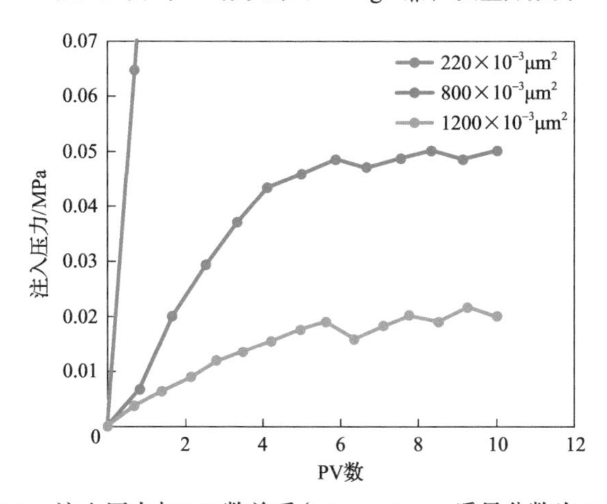

图 3.8　注入压力与 PV 数关系（$Microgel_{(W)}$，质量分数为 0.3%）

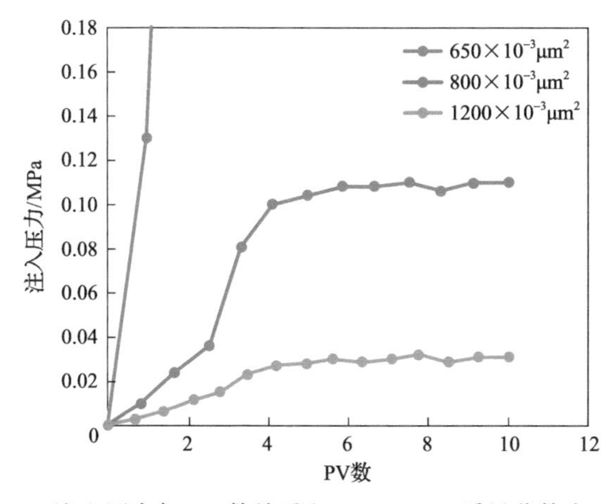

图 3.9　注入压力与 PV 数关系（$Microgel_{(Y)}$，质量分数为 0.1%）

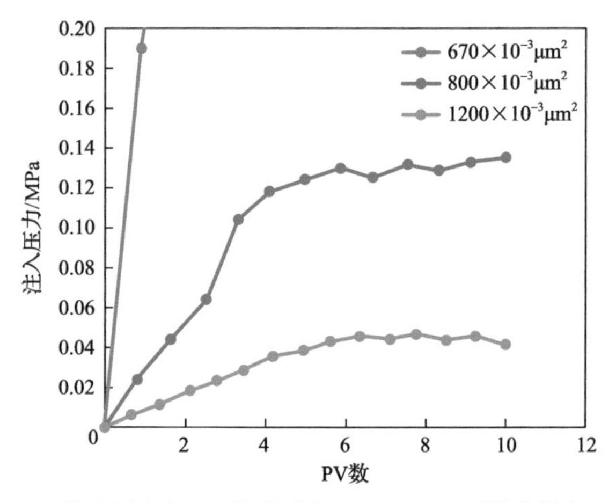

图 3.10　注入压力与 PV 数关系(Microgel$_{(Y)}$，质量分数为 0.2%)

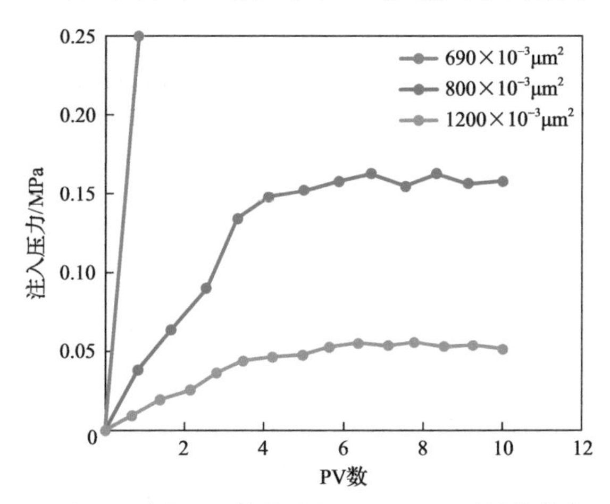

图 3.11　注入压力与 PV 数关系(Microgel$_{(Y)}$，质量分数为 0.3%)

个值(通常称之为渗透率极限值)时，注入压力持续升高，甚至造成堵塞，表明微胶与岩心孔喉尺寸间不匹配。

依据上述渗透率极限值定义和注入压力曲线，当质量分数为 0.1%时，自适应微胶 Microgel$_{(W)}$和 Microgel$_{(Y)}$的渗透率极限值分别为 K_g=210×10^{-3}μm^2 和 670×10^{-3}μm^2；当质量分数为 0.2%时，自适应微胶 Microgel$_{(W)}$和 Microgel$_{(Y)}$的渗透率极限值分别为 K_g=225×10^{-3}μm^2 和 690×10^{-3}μm^2；当质量分数为 0.3%时，自适应微胶 Microgel$_{(W)}$和 Microgel$_{(Y)}$的渗透率极限值分别为 K_g=240×10^{-3}μm^2 和 710×10^{-3}μm^2。

综上所述，当油藏岩石渗透率较低时，为避免微胶颗粒堵塞岩石，应选择质量浓度较小的自适应微胶溶液。随着岩心渗透率增大，自适应微胶溶液质量浓度可以相应增加。

2. 自适应微胶封堵能力图版

以 Microgel$_{(Y)}$为例，分别在 $1000\times10^{-3}\mu m^2$ 和 $2000\times10^{-3}\mu m^2$ 岩心渗透率条件下，开展不同注入速度、微胶质量浓度的注入性实验，可得封堵能力图版如图 3.12 所示。由图可知，在自适应微胶注入过程中，随注入微胶质量浓度和注入速度的增加，阻力系数呈逐渐上升的趋势。表明微胶颗粒在多孔介质中吸附滞留和架桥封堵的数量增加，并且随着微胶颗粒的吸水膨胀，颗粒粒径增大，封堵作用逐渐增强。

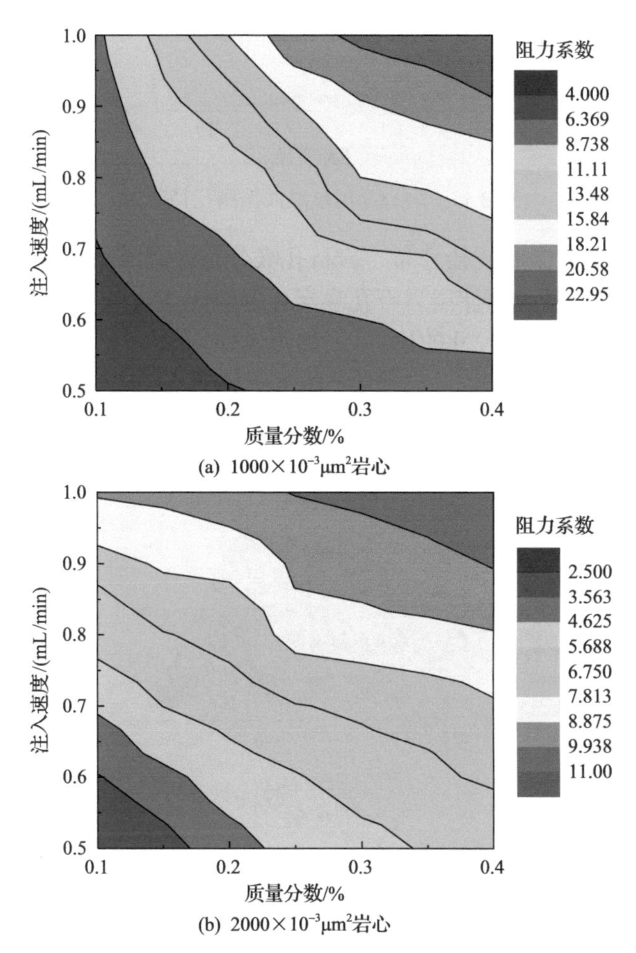

图 3.12　Microgel$_{(Y)}$对岩心的封堵能力图版

在此基础上，采用低场核磁共振(NMR)仪器，对岩样孔喉直径进行分析，如图 3.13 所示。从图可知，岩心孔喉分布与正态分布、韦布尔分布这两种分布相似。通过激光粒度仪测量的微胶粒径分布与利用核磁共振测取的储层岩石孔喉分布具有相同的特征，这是进行微胶粒径与储层参数匹配关系研究的基础，是自适应微胶调驱技术取得最佳效果的前提。

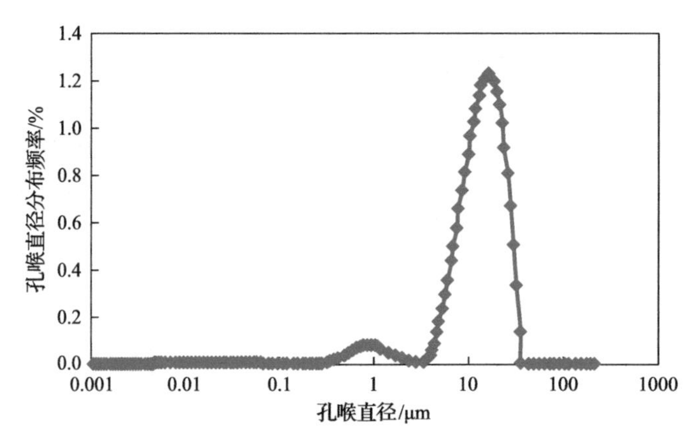

图 3.13　岩心高场核磁共振测孔径分布

综合以上自适应微胶粒径分布、岩石孔喉分布检测结果及注入性评价实验结果，可得自适应微胶粒径与储层岩石孔喉尺寸的匹配系数图版（匹配系数为自适应微胶粒径与储层岩石孔喉尺寸的比值），如图 3.14 和图 3.15 所示。由图可知，当自适应微胶质量分数为 0.1%～0.5%时，注入速度为 0.5～1.0mL/min，$Microgel_{(W)}$ 和 $Microgel_{(Y)}$ 的自适应微胶粒径/岩心孔隙（道）直径中值范围分别在 0.7～1.0 和 1.0～1.6 时，可取得较好的效果。

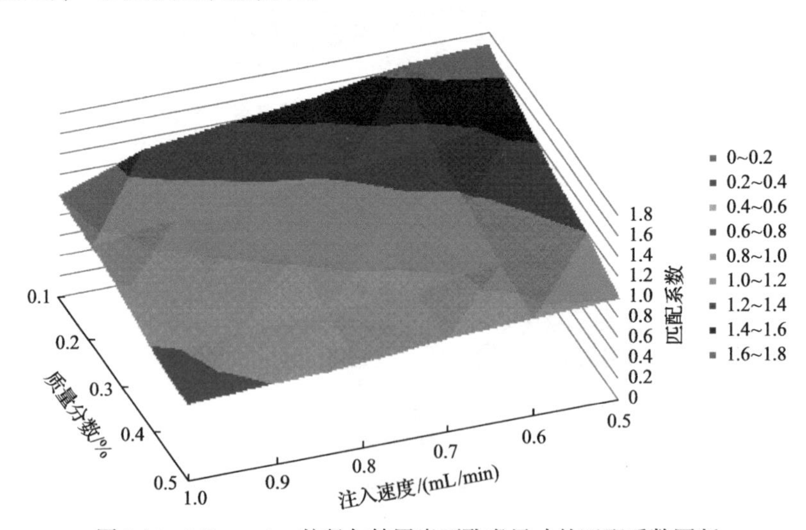

图 3.14　$Microgel_{(W)}$粒径与储层岩石孔喉尺寸的匹配系数图版

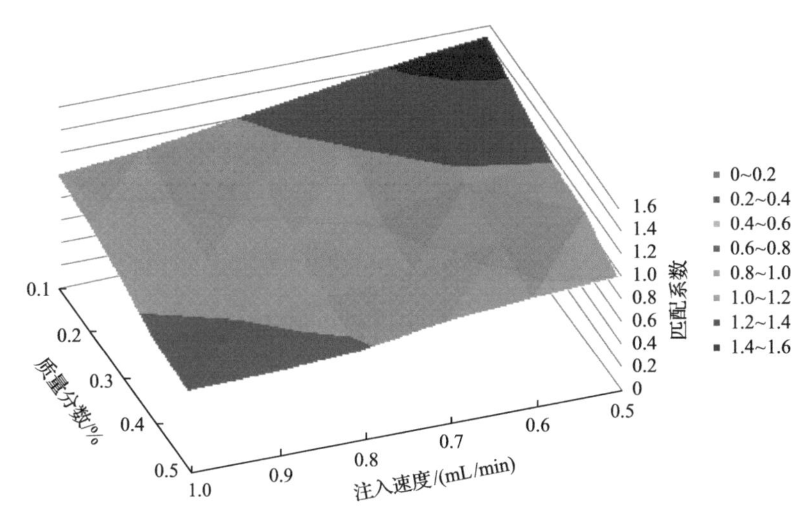

图 3.15　Microgel(Y)粒径与储层岩石孔喉尺寸的匹配系数图版

3. 自适应微胶长期注入性

在方案 2-1 和方案 2-2 中，Microgel(W)和 Microgel(Y)的阻力系数 F_R 和残余阻力系数 F_{RR} 实验数据见表 3.5。

表 3.5　Microgel(W)和 Microgel(Y)阻力系数与残余阻力系数

序号	微胶类型	实验条件	水驱压力/MPa	注入压力/MPa	阻力系数 F_R	后续水驱压力/MPa	残余阻力系数 F_{RR}
1	Microgel(W)	方案 2-1	0.009	0.0807	8.97	0.073	8.11
2	Microgel(Y)	方案 2-2	0.0019	0.0261	13.75	0.0225	12.52

在实验过程中，当持续性注入自适应微胶溶液时，注入压力先升高，最终达到稳定，说明自适应微胶长期注入性良好。若注入压力持续升高，可增加岩心渗透率，增大孔喉尺寸，使微胶与岩心孔喉间配伍性变好，滞留量减小，渗流阻力降低。

4. 自适应微胶粒径中值与岩心孔喉匹配关系

(1)将自适应微胶质量浓度与渗透率极限数据进行拟合，可得到如下方程。

Microgel(W)：

$$K_g = 476.6C^{0.119} \tag{3.2}$$

$\mathrm{Microgel}_{(Y)}$：

$$K_g = 955.7C^{0.051} \tag{3.3}$$

式中，K_g 为岩心渗透率极限，$10^{-3}\mu m^2$；C 为自适应微胶溶液质量分数，%。

(2)由式(2.1)可得，储层条件下吸水膨胀后的微胶粒径为

$$d_{50}(\text{膨胀}) = d_{50}(\text{初始}) \times n \tag{3.4}$$

式中，d_{50}(膨胀)为自适应微胶吸水膨胀后的中值粒径，nm；d_{50}(初始)为自适应微胶的初始中值粒径，nm；n 为膨胀倍数。

因此，微胶粒径与岩心孔隙(道)直径中值的匹配关系计算公式为

$$Q = \frac{d_{50}(\text{膨胀})}{D_c} = \frac{d_{50}(\text{初始}) \times n}{D_c} \tag{3.5}$$

式中，Q 为微胶粒径与岩心孔隙直径的比值，无因次；D_c 为岩心孔隙(道)直径中值，nm。

(3)由图3.3可得，岩心渗透率与岩心孔隙(道)直径中值拟合的相关方程为

$$K = 8.833R^2 + 45.43R - 142.6 \tag{3.6}$$

式中，R 为平均喉道半径，nm。

由表3.2、式(3.5)和式(3.6)可得，微胶粒径与岩心孔隙(道)直径中值的匹配关系见表3.6和图3.16。可以看出，当自适应微胶质量分数为0.1%～0.3%时，$\mathrm{Microgel}_{(W)}$和$\mathrm{Microgel}_{(Y)}$的“微胶粒径/岩心孔隙(道)直径中值”范围分别在0.79～0.84和1.73～1.78，可适用于油藏，拟合曲线下部区域为“配伍区”，上部为“封堵区”。

表3.6　微胶粒径与岩心孔隙(道)直径中值关系

样品	质量分数为0.1%		质量分数为0.2%		质量分数为0.3%	
	孔隙半径中值/nm	微胶粒径/岩心孔隙(道)直径中值	孔隙半径中值/nm	微胶粒径/岩心孔隙(道)直径中值	孔隙半径中值/nm	微胶粒径/岩心孔隙(道)直径中值
$\mathrm{Microgel}_{(W)}$	4250	0.84	4374	0.81	4495	0.79
$\mathrm{Microgel}_{(Y)}$	7359	1.78	7472	1.76	7585	1.73

注：溶液配制后马上注入岩心，微胶膨胀倍数 n 的值近似为1。

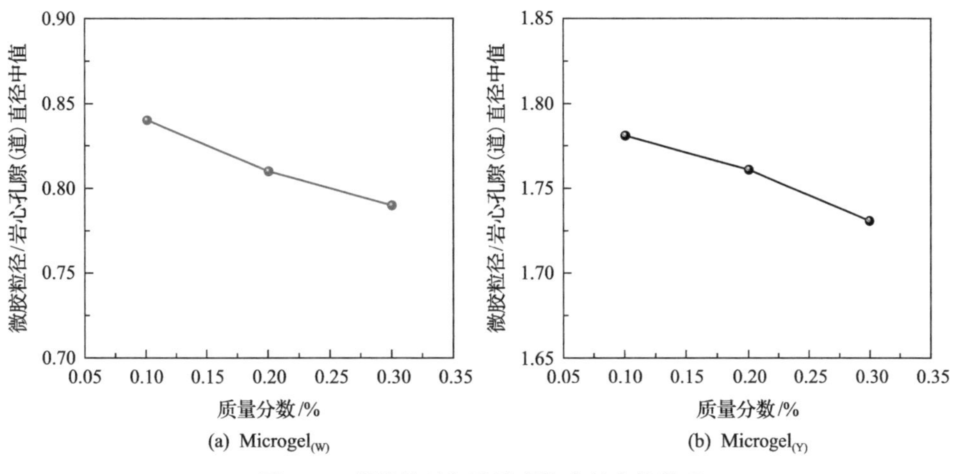

(a) Microgel(W)　　(b) Microgel(Y)

图 3.16　微胶粒径与孔隙(道)直径中值关系

5. 自适应微胶粒径分布与岩心孔喉尺寸分布匹配

基于微胶粒径中值与岩心孔喉尺寸中值的匹配关系，需要进一步量化分析微胶粒径分布与岩石孔喉尺寸分布的匹配关系。结合图 2.5～图 2.8 中自适应微胶的粒径分布，根据压汞法测试结果反映岩心喉道分布，在二者粒径累积分布曲线上定义 5 个匹配系数，如图 3.17 和式(3.7)所示。

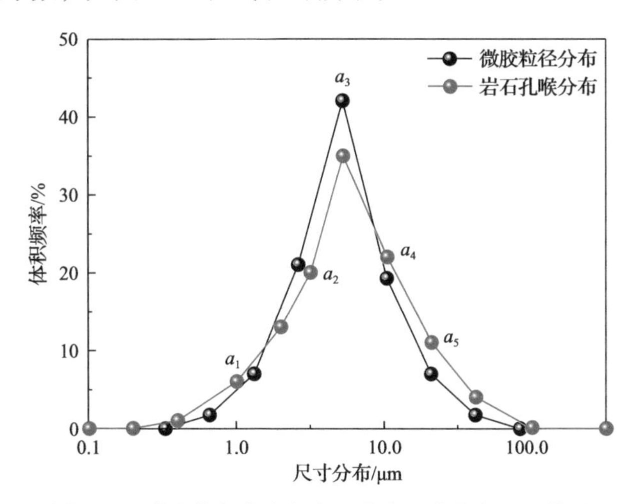

图 3.17　微胶粒径分布与岩石孔喉尺寸分布匹配关系

$$a_1 = \frac{d_{10}}{D_{10}}, \quad a_2 = \frac{d_{30}}{D_{30}}, \quad a_3 = \frac{d_{50}}{D_{50}}, \quad a_4 = \frac{d_{70}}{D_{70}}, \quad a_5 = \frac{d_{90}}{D_{90}} \tag{3.7}$$

式中，a_1～a_5 分别为 5 个匹配系数，如图 3.17 所示；d_{10}、d_{30}、d_{50}、d_{70}、d_{90} 分

别为微胶粒径累积分布曲线上 10%、30%、50%、70%、90%所对应的颗粒粒径，μm；D_{10}、D_{30}、D_{50}、D_{70}、D_{90} 分别为粒径累积分布曲线上 10%、30%、50%、70%、90%所对应的孔喉尺寸，μm。

基于 Microgel(W) 和 Microgel(Y) 在岩心中的注入压力变化情况(图 3.6～图 3.11)，以及相应的调驱特征参数(表 3.4 和表 3.5)，可得不同渗透率条件下 Microgel(W) 和 Microgel(Y) 的粒径分布匹配系数图版，如图 3.18 和图 3.19 所示。

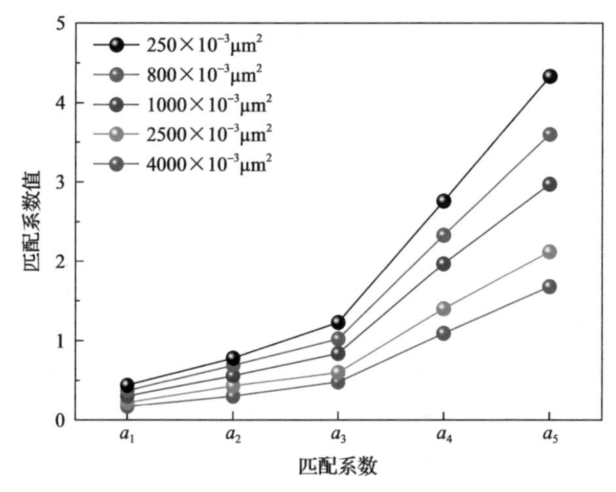

图 3.18　Microgel(W) 粒径分布匹配系数图版

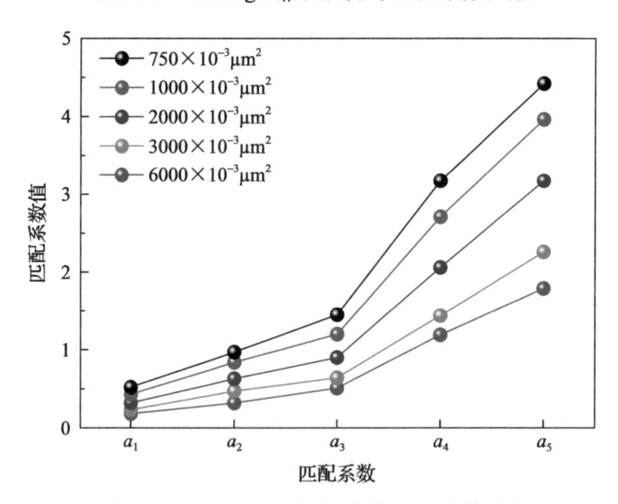

图 3.19　Microgel(Y) 粒径分布匹配系数图版

在此基础上，结合自适应微胶阻力系数 F_R、残余阻力系数 F_{RR} 和封堵率实验数据，以及基于岩心压汞法计算的自适应微胶粒径分布与岩心孔喉尺寸的匹配系数见表 3.7。

表 3.7　微胶粒径分布与岩心孔喉尺寸匹配结果

序号	渗透率 K /$10^{-3}\mu m^2$	匹配系数					特征参数		
		a_1	a_2	a_3	a_4	a_5	阻力系数	残余阻力系数	封堵率/%
1	150	0.53	0.89	1.35	3.15	4.87	堵塞	堵塞	
2	250	0.44	0.78	1.23	2.76	4.33	13.20	13.48	86.52
3	800	0.37	0.69	1.02	2.33	3.60	9.12	9.25	60.24
4	1000	0.30	0.56	0.84	1.97	2.97	7.44	7.56	42.93
5	2500	0.22	0.43	0.60	1.40	2.12	4.78	4.92	28.29
6	4000	0.17	0.30	0.48	1.09	1.68	3.87	3.94	13.86
7	400	0.63	1.16	1.60	3.86	4.98	堵塞	堵塞	
8	750	0.52	0.97	1.45	3.20	4.42	16.29	16.85	88.97
9	1000	0.43	0.84	1.20	2.71	3.96	14.49	14.93	68.29
10	2000	0.32	0.63	0.90	2.06	3.17	12.92	13.27	46.90
11	3000	0.23	0.47	0.64	1.44	2.26	11.75	11.96	31.28
12	6000	0.18	0.32	0.51	1.19	1.79	8.82	9.13	17.73

从图 3.18、图 3.19 和表 3.7 中可以看出，在微胶粒径分布和岩心孔喉尺寸分布累积分布曲线上，5 个匹配系数a_1、a_2、a_3、a_4、a_5的值逐渐增大，而且随岩心渗透率增加，匹配系数逐渐减小。基于自适应微胶的阻力系数 F_R、残余阻力系数 F_{RR} 和封堵率，将自适应微胶在不同匹配系数下的运移与封堵模式划分为高效封堵、正常封堵和低效封堵，表 3.8 列出了不同运移与封堵模式下所对应的匹配系数范围。

表 3.8　不同运移与封堵模式下所对应的匹配系数范围

运移与封堵模式	Microgel$_{(W)}$					Microgel$_{(Y)}$				
	a_1	a_2	a_3	a_4	a_5	a_1	a_2	a_3	a_4	a_5
高效封堵	>0.44	>0.78	>1.23	>2.76	>4.33	>0.52	>0.97	>1.45	>3.20	>4.42
正常封堵	0.17~0.44	0.30~0.78	0.48~1.23	1.09~2.76	1.68~4.33	0.18~0.52	0.32~0.97	0.51~1.45	1.19~3.20	1.79~4.42
低效封堵	<0.17	<0.30	<0.48	<1.09	<1.68	<0.18	<0.32	<0.51	<1.19	<1.79

从表 3.8 中可以看出，以 Microgel$_{(Y)}$为例，可分为 3 种情况：①当a_1>0.52、a_2>0.97、a_3>1.45、a_4>3.20 和a_5>4.42 时，自适应微胶的运移与封堵模式为高效封堵，主要针对非均质性较强且主要应用于近井地带调剖的油藏；②当a_1为 0.18~0.52、a_2为 0.32~0.97、a_3为 0.51~1.45、a_4为 1.19~3.20 和a_5为 1.79~4.42 时，自适应微胶的运移和封堵模式为正常封堵，主要针对实现自适应微胶深

部调驱的油藏，既可以在注入初期有效进行剖面调整，又可以运移到深部，提高注入压力，实现深部液流转向，大幅提高采收率；③当 a_1＜0.18、a_2＜0.32、a_3＜0.51、a_4＜1.19 和 a_5＜1.79 时，自适应微胶的运移与封堵模式为低效封堵。

6. 自适应微胶架桥封堵机理

目前关于颗粒架桥封堵机理仍存在不同的观点，国内外最常用的 Abrans 根据三球架桥理论得到悬浮固体颗粒在孔喉处的堵塞规律如下(James and Harry，2003；Okabe and Blunt，2004；刘承杰和安俞蓉，2010)。

(1)颗粒粒径大于 1/3 孔喉直径，在地层表面形成外滤饼。

(2)颗粒粒径为 1/3～1/7 孔喉直径，固相颗粒基本可以进入储层内部。在孔喉的捕集作用下，于储层内部产生桥堵，形成内滤饼。

(3)颗粒粒径小于 1/7 孔喉直径，可自由通过地层，不形成固相堵塞。

在该理论的基础上，国内学者通过进一步研究认为(姚传进等，2012，2014；李蕾等，2013；杨俊茹等，2014)：封堵颗粒应由起桥堵效果的刚性颗粒(3%)和起充填作用的充填粒子(1.5%)及软化粒子(1%～2%)组成，当刚性颗粒直径等于储层孔隙平均直径的 2/3 时，桥堵效果最佳、最稳定，而软化粒子和充填粒子的粒径应等于储层孔隙平均直径的 1/3～1/4，此时的封堵效果最佳。而姚传进等得出当颗粒粒径与孔喉尺寸之比为 1.42 时，封堵率达到最高(姚传进等，2012；Yao et al.，2012)。

综上所述，针对颗粒粒径与岩心孔喉尺寸的匹配关系，不同的实验条件、实验手段、颗粒类别等因素都是实验结果产生差异的主要原因。因此，有必要针对自适应微胶进一步开展相关研究工作。

不同粒径级别的微胶颗粒流动过程不同，小粒径的微胶直接通过喉道，不发生封堵作用；当微胶粒径与孔喉直径的比值满足一定范围时，在喉道处发生不同个数的微胶颗粒架桥封堵；当微胶粒径大于喉道直径时，可发生直接封堵，在一定的驱动压力下，也可发生弹性变形通过喉道处进行深部调驱。

首先以 Microgel$_{(Y)}$为例，结合注入压力曲线特征和渗透率极限值，在对应岩心渗透率 $400\times10^{-3}\mu m^2$、$750\times10^{-3}\mu m^2$、$2000\times10^{-3}\mu m^2$ 和 $3000\times10^{-3}\mu m^2$ 时，由式(3.7)计算 Microgel$_{(Y)}$的匹配系数 a_3 分别为 1.60、1.45、0.90 和 0.64。分析可得不同匹配系数条件下，自适应微胶在多孔介质中的运移与封堵模式不同，主要有高效封堵、正常封堵和低效封堵三种模式，下面结合自适应微胶在微流控模型和 3D 打印树脂模型中的运移与封堵模式逐一展开分析。

1)高效封堵模式

Microgel$_{(Y)}$的匹配系数为 1.45～1.60 的微观模型时，由于微胶颗粒粒径大于模型的孔喉直径，驱替液波及会产生压差，当压差足够大时，微胶颗粒会发生弹性变形，通过孔喉之后，来自孔喉的挤压与拉伸作用消失，重新恢复到原尺寸，所以微胶颗粒在多孔介质中运移→捕集→变形→再运移→再捕集→再变形，注入压力呈现波动式变化特征(图 3.20)。$Microgel_{(Y)}$匹配系数为大于 1.60 的微观模型时，微胶颗粒受到的作用力不足以克服油藏孔喉的阻力，会造成微胶颗粒无法向前移动，因而堵塞在孔喉入口处。

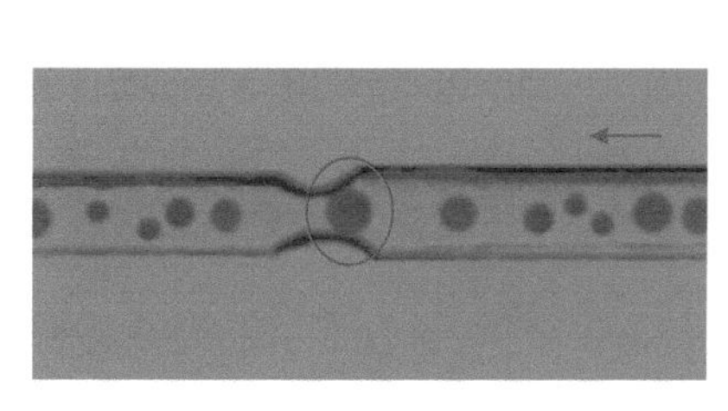

(a) 微流控模型

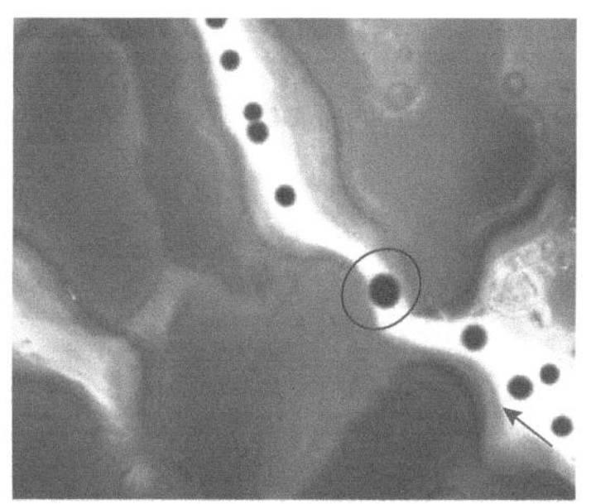

(b) 3D打印树脂模型

图 3.20　单球封堵

2) 正常封堵模式

在正常封堵模式中，主要包括两种颗粒架桥方式：①单球变形通过，当 $Microgel_{(Y)}$匹配系数为 1.00～1.45 的微观模型时，其运移模式同上；②2～3 球架桥，当 $Microgel_{(Y)}$匹配系数为 0.51～1.00 的微观模型时，由于微胶颗粒的注入性较好，主要是通过 2～3 个微胶颗粒架桥的方式来实现暂堵作用，从而使渗流阻力增大，注入压力升高，其携带液转向进入小孔隙发挥驱油作用。随着注入压力继续升高，微胶颗粒会继续向前运移，从而实现深部调驱(图 3.21)。

3) 低效封堵模式

当 $Microgel_{(Y)}$匹配系数为 0.29～0.51 的微观模型时，微胶颗粒在岩心中通过，注入压力波动变化范围不大，压力分布连续。此时微胶颗粒主要是通过 4 个或 4 个以上颗粒架桥的方式来实现暂堵作用(图 3.22)。当 $Microgel_{(Y)}$匹配系数为小于 0.29 的微观模型时，整个注入过程中注入压力小于 0.012MPa，且注入压力波动较小。这说明微胶颗粒在匹配系数小于 0.29 时可直接通过孔喉，通过多颗粒实现封堵的可能性较小，因而并未产生有效封堵作用。当微胶颗粒粒径小于孔喉直径，且油藏内的驱替压差大于多孔介质表面对微胶颗粒的吸附力时可直接通过孔喉。

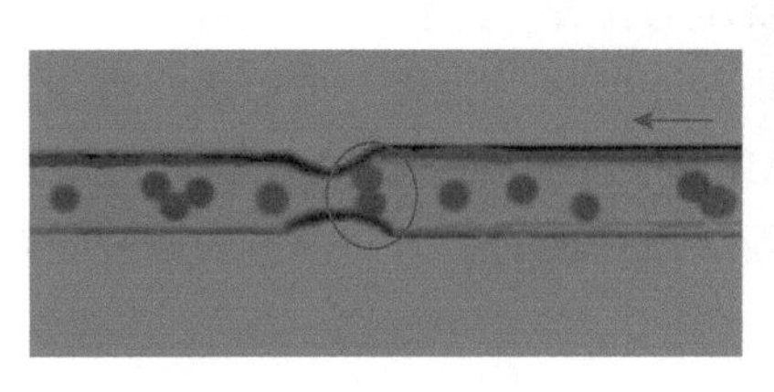

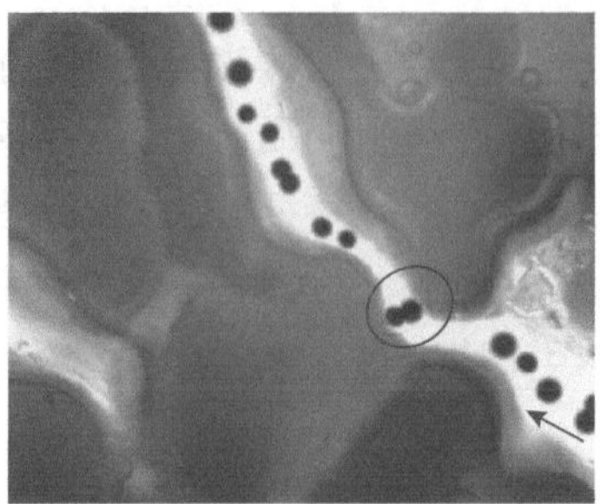

(a) 微流控模型(2球封堵)　　(b) 3D打印树脂模型(2球封堵)

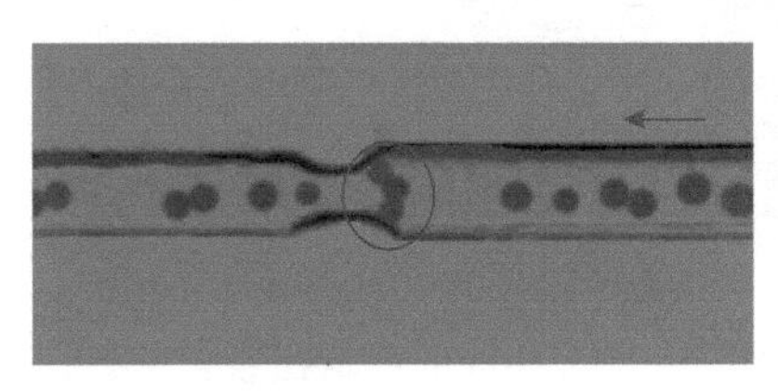

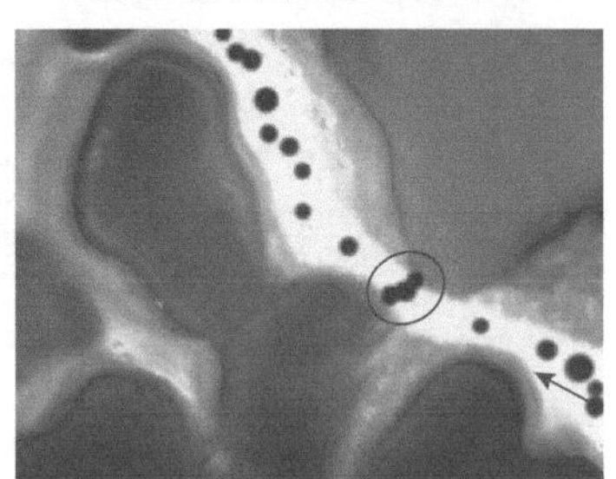

(c) 微流控模型(3球封堵)　　(d) 3D打印树脂模型(3球封堵)

图 3.21　2～3 球封堵

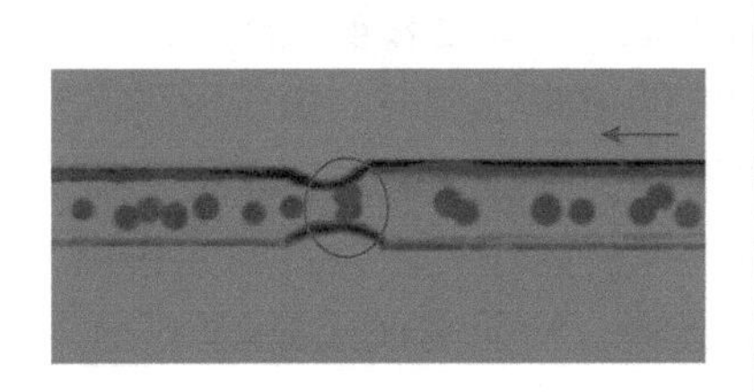

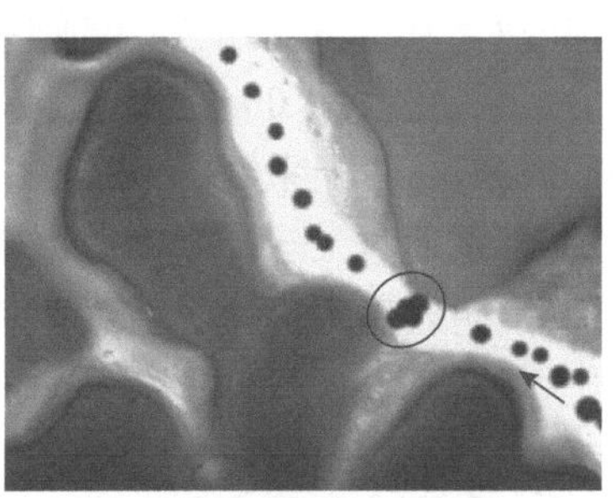

(a) 微流控模型(4球封堵)　　(b) 3D打印树脂模型(4球封堵)

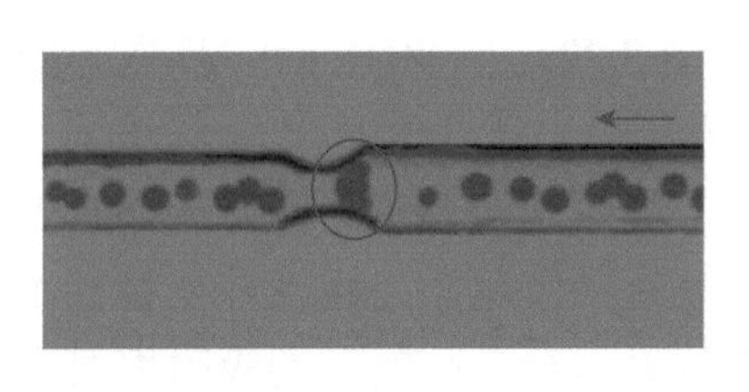

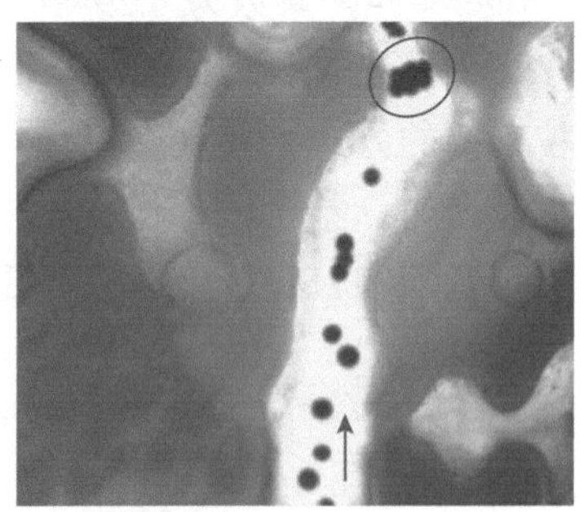

(c) 微流控模型(4球以上封堵)　　(d) 3D打印树脂模型(4球以上封堵)

图 3.22　多球封堵

通过相同的岩心注入性实验和微观模拟实验手段，分析微米级、亚毫米级和大亚毫米级微胶运移与封堵模式，3 种不同粒径级别的自适应微胶在岩心中的封堵模式和匹配系数对应关系如图 3.23 所示。从图中可得，3 种粒径级别的微胶颗粒在岩心中主要通过单球变形通过、2～3 球架桥或堵塞的方式实现封堵作用，其中以单球变形通过和 2～3 球架桥封堵方式为主，匹配系数和封堵模式的具体对应关系见如表 3.9 所示。

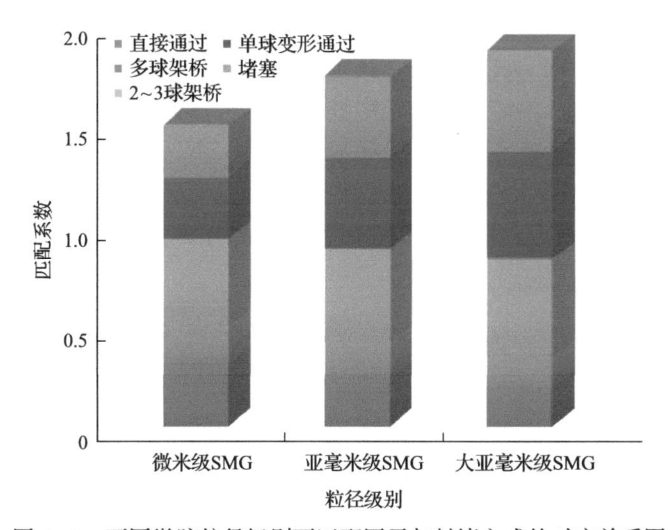

图 3.23　不同微胶粒径级别下匹配因子与封堵方式的对应关系图

表 3.9　对应关系统计表

封堵模式	不同微胶类别的匹配系数		
	微米级 SMG	亚毫米级 SMG	大亚毫米级 SMG
直接通过	＜0.31	＜0.29	＜0.25
多球架桥	0.31～0.49	0.29～0.46	0.25～0.42
2～3 球架桥	0.49～1	0.46～1	0.42～1
单球变形通过	1～1.32	1～1.60	1～1.73
堵塞	＞1.32	＞1.60	＞1.73

从图 3.23 和表 3.9 中可得，在实际应用时若需要封堵能力较强的近井地带调剖，可以选择堵塞和单球变形通过模式，首先计算出储层岩石孔喉尺寸，再根据匹配系数选择与之对应的自适应微胶类型和粒径；若需要进入储层深部进行调驱，可以选择 2～3 球架桥和多球架桥，以便获得较好的增油降水效果，本图版可为矿场实际应用提供重要技术指导。

7. 阻力系数和残余阻力系数与渗透率关系

1) 阻力系数

自适应微胶溶液通过岩心的阻力系数与渗透率、微胶粒径及溶液质量浓度有关。利用统计分析方法，建立阻力系数与微胶粒径、溶液质量浓度及岩心渗透率三个主要孔喉封堵性能影响因素的关系表达式。

(1) 岩心渗透率。

以自适应微胶 $Microgel_{(W)}$ 为例，其阻力系数和岩心渗透率关系曲线如图 3.24 所示。从图可以看出，在实验条件相同条件下，岩心渗透率越大，其阻力系数越小，二者呈幂律函数关系，拟合公式如下：

$$y=4731.4x^{-0.859} \tag{3.8}$$

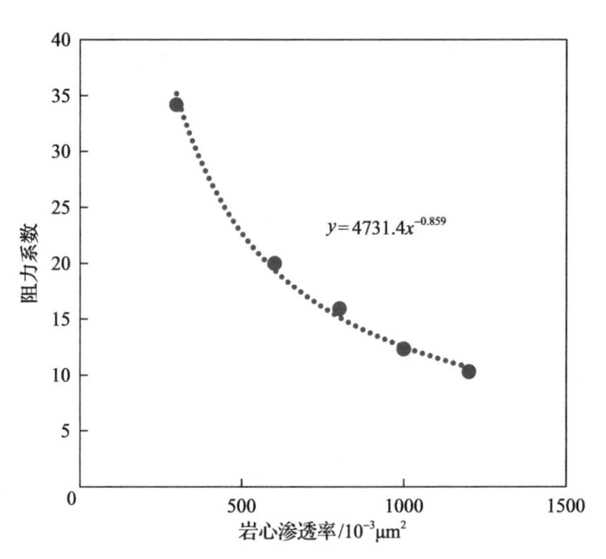

图 3.24　阻力系数和岩心渗透率关系曲线

(2) 微胶粒径。

阻力系数随自适应微胶粒径的变化规律曲线如图 3.25 所示，可以看出，在实验条件相同条件下，自适应微胶粒径越大，其阻力系数越大，二者呈幂律函数关系，拟合公式为如下：

$$y=3\times10^{-19}x^{5.2374} \tag{3.9}$$

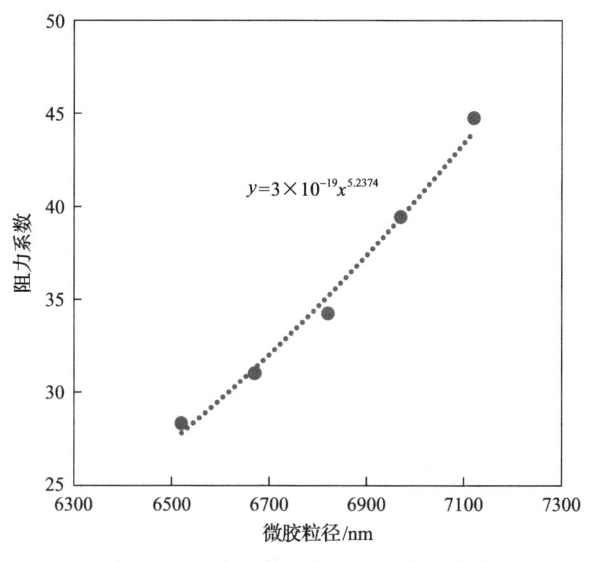

图 3.25　阻力系数和微胶粒径关系曲线

(3) 自适应微胶溶液质量浓度。

阻力系数随自适应微胶溶液质量分数的变化规律曲线如图 3.26 所示，从图中可以看出，在实验条件相同条件下，微胶溶液质量分数越大，其阻力系数越大，二者呈幂律函数关系，拟合公式如下：

$$y=19.791x^{0.4041} \tag{3.10}$$

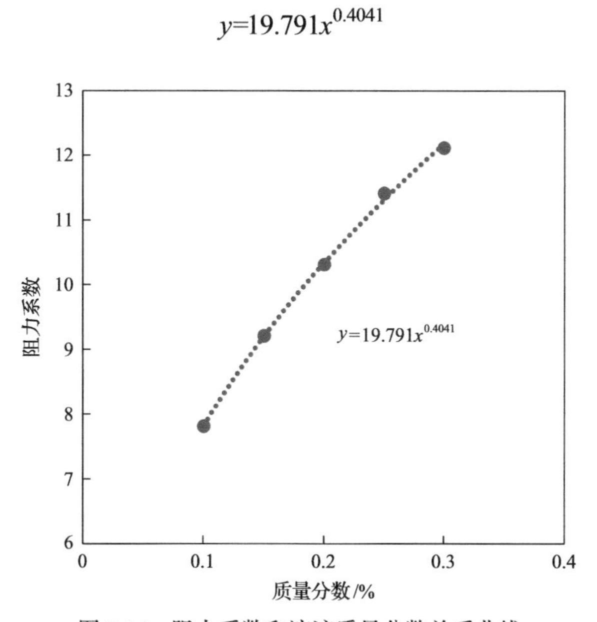

图 3.26　阻力系数和溶液质量分数关系曲线

(4)经验模型。

根据以上岩心渗透率、微胶粒径及微胶溶液质量浓度和阻力系数的关系曲线，为分析这三个孔喉封堵性能影响因素的综合变化规律，给出经验模型如下所示：

$$F_R = aK^b D^c C^d \tag{3.11}$$

式中，K 为岩心渗透率，$10^{-3}\mu m^2$；D 为自适应微胶颗粒粒径，nm；C 为自适应微胶溶液质量分数，%；a、b、c、d 为经验模型的参数，无因次。

对式(3.11)两边同时求对数可得

$$\lg F_R = \lg a + b\lg K + c\lg D + d\lg C \tag{3.12}$$

设 $y = \lg F_R$，$x_1 = \lg K$，$x_2 = \lg D$，$x_3 = \lg C$，$A = \lg a$，整理式(3.12)可得如下公式：

$$y = A + bx_1 + cx_2 + dx_3 \tag{3.13}$$

利用专业函数绘图软件 Origin 9.0 对实验数据进行多元线性拟合，拟合参数 R^2 的值为 0.983(其值可以反映拟合结果的好坏，其值越接近 1，说明拟合结果越好，其值为负数说明结果偏差太大)。因此，经验模型中的参数 $a=10^{-17.71918}$，$b=-0.89084$，$c=5.5988$，$d=-0.0229$，将其代入式(3.11)中可得

$$F_R = 10^{-17.71918} K^{-0.89084} D^{5.5988} C^{-0.0229} \tag{3.14}$$

由式(3.14)计算的阻力系数与实测结果相对误差均不超过 5%，从而验证了上述拟合公式的正确性，根据以上计算方法分析自适应微胶类型、质量浓度和岩心渗透率对其渗流特性和油藏适应性的影响规律如下。

A. 由式(3.14)可得在岩心渗透率相同条件下阻力系数与微胶粒径和溶液质量分数关系图版。当岩心渗透率 $K=800\times10^{-3}\mu m^2$ 时，其关系图版如图 3.27 所示。从图可以看出，随着微胶粒径和溶液质量分数增大，自适应微胶通过岩心阻力系数呈现持续升高态势。当微胶粒径大于 6600nm 和溶液质量分数大于 0.20%时，阻力系数增幅明显，说明微胶粒径和溶液质量分数增大具有协同作用，自适应微胶有效封堵了岩心内的大孔道，从而实现深部液流转向和扩大波及体积功能。

B. 由式(3.14)可得在自适应微胶溶液质量分数相同条件下阻力系数与微胶粒径和岩心渗透率关系图版。当微胶溶液质量分数 $C=0.20\%$时，其关系图版如图 3.28 所示。从图可以看出，随着微胶粒径增大、岩心渗透率降低，自适应微胶通过岩心的阻力系数呈现持续升高态势。当微胶粒径大于 6950nm、岩心渗透率小于 $800\times10^{-3}\mu m^2$ 时，阻力系数增幅明显，说明微胶粒径增大和岩心渗透率降低导

致颗粒架桥封堵的概率增加，在多孔介质内封堵的孔喉数量增多，从而形成了有效封堵，增大了渗流阻力。

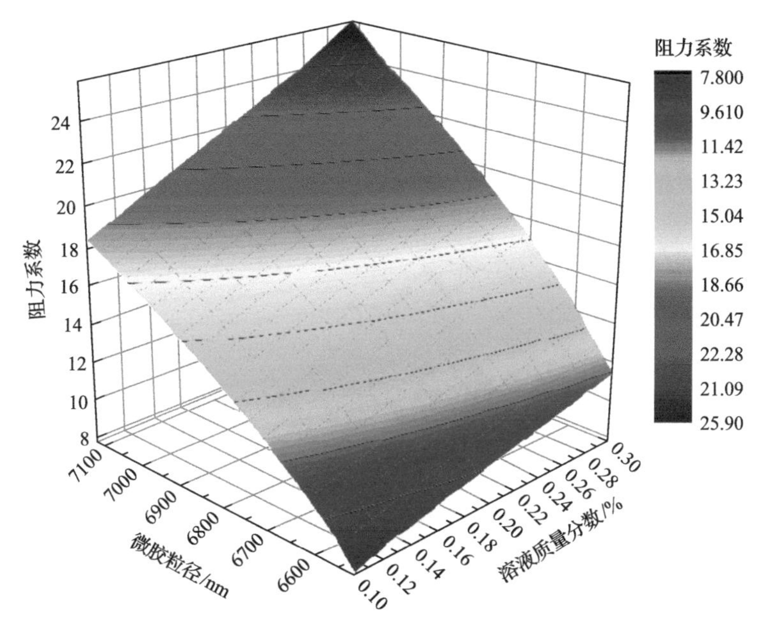

图 3.27　阻力系数与微胶粒径和溶液质量分数关系图版

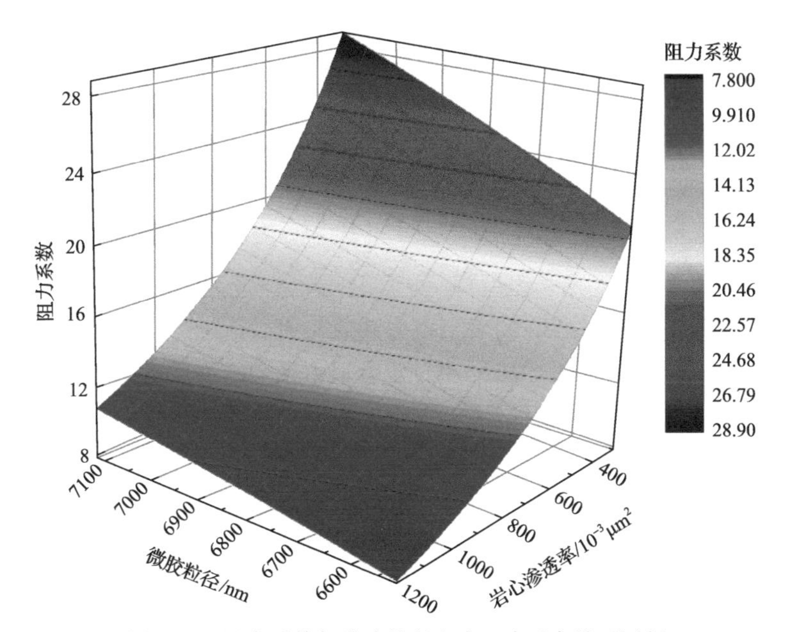

图 3.28　阻力系数与微胶粒径和岩心渗透率关系图版

C. 由式(3.14)可得在自适应微胶粒径相同条件下阻力系数与溶液质量分数和岩心渗透率关系图版。当微胶粒径为6820nm时，其关系图版如图3.29所示。从图可以看出，随着自适应微胶溶液质量分数增大和岩心渗透率降低，自适应微胶通过岩心的阻力系数呈现持续升高态势。当微胶溶液质量分数大于0.22%和岩心渗透率小于$900\times10^{-3}\mu m^2$时，阻力系数增幅明显，说明微胶溶液质量分数增大和岩心渗透率降低导致颗粒架桥封堵孔喉的概率增加，改变了多孔介质内部孔隙空间，使流体流动通道过流面积减少，形成了有效封堵，有利于扩大波及体积和提高原油采收率。

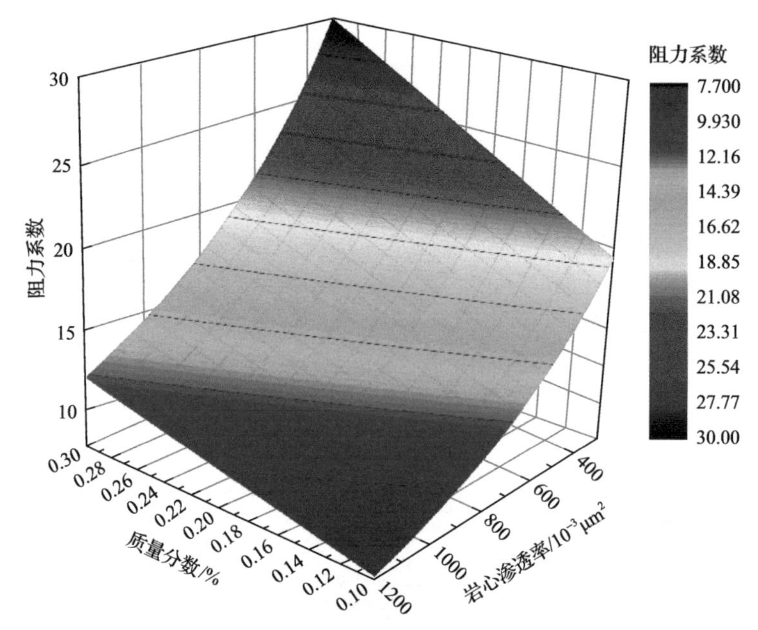

图3.29　阻力系数与溶液质量分数和岩心渗透率关系图版

2)残余阻力系数

自适应微胶溶液通过岩心的残余阻力系数与岩心渗透率、微胶粒径及溶液质量浓度有关。利用统计分析方法，建立残余阻力系数与微胶粒径、溶液质量浓度及岩心渗透率三个主要孔喉封堵性能影响因素的关系表达式。

(1)岩心渗透率。

以自适应微胶$Microgel_{(W)}$为例，残余阻力系数和岩心渗透率关系曲线如图3.30所示。从图可以看出，在实验条件相同条件下，岩心渗透率越大，其残余阻力系数越小，二者呈幂律函数关系，拟合公式如下：

$$y=4743.8x^{-0.844} \tag{3.15}$$

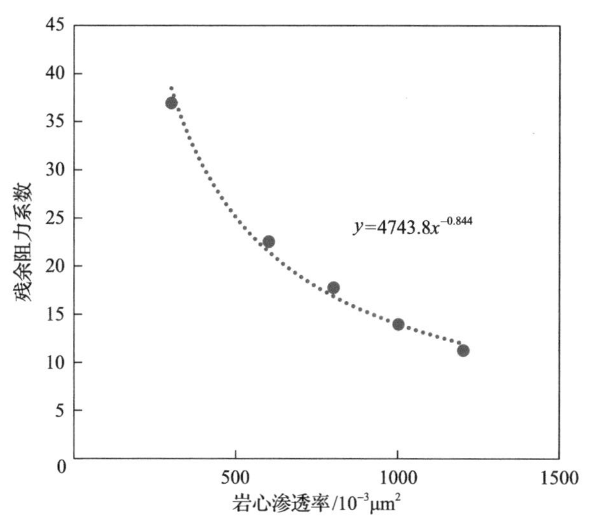

图 3.30　残余阻力系数和岩心渗透率关系曲线

(2) 微胶粒径。

残余阻力系数随自适应微胶粒径的变化规律曲线如图 3.31 所示。从图可以看出，在实验条件相同条件下，自适应微胶粒径越大，其残余阻力系数越大，二者呈幂律函数关系，拟合公式如下：

$$y=2\times10^{-20}x^{5.573} \tag{3.16}$$

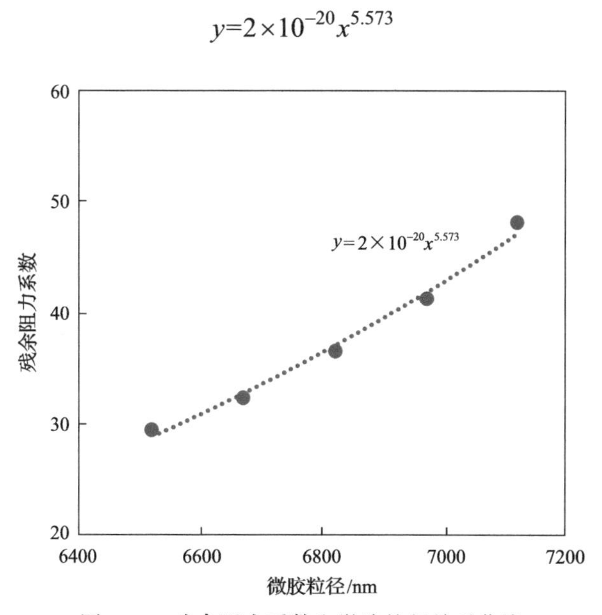

图 3.31　残余阻力系数和微胶粒径关系曲线

(3) 自适应微胶溶液质量浓度。

残余阻力系数随微胶溶液质量分数的变化规律曲线如图 3.32 所示。从图可以看出，在实验条件相同条件下，微胶溶液质量分数越大，其残余阻力系数越大，二者呈幂律函数关系，拟合公式如下：

$$y=24.047x^{0.4699} \tag{3.17}$$

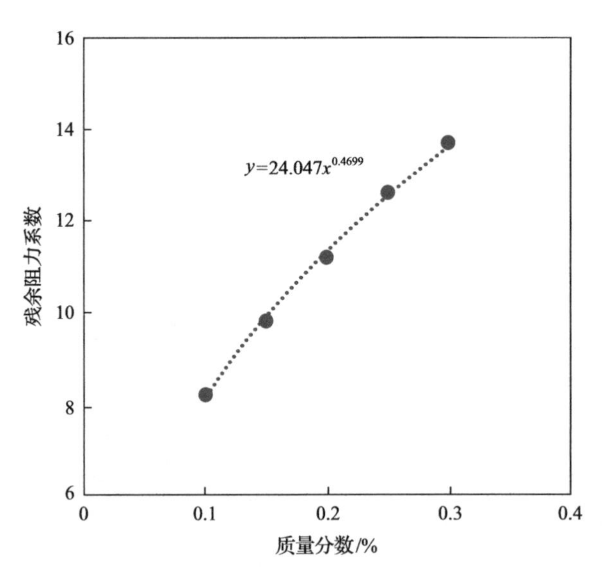

图 3.32　残余阻力系数和溶液质量分数关系曲线

(4)经验模型。

根据以上岩心渗透率、微胶粒径和微胶溶液质量浓度与残余阻力系数关系曲线，为分析这三个孔喉封堵性能影响因素的综合变化规律，给出如下经验模型：

$$F_{\mathrm{RR}} = aK^b D^c C^d \tag{3.18}$$

对式(3.18)两边同时求对数可得

$$\lg F_{\mathrm{RR}} = \lg a + b\lg K + c\lg D + d\lg C \tag{3.19}$$

设 $y=\lg F_{\mathrm{RR}}$、$x_1=\lg K$、$x_2=\lg D$、$x_3=\lg C$ 与 $A=\lg a$，整理式(3.19)可得如下公式：

$$y = A + bx_1 + cx_2 + dx_3 \tag{3.20}$$

利用专业函数绘图软件 Origin 9.0 对实验数据进行多元线性拟合，拟合参数 R^2 的值为 0.985。因此，经验模型中参数 $a=10^{-12.92436}$、$b=-0.87467$、$c=4.37306$、$d=0.1238$，将其代入式(3.18)中可得

$$F_{RR} = 10^{-12.92436} K^{-0.87467} D^{4.37306} C^{0.1238} \tag{3.21}$$

由式(3.21)计算的残余阻力系数与实测结果相对误差均不超过 5%，从而验证了上述拟合公式的正确性，根据以上计算方法分析自适应微胶类型、质量浓度和岩心渗透率对其渗流特性和油藏适应性的影响规律如图 3.33～图 3.35 所示。

A. 由式(3.21)可得，在岩心渗透率相同条件下残余阻力系数与微胶粒径和溶液质量分数关系图版。当岩心渗透率 $K=800\times10^{-3}\mu m^2$ 时，其关系图版如图 3.33 所示。从图可以看出，随着微胶粒径和溶液质量分数增大，自适应微胶残余阻力系数呈现持续升高态势。当微胶粒径大于 6700nm 和溶液质量分数大于 0.23%时，残余阻力系数增幅明显，说明微胶粒径和溶液质量分数增大形成了协同作用，自适应微胶有效封堵了岩心内大孔道，有利于实现深部液流转向和扩大波及体积的功能，可达到提高原油采收率目的。

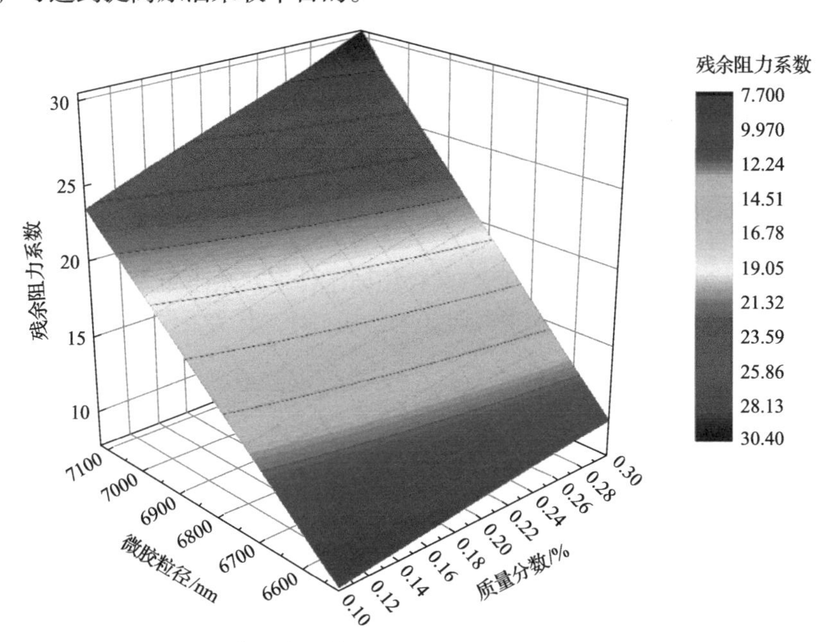

图 3.33　残余阻力系数与微胶粒径和溶液质量分数关系图版

B. 由式(3.21)可得，在自适应微胶溶液质量浓度相同情况下残余阻力系数与微胶粒径和岩心渗透率关系图版。当微胶溶液质量分数 C=0.20%时，其关系图版如图 3.34 所示。从图可以看出，随着微胶粒径增大和岩心渗透率降低，自适应微胶残余阻力系数呈现持续升高态势。当微胶粒径大于 6850nm、岩心渗透率小于 $800\times10^{-3}\mu m^2$ 时，残余阻力系数增幅明显，说明随着微胶粒径增大和岩心渗透率降低，微胶颗粒在多孔介质中滞留量增加，形成了有效封堵，使渗流阻力增大，注入压力升高，从而促使后续注入液流转向进入中-低渗透层，最终达到扩大波及体积的目的。

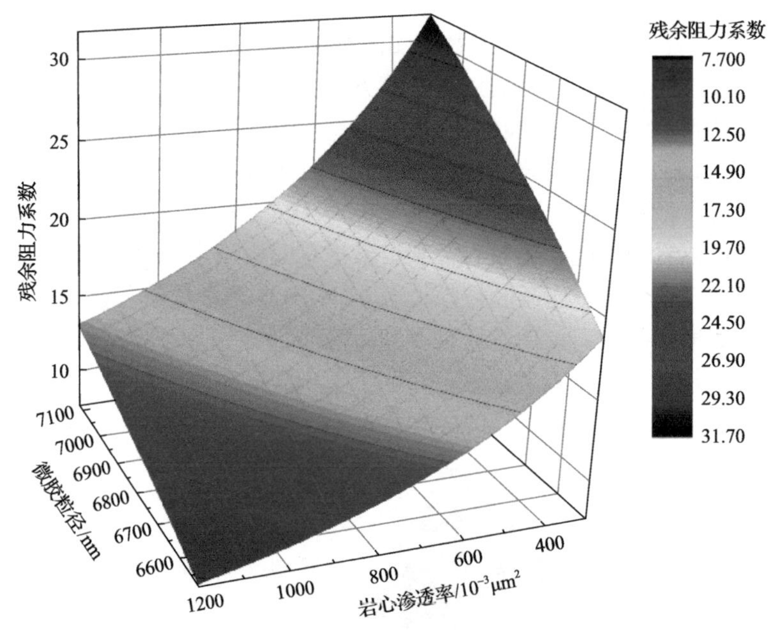

图 3.34　残余阻力系数与微胶粒径和岩心渗透率关系图版

C. 由式(3.21)可得在自适应微胶粒径相同条件下残余阻力系数与溶液质量分数和岩心渗透率关系图版。当微胶粒径为 6820nm 时，其关系图版如图 3.35 所示。

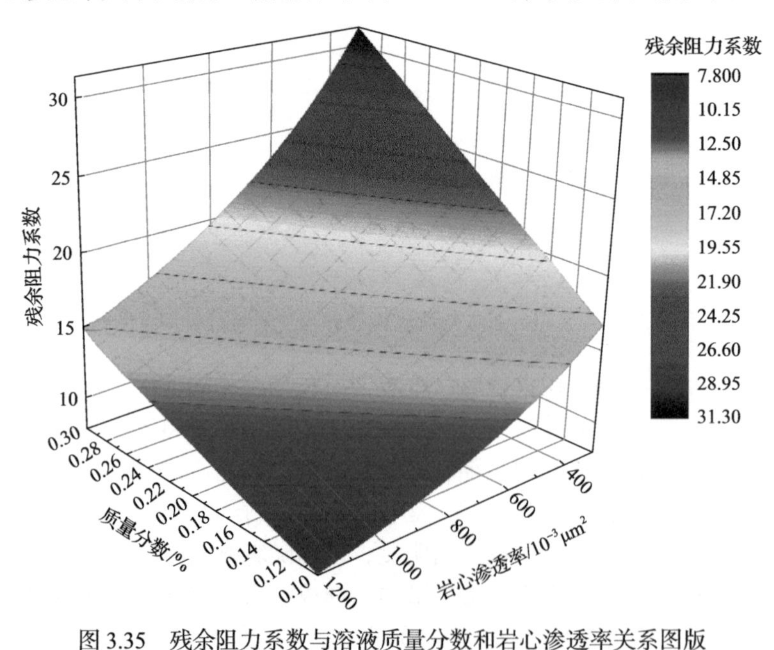

图 3.35　残余阻力系数与溶液质量分数和岩心渗透率关系图版

从图可以看出，随自适应微胶溶液质量浓度增大和岩心渗透率降低，自适应微胶残余阻力系数呈现持续升高态势。当微胶溶液质量分数大于 0.18%和岩心渗透率小于 $900\times10^{-3}\mu m^2$ 时，残余阻力系数增幅明显，说明微胶溶液质量分数增大和岩心渗透率降低，导致在多孔介质中滞留微胶数量增加，颗粒架桥封堵概率增大，并且颗粒继续膨胀，流动阻力持续增加，液流转向作用逐步增强。

3.3　自适应微胶油藏适应性评价方法

3.3.1　大庆油田萨中地区储层厚度与渗透率统计关系

大庆油田萨中地区三类油层“累计厚度值/储层厚度”等于 70%时对应最低渗透率值见表 3.10。

表 3.10　累计厚度与渗透率统计关系　（单位：$10^{-3}\mu m^2$）

井号	“累计厚度值/储层厚度”等于 70%时对应最低渗透率值		
	一类油层	二类油层	三类油层
ZJ3-23	140	80	40
ZJ3-24	240	100	40
ZJ7-3	80	80	40
Z3-J7	600	140	60
Z4-J7	760	360	40
ZD4-013	440	80	40
Z51-J203	440	120	160
ZD3-J09	520	180	40
PT5	560	160	20
B1-50-J562	680	260	20
B1-1-J21	500	240	20
G127-JF282	640	100	40
Z90-J252	340	380	140
B1-42-J19	400	200	20
Z341-J7	820	400	40
ZJ4-4	360	140	210
平均统计	470	189	61

从表 3.10 可以看出，萨中地区一类、二类和三类储层“累计厚度值/储层厚度”等于 70%时对应最低渗透率分别为 $470\times10^{-3}\mu m^2$、$189\times10^{-3}\mu m^2$ 和 $61\times10^{-3}\mu m^2$。质量分数为 0.3%的 $Microgel_{(W)}$和 $Microgel_{(Y)}$溶液渗透率极限值为 $240\times10^{-3}\mu m^2$

和 $710\times10^{-3}\mu m^2$。

3.3.2 自适应微胶与大庆油田萨中地区油藏适应性评价

综上所述，$Microgel_{(W)}$溶液渗透率极限值为 $240\times10^{-3}\mu m^2$，该值小于一类储层“累计厚度值/储层厚度”等于 70%时对应最低渗透率值 $470\times10^{-3}\mu m^2$，表明 $Microgel_{(W)}$适用于大庆油田萨中地区一类储层，而不适用于二、三类储层。$Microgel_{(Y)}$溶液渗透率极限值为 $710\times10^{-3}\mu m^2$，该值大于一类储层“累计厚度值/储层厚度”等于 70%时对应最低渗透率值 $470\times10^{-3}\mu m^2$，表明 $Microgel_{(Y)}$与大庆油田萨中地区一类、二类和三类储层都不适应。

第4章　自适应微胶传输运移和液流转向能力评价方法研究

自适应微胶颗粒能够对孔、喉道进行封堵，导致后续水等液流转向，又因其能弹性变形通过喉道，具有运移→捕集→变形→再运移→再捕集→再变形的特征，由此便产生了压力上升与下降的波动式变化，采收率大幅度提高。因此，自适应微胶在多孔介质中的传输运移是实现液流转向和扩大波及体积作用的前提条件。本章通过2.1m、9.0m、18m长岩心、平板岩心，以及三层并联岩心模型开展驱替实验研究自适应微胶传输运移和液流转向能力，探索自适应微胶与常规驱油剂协同调驱效果，为优化调驱剂体系组成和段塞组合方式等提供了重要的技术支持。

4.1　自适应微胶传输运移能力评价方法

4.1.1　传输运移能力评价实验条件

1. 实验材料

1) 药剂和水

自适应微胶包括 $Microgel_{(W)}$ 和 $Microgel_{(Y)}$ 两种，有效含量为100%，由中国石油勘探开发研究院油田化学研究所提供。聚合物凝胶为有机铬聚合物凝胶，聚合物相对分子质量为 1.9×10^7，聚合物浓度为2000mg/L，聚合物∶Cr^{3+}=180∶1(质量比，下同)。实验用水为大庆油田第一采油厂采出污水、注入清水和地层水，水质分析见表2.1。

2) 岩心

实验所用岩心为石英砂环氧树脂胶结人造岩心，它是由外观尺寸为长×宽×高=30cm×30cm×4.5cm 和外观尺寸为长×宽×高=60cm×60cm×4.5cm 的岩心经割缝和环氧树脂浇铸而成，岩心长度为2.1m、9.0m和18m。

(1) 岩心长度为2.1m。

2.1m 岩心是通过将整体岩心(外观尺寸：长×宽×高=30cm×30cm×4.5cm)割缝并将环氧树脂充填其中，形成一个由7块长×宽×高=30cm×4.3cm×4.5cm 岩心相连而成的长条状岩心(图4.1)。在入口及沿岩心长度方向(距入口0.6m、1.2m和1.8m处)共布置4个测压点。

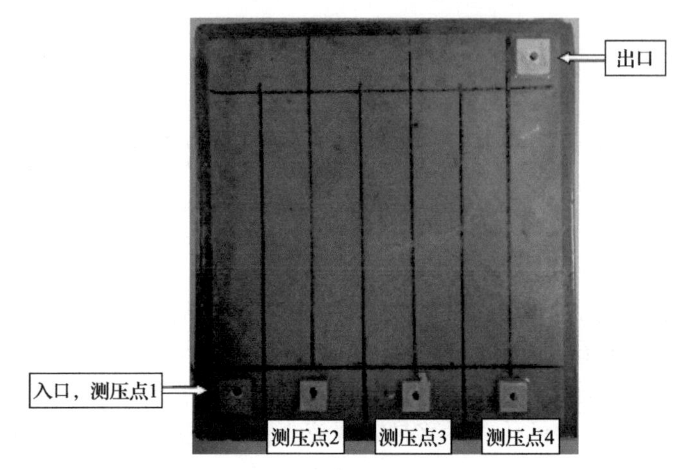

图 4.1　2.1m 岩心实物图

(2)岩心长度为 9.0m。

实验岩心及测压点分布见图 4.2，测压点分别为入口，以及距入口 1.8m、3.6m、5.4m 和 7.2m 处。

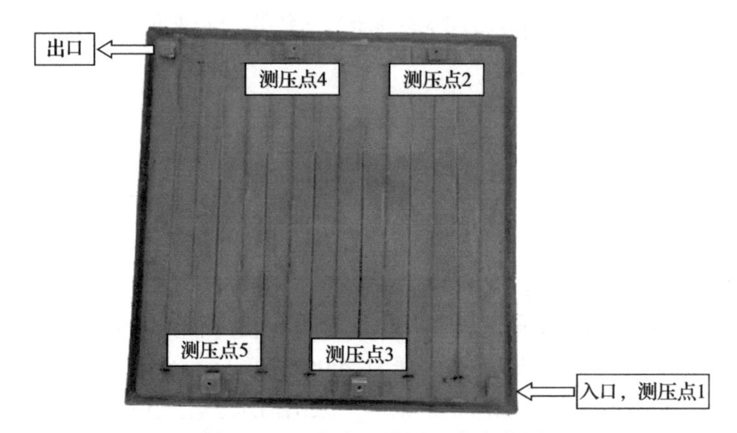

图 4.2　9.0m 岩心及测压点实物图

(3)岩心长度为 18m。

18m 岩心是通过将整体岩心(外观尺寸：长×宽×高为 60cm×60cm×4.5cm)割缝并将环氧树脂充填其中，形成一个由 30 块长×宽×高为 60cm×4.3cm×4.5cm 的岩心相连而成的长条状岩心(图 4.3)。除注入孔外，沿岩心长度方向(距入口 2.4m、4.8m、7.2m、12m、14.4m 和 16.8m 处)布置 7 个测压孔。

2. 实验设备

岩心驱替实验设备主要包括平流泵、压力传感器和中间容器等。除平流泵外，其他部分置于温度 45℃恒温箱内，实验设备及流程见图 3.5。

图 4.3　18m 岩心实物图

实验步骤如下。

(1)岩心抽空饱和地层水，计算孔隙度。

(2)水驱至压力稳定，记录各个测压点压力。

(3)注入设计段塞尺寸调驱剂，记录各个测压点压力。

(4)后续水驱至各个测压点压力稳定。

3. 方案设计

1) 2.1m 岩心

2.1m 岩心方案设计如表 4.1 所示。

表 4.1　2.1m 岩心方案设计

方案编号	阶段 1	阶段 2	阶段 3	备注
1-1	水驱至压力稳定	注 0.5PV $Microgel_{(Y)}$+1.5PV $Microgel_{(W)}$(质量分数为 0.3%，携带液为聚合物溶液，浓度为 200mg/L)	后续水驱至压力稳定	岩心渗透率为 $3025\times10^{-3}\mu m^2$，实验注入速度为 3mL/min(水驱阶段)和 0.5mL/min(化学驱和后续水驱阶段)，样品配制后马上注入岩心
1-2		注入聚合物溶液 1.5PV(C_p=2000mg/L)		
1-3		注入 0.5PV $Microgel_{(Y)}$+1.5PV $Microgel_{(W)}$(质量分数为 0.3%)		
1-4		注入 1.5PV Cr^{3+}聚合物凝胶(C_p=2000mg/L，聚合物：Cr^{3+}=180：1)		

注：上述实验岩心气测渗透率为 $4800\times10^{-3}\mu m^2$；C_p 为聚合物浓度。

2) 9.0m 岩心

9.0m 岩心方案设计如表 4.2 所示。

3) 18m 岩心

18m 岩心方案设计如表 4.3 所示。

表 4.2　9.0m 岩心方案设计

方案编号	岩心渗透率/$10^{-3}\mu m^2$	质量分数/%	阶段 1	阶段 2	阶段 3
2-1	1126×10^{-3}	0.3	水驱至压力稳定	注 $Microgel_{(W)}$0.4PV	后续水驱至压力稳定
2-2	2778×10^{-3}	0.3		注 $Microgel_{(Y)}$0.4PV	

注：上述实验注入速度为 0.5mL/min，"$Microgel_{(W)}$"样品在实验条件下放置 0.5h 后注入岩心，"$Microgel_{(Y)}$"样品在实验条件下放置 72h 后注入岩心。

表 4.3　18m 岩心方案设计

岩心渗透率 /$10^{-3}\mu m^2$	注入速度 /(mL/min)	阶段 1	阶段 2	阶段 3
5000	0.5	注入 0.3PV $Microgel_{(w)}$溶液，后续水驱至各个测压点压力稳定	岩心静置 3d，第二次后续水驱至压力稳定	岩心再静置 3d，第三次后续水驱至压力稳定

注：微胶样品配制完成后立即注入岩心。

4.1.2　传输运移能力评价结果分析

1. 2.1m 岩心

1) 方案 1-1 实验结果

(1) 水冲刷对岩心渗流特性的影响。

水冲刷岩心过程中注入压力与 PV 数关系见图 4.4。从图可以看出，随注入 PV

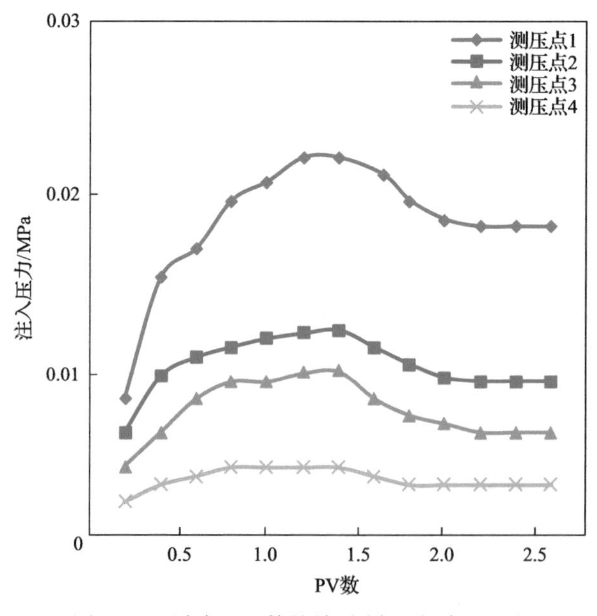

图 4.4　压力与 PV 数的关系（岩心长度 2.1m）

数增加，各个测压点压力先升高后降低最后趋于稳定。由此可见，注入水溶蚀了盐颗粒，导致渗透率增加，渗流阻力减小，注入压力降低。

(2) 压力梯度。

实验过程中岩心各个区间压力梯度测试结果见表 4.4。从表可以看出，在自适应微胶注入结束时，岩心各区间压力梯度大小顺序：入口-测压点 2＞测压点 2-测压点 3＞测压点 3-测压点 4=测压点 4-出口；在后续水驱结束时，岩心各区间压力梯度大小顺序为：入口-测压点 2＞测压点 2-测压点 3＞测压点 3-测压点 4＞测压点 4-出口。对于区间测压点 4-出口，在后续水驱结束时岩心压力梯度大于自适应微胶注入结束时的值，表明微胶颗粒在岩心孔隙中具有较好的运移和滞留能力。

表 4.4　压力梯度测试结果(岩心长度为 2.1m)　　(单位：MPa/m)

微胶类型	微胶驱结束				后续水驱结束			
	入口-测压点 2	测压点 2-测压点 3	测压点 3-测压点 4	测压点 4-出口	入口-测压点 2	测压点 2-测压点 3	测压点 3-测压点 4	测压点 4-出口
样品 1	0.5797	0.0828	0.0138	0.0138	0.5155	0.0753	0.0398	0.0388

(3) 动态特征。

各测压点实验过程中注入压力与 PV 数关系见图 4.5 和图 4.6。从图中可以看出，

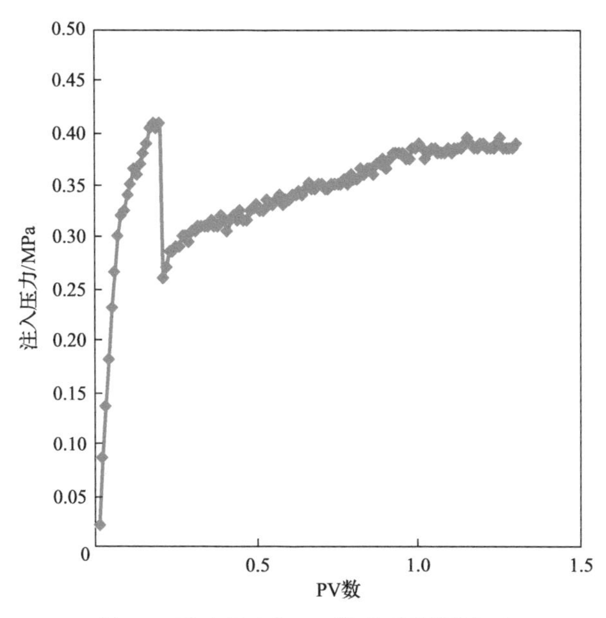

图 4.5　注入压力与 PV 数关系(测压点 1)

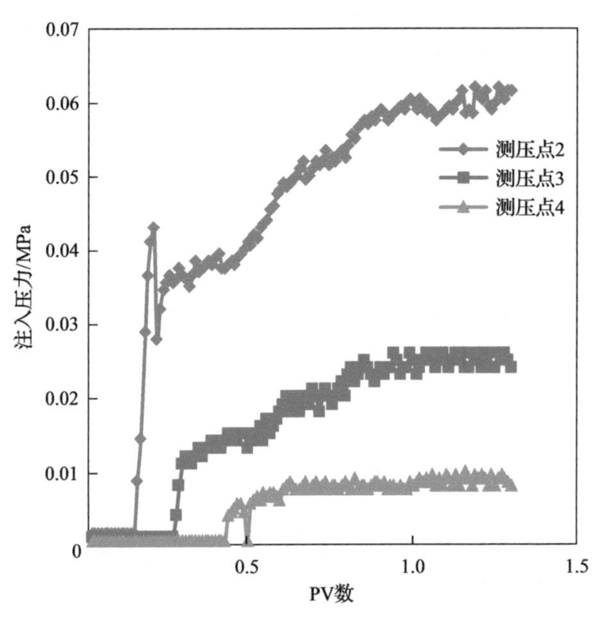

图 4.6　注入压力与 PV 数关系(测压点 2、3、4)

在自适应微胶注入阶段，随注入量增加，测压点 1 和测压点 2 注入压力依次升高，测压点 3 和测压点 4 注入压力变化不大。在后续水驱阶段，测压点 1 和测压点 2 注入压力下降后缓慢上升最后趋于平稳，测压点 3 和测压点 4 注入压力则延迟一段时间才逐渐上升并达到稳定。由此可见，在流动条件下，微胶颗粒可以在多孔介质中膨胀。因此，在微胶驱阶段，测压点 1 和测压点 2 注入压力依次升高，在后续水驱阶段，携带液随注入水冲刷出去，而微胶颗粒由于膨胀作用继续滞留在岩心中。随着注入水继续冲刷，微胶颗粒在岩心中运移，从而导致测压点 3 和测压点 4 的注入压力变化。

2) 方案 1-2～方案 1-4 实验结果

实验过程中各个测压点注入压力与 PV 数关系对比见图 4.7～图 4.9；同一测压点不同调驱剂注入压力变化对比见图 4.10～图 4.13。

从图 4.10～图 4.13 可以看出，与聚合物溶液和聚合物凝胶相比较，自适应微胶溶液在岩心孔隙内具有较强的传输运移能力，无论是微胶注入阶段还是后续水驱结束时刻各个测压点注入压力值普遍较高，并且在后续水驱开始一段时间内各个测压点注入压力还呈现持续升高态势。由此可见，自适应微胶具有较强的传输运移和液流转向能力。

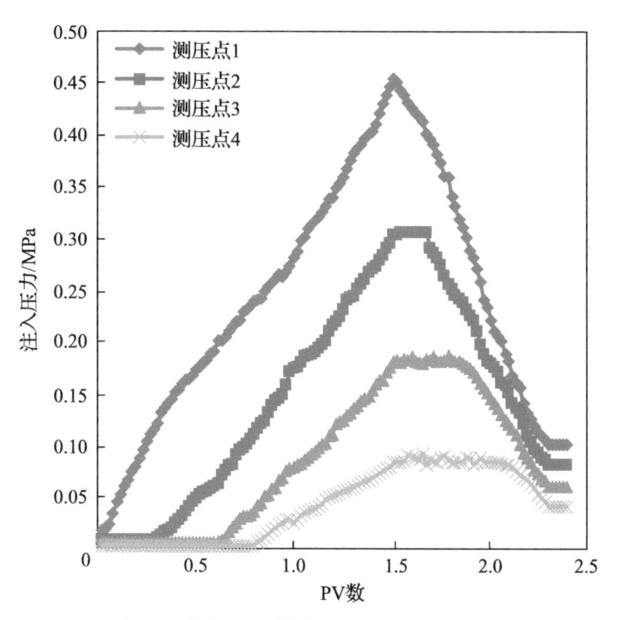

图 4.7　注入压力与 PV 数关系(方案 1-2，聚合物溶液)

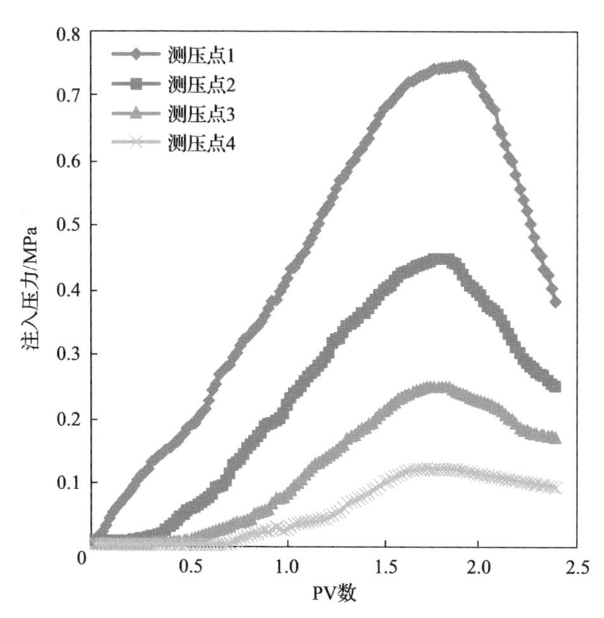

图 4.8　注入压力与 PV 数关系(方案 1-3，自适应微胶)

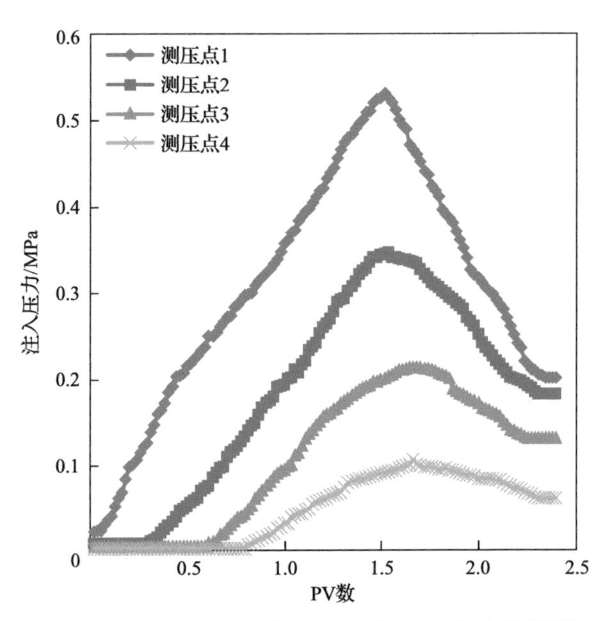

图 4.9　注入压力与 PV 数关系(方案 1-4，聚合物凝胶)

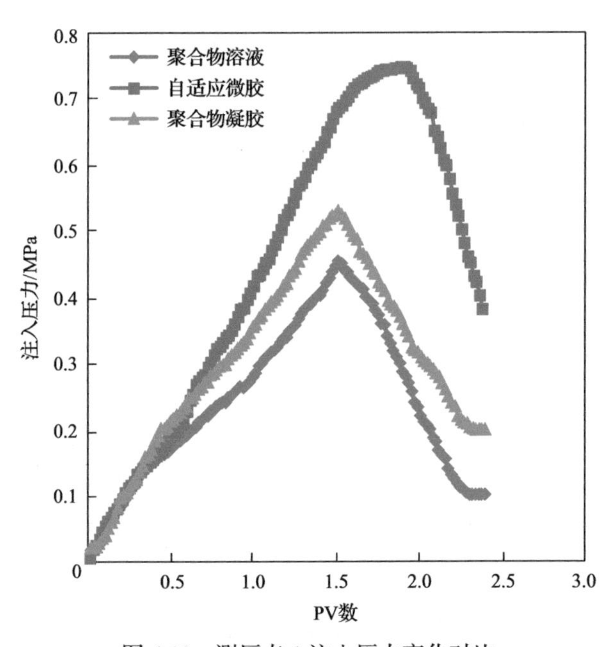

图 4.10　测压点 1 注入压力变化对比

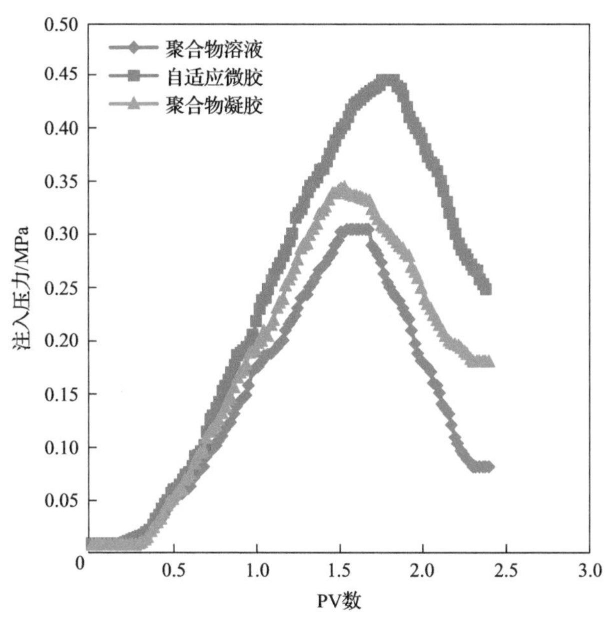

图 4.11　测压点 2 注入压力变化对比

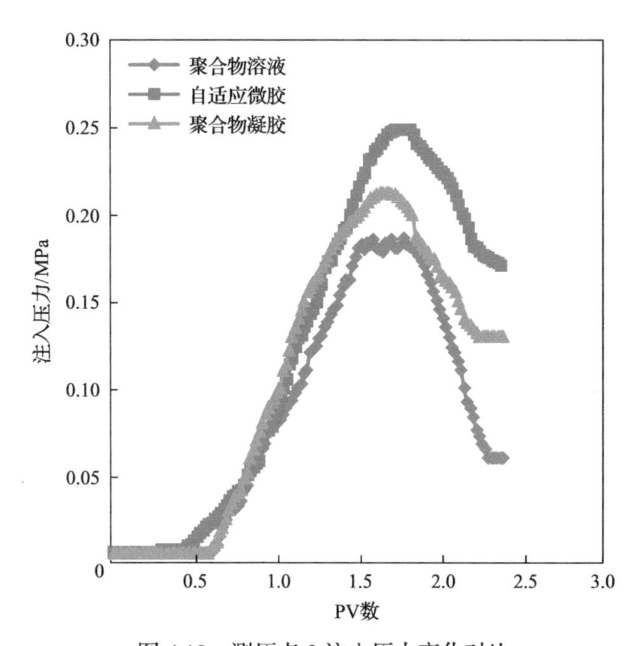

图 4.12　测压点 3 注入压力变化对比

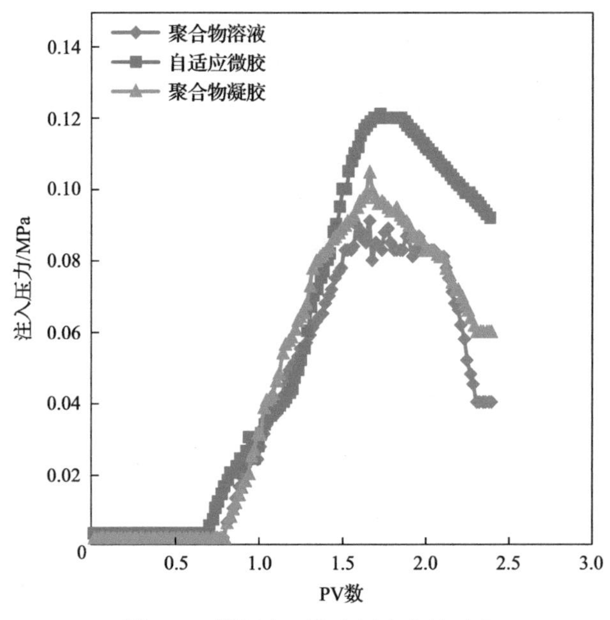

图 4.13　测压点 4 注入压力变化对比

2. 9.0m 岩心

1) Microgel$_{(W)}$

实验过程中岩心各个区间压力梯度测试结果见表 4.5，注入压力与 PV 数关系见图 4.14。

从表 4.5 可以看出，在微胶驱替结束时，岩心各区间压力梯度大小顺序：入口-测压点 2＞测压点 2-测压点 3＞测压点 3-测压点 4＞测压点 4-测压点 5=测压点 5-出口；在后续水驱结束时，岩心各区间压力梯度大小顺序为：入口-测压点 2＞测压点 2-测压点 3＞测压点 3-测压点 4＞测压点 4-测压点 5＞测压点 5-出口。这是因为在自适应微胶调驱替结束时，只注了 0.4PV 自适应微胶，微胶颗粒还没运

表 4.5　Microgel$_{(W)}$压力梯度测试结果(岩心长度为 9.0m)　(单位：MPa/m)

微胶类型	微胶驱结束					后续水驱结束				
	入口-测压点 2	测压点 2-测压点 3	测压点 3-测压点 4	测压点 4-测压点 5	测压点 5-出口	入口-测压点 2	测压点 2-测压点 3	测压点 3-测压点 4	测压点 4-测压点 5	测压点 5-出口
Microgel$_{(W)}$	0.1886	0.0786	0.0296	0.0041	0.0041	0.0650	0.0450	0.0339	0.0261	0.0206

注：Microgel$_{(W)}$质量分数为 0.3%，样品在实验条件下放置 0.5h 后注入岩心。

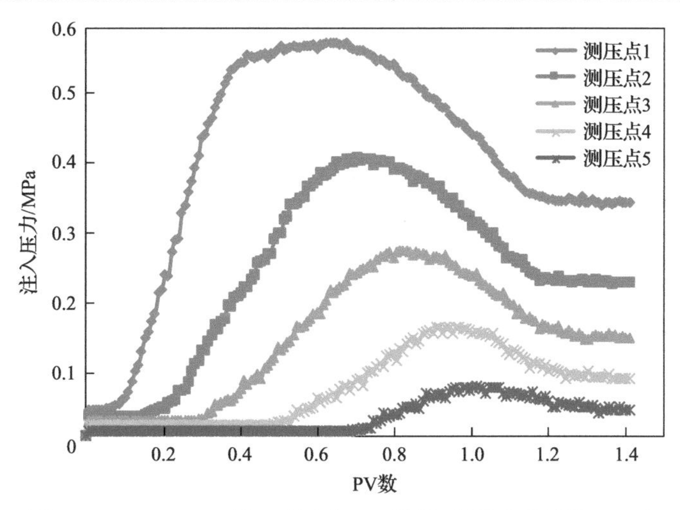

图 4.14　Microgel(W)注入压力与 PV 数关系(岩心长度为 9.0m)

移到第 4 测压点，所以岩心后两部分压力梯度没有变化。在后续水驱阶段，微胶颗粒在多孔介质中发生运移使测压点 4 和测压点 5 压力梯度升高。在后续水驱结束时，测压点 5-出口阶段岩心压力梯度远大于自适应微胶驱替结束时数值，表明 Microgel(W)颗粒在岩心中有较强的运移和滞留能力。

从图 4.14 可以看出，在自适应微胶注入阶段，随注入量增加，测压点 1、测压点 2 和测压点 3 的压力依次升高，测压点 4 和测压点 5 的压力变化不大。在后续水驱阶段，各测压点压力先升高后降低最后达到稳定。对比于熟化 3d 的 Microgel(Y)(图 4.15)体系，Microgel(W)体系在后续水驱阶段测压点 1 压力升高的时间较长，此时膨胀作用对压力的影响起主要作用，图 4.14 中的曲线反映了微胶颗粒在岩心中发生运移、膨胀、再运移、再膨胀的流动规律。

2) Microgel(Y)

实验过程中岩心各个区间压力梯度测试结果见表 4.6，注入压力与 PV 数关系见图 4.15。

表 4.6　Microgel(Y)压力梯度测试结果(岩心长度为 9.0m)　　(单位：MPa/m)

微胶类型	微胶驱结束					后续水驱结束				
	入口-测压点 2	测压点 2-测压点 3	测压点 3-测压点 4	测压点 4-测压点 5	测压点 5-出口	入口-测压点 2	测压点 2-测压点 3	测压点 3-测压点 4	测压点 4-测压点 5	测压点 5-出口
Microgel(Y)	0.1239	0.0833	0.0463	0.0018	0.0018	0.0650	0.0433	0.0283	0.0161	0.0139

注：Microgel(Y)质量分数为 0.3%，样品在实验条件下放置 72h 后注入岩心。

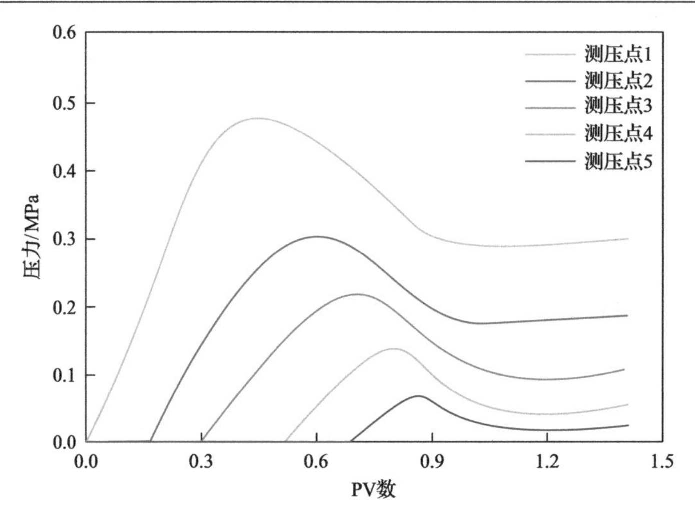

图 4.15　Microgel$_{(Y)}$注入压力与 PV 数关系(岩心长度 9.0m)

从表 4.6 可以看出，在自适应微胶驱替结束时，岩心各区间压力梯度大小顺序：入口-测压点 2＞测压点 2-测压点 3＞测压点 3-测压点 4＞测压点 4-测压点 5=测压点 5-出口；在后续水驱结束时，岩心各阶段压力梯度大小顺序：入口-测压点 2＞测压点 2-测压点 3＞测压点 3-测压点 4＞测压点 4-测压点 5＞测压点 5-出口。这是因为在自适应微胶驱替结束时，只注了 0.4PV 自适应微胶，Microgel$_{(Y)}$颗粒还没运移到第 4 测压点，所以岩心后两部分压力梯度没有变化。在后续水驱阶段，Microgel$_{(Y)}$颗粒在多孔介质中发生运移使测压点 4 和 5 压力梯度升高。在后续水驱结束时，测压点 5-出口阶段岩心压力梯度远大于自适应微胶驱替结束时数值，表明 Microgel$_{(Y)}$颗粒在岩心中有较强的运移和滞留能力。

从图 4.15 可以看出，在自适应微胶注入阶段，随注入量增加，测压点 1、测压点 2 和测压点 3 注入压力依次升高，测压点 4 和测压点 5 注入压力变化不大。在后续水驱阶段，各测压点注入压力先升高后降低最后达到稳定。由于 Microgel$_{(Y)}$已经熟化 3d，其膨胀作用对注入压力的影响起次要作用。

3. 18m 岩心

实验过程中各个测压点注入压力与 PV 数关系对比见图 4.16。

从图 4.16 可以看出，在自适应微胶(Microgel$_{(W)}$)注入过程中，随注入量增加，测压点 1、测压点 2、测压点 3 和测压点 4 注入压力依次升高，测压点 5、测压点 6 和测压点 7 的注入压力变化不明显，表明自适应微胶还未运移到这些区域。从各个测压点压力升高幅度对比来看，升高幅度基本相同，表明自适应微胶(Microgel$_{(W)}$)在岩心孔隙内具有较强的传输运移能力。在后续水驱阶段，

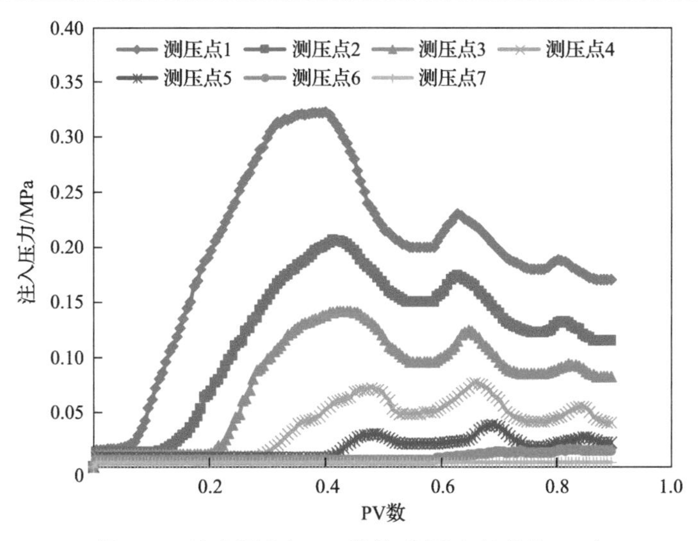

图 4.16　注入压力与 PV 数关系(岩心长度为 18m)

各测压点注入压力呈现先升高后降低最后达到稳定趋势，表明自适应微胶具有逐渐吸水膨胀功能，这导致微胶粒径逐渐增大、封堵作用逐渐增强。随后续水驱次数增加，由于微胶逐渐向前运移，岩心前部测压点注入压力逐渐降低，后部测压点注入压力则逐渐升高。

4.2　自适应微胶液流转向能力评价方法

4.2.1　液流转向能力评价实验条件

1. 实验材料

1) 药剂

自适应微胶包括 Microgel $_{(W)}$和 Microgel $_{(Y)}$两种，有效含量为 100%，由中国石油勘探开发研究院油田化学研究所提供。聚合物为中国石油天然气股份有限公司大庆炼化分公司生产的部分水解聚丙烯酰胺干粉(HPAM)，相对分子质量为 1900×10^4，固含量为 90%。

2) 油和水

实验用油由大庆油田第一采油厂脱气原油与煤油混合而成，在 45℃条件下黏度为 9.8mPa·s。实验用水为大庆油田第一采油厂采出污水、注入清水和地层水，水质分析见表 2.1。

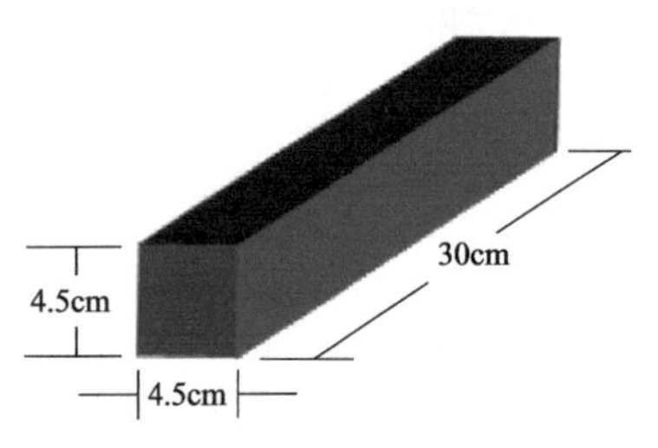

图 4.17 岩心结构示意图

3) 岩心

实验模型岩心由两块均质岩心并联而成，单块岩心外观几何尺寸：长×宽×高=30cm×4.5cm×4.5cm，如图 4.17 所示。

2. 实验设备

驱替实验装置主要包括平流泵、压力传感器、岩心夹持器和中间容器等。除平流泵外，其他部分置于 45℃的恒温箱内，实验设备及流程见图 4.18。

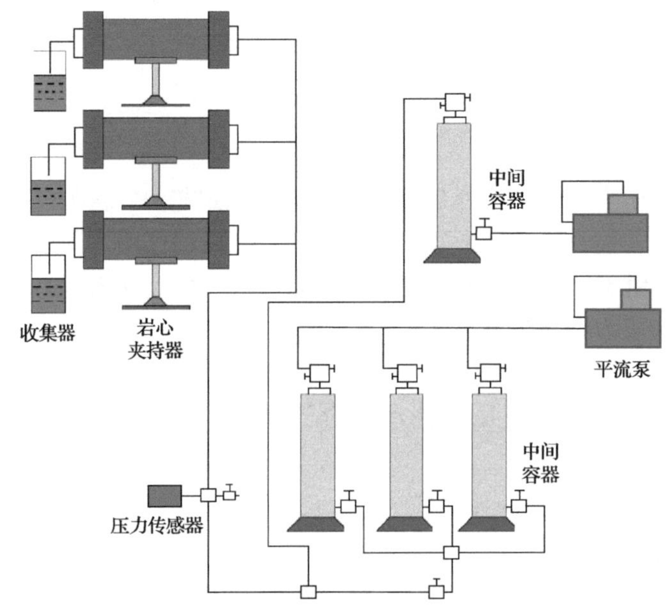

图 4.18 液流轮向能力评价实验设备及流程示意图

实验步骤如下。

(1) 岩心抽空饱和地层水，计算孔隙度。

(2) 单块岩心油驱水，计算含油饱和度。

(3) 岩心组成并联模型，水驱至含水率为 98%，计算水驱采收率。

(4) 岩心注入设计段塞尺寸和组合调驱剂 (恒速或恒压)，后续水驱至含水率为 98%。

3. 方案设计

1) 自适应微胶驱油效果评价实验

方案设计如表 4.7 所示。

表 4.7　自适应微胶驱油效果评价实验方案设计

方案编号	岩心渗透率	体系配方	阶段 1	阶段 2	阶段 3
1-1	$203\times10^{-3}\mu m^2$，$411\times10^{-3}\mu m^2$，$796\times10^{-3}\mu m^2$	0.3%	水驱至含水率 80%	注 $Microgel_{(W)}$ 0.3PV	后续水驱至含水率为 98%
1-2	$207\times10^{-3}\mu m^2$，$1016\times10^{-3}\mu m^2$，$2023\times10^{-3}\mu m^2$	0.3%		注 $Microgel_{(Y)}$ 0.3PV	
1-3	$202\times10^{-3}\mu m^2$，$2012\times10^{-3}\mu m^2$，$5993\times10^{-3}\mu m^2$	聚合物凝胶质量分数 0.2%，自适应微胶质量分数 0.3%		注聚合物凝胶段塞 0.05PV+0.10PV $Microgel_{(Y)}$+0.15PV $Microgel_{(W)}$	

2) 连续与非连续相驱油效果对比实验

方案设计如表 4.8 所示。

表 4.8　连续与非连续相驱油效果对比实验方案设计

方案编号	岩心渗透率	注入方式	体系配方	阶段 1	阶段 2	阶段 3
1-1	$300\times10^{-3}\mu m^2$，$2700\times10^{-3}\mu m^2$	恒速	1000mg/L，清水	水驱至含水率 98%	注入 0.57PV 聚合物溶液	后续水驱至含水率为 98%
1-2		恒压	1000mg/L，清水		注入 0.57PV 聚合物溶液	
2-1		恒速	质量分数为 0.3%		注入 0.2PV $Microgel_{(Y)}$+0.37PV $Microgel_{(W)}$	静置 7d 后后续水驱至含水率为 98%
2-2		恒压			注入 0.2PV $Microgel_{(Y)}$+0.37PV $Microgel_{(W)}$	

注：在恒速实验中，注入速度为 0.6mL/min。在恒压实验中，水驱采用恒速注入，化学调驱初期采用恒速注入，待注入压力升高到水驱结束注入压力的 3 倍时，采用该压力转入恒压实验。

4.2.2　液流转向能力评价结果分析

1. 自适应微胶驱油效果评价实验

1) 方案 1-1 实验结果

方案 1-1 实验结果如表 4.9 和图 4.19 所示。从表和图可以看出，水驱结束时，高渗、中渗、低渗和综合采收率分别为 36.2%、25.8%、9.2%和 23.7%；改注 0.3PV 质量浓度为 3000mg/L 的 $Microgel_{(W)}$后，在后续水驱至综合含水率为 100%时结束实验，高渗、中渗、低渗和综合采收率分别为 40.7%、36.6%、24.9%和 34.1%。此时，高渗、中渗、低渗和综合采收率最终提高值分别为 4.5%、10.8%、15.7%和 10.3%。可见，改注 0.3PV 的质量浓度为 3000mg/L 的 Microgel$_{(W)}$驱油，可以适度封堵高渗岩心，改善中低渗透岩心的驱油效果，一定幅度上提高中低渗透岩心的采收率。这是因为微胶颗粒首先进入孔径较大、剩余油较少孔道，由于微胶在水中具有水化膨胀功效，它在孔道内发生膨胀和桥堵作用，进而增加了渗流阻力，促使注入压力升高。随着注入压力增加，后续水开始进入较小孔道中驱油，并且携带液(水)几乎不存在不可及孔隙体积，扩大波及体积效果好，达到液流转向和扩大波及体积的目的。

表 4.9 方案 1-1 Microgel$_{(W)}$驱油实验结果

填砂模型管号	水测渗透率/$10^{-3}\mu m^2$	原始含油饱和度/%	体系配方	注入PV数	水驱采收率/%	最终采收率/%	采收率提高值/%
高渗	796	73.2	质量浓度为3000mg/L 的Microgel$_{(W)}$	0.3	36.2	40.7	4.5
中渗	411	69.3			25.8	36.6	10.8
低渗	203	65.5			9.2	24.9	15.7
综合		69.3			23.7	34.1	10.3

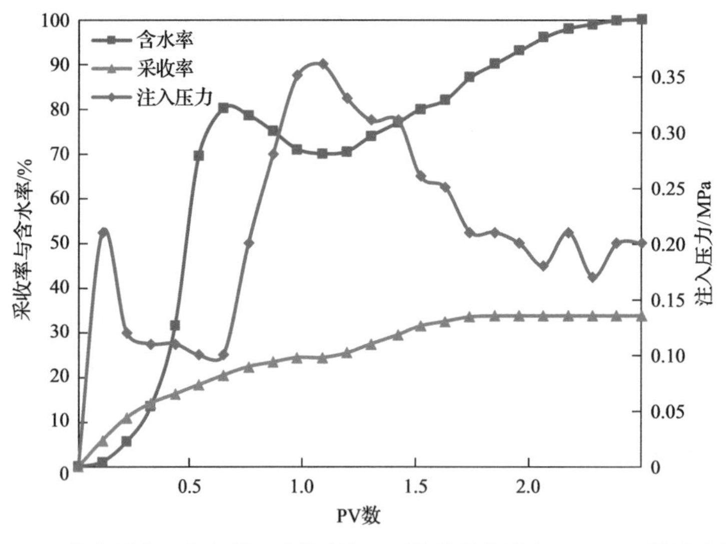

图 4.19 注入压力、含水率、采收率与 PV 数关系曲线(Microgel$_{(W)}$驱油实验)

2) 方案 1-2 实验结果

方案 1-2 实验结果如表 4.10 和图 4.20 所示。从表和图可以看出，水驱结束时，高渗、中渗、低渗和综合采收率分别为 33.6%、22.3%、7.8%和 21.2%；改注 0.3PV

质量浓度为 3000mg/L 的 Microgel$_{(Y)}$后，在后续水驱至综合含水为 100%时结束实验，高渗、中渗、低渗和综合采收率分别为 38.4%、33.0%、24.1%和 31.8%，高渗、中渗、低渗和综合采收率提高值分别 4.8%、10.7%、16.3%和 10.6%。可见，改注 0.3PV 质量浓度为 3000mg/L 的 Microgel$_{(Y)}$驱油，可以适度封堵高渗透岩心和大孔道，渗流阻力增大，注入压力升高，其携带液转向进入中-低渗透层和小孔道中发挥驱油作用，从而改善中低渗透岩心的驱油效果，在一定程度上提高中低渗透岩心的采收率。

表 4.10　方案 1-2 Microgel$_{(Y)}$驱油实验结果

填砂模型管号	水测渗透率/$10^{-3}\mu m^2$	原始含油饱和度/%	体系配方	注入PV 数	水驱采收率/%	最终采收率/%	采收率提高值/%
高渗	2023	76.5	质量浓度为 3000mg/L 的 Microgel$_{(Y)}$	0.3	33.6	38.4	4.8
中渗	1016	73.2			22.3	33.0	10.7
低渗	207	67.2			7.8	24.1	16.3
综合		72.3			21.2	31.8	10.6

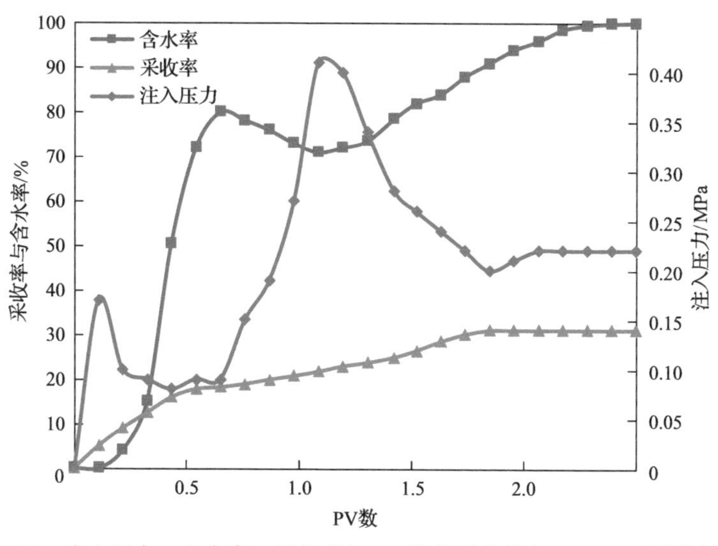

图 4.20　注入压力、含水率、采收率与 PV 数关系曲线(Microgel$_{(Y)}$驱油实验)

3) 方案 1-3 实验结果

方案 1-3 实验结果如表 4.11 和图 4.21 所示。从表和图可以看出，在从聚合物凝胶与微胶复合段塞驱油实验中，当水驱结束时，高渗、中渗、低渗和综合采收率分别为 30.1%、18.9%、6.2%和 18.4%；改注聚合物凝胶与微胶复合段塞后，在后续水驱至综合含水率为 100%时结束实验，高渗、中渗、低渗和综合采收率分别为 35.4%、30.1%、22.7%和 29.4%，高渗、中渗、低渗和综合采收率分别提高 5.3%、11.2%、16.5%和 11.0%。可见，针对三层渗透率分别为 $202\times10^{-3}\mu m$、$2012\times10^{-3}\mu m$、$5993\times10^{-3}\mu m$ 的岩心，根据不同级别水流通道采用相应的驱动对策，即采用聚合物凝胶高效封堵优势水流大孔道，$Microgel_{(Y)}$有效抑制中高渗透层中的优势渗流孔道，$Microgel_{(W)}$对优势渗流孔隙进行动态的间歇式暂堵干扰，从而实现注入水在 3 个尺度级别的可持续液流转向，实现在储层深部对全水驱流场系统整体的干预调整，从而达到高效波及、高效驱动剩余油目的。

表 4.11　方案 1-3 复合段塞微胶驱油实验结果

填砂模型管号	水测渗透率/$10^{-3}\mu m^2$	原始含油饱和度/%	体系配方	注入PV数	水驱采收率/%	最终采收率/%	采收率提高值/%
高渗	5993	79.2	聚合物凝胶：2000mg/L，0.05PV $Microgel_{(Y)}$：3000mg/L，0.1PV $Microgel_{(W)}$：3000mg/L，0.15PV	0.3	30.1	35.4	5.3
中渗	2012	75.8			18.9	30.1	11.2
低渗	202	65.1			6.2	22.7	16.5
综合		73.4			18.4	29.4	11.0

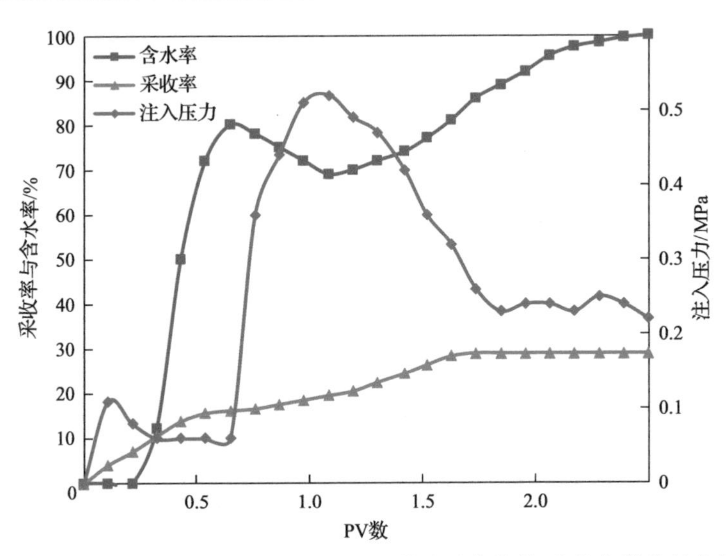

图 4.21　注入压力、含水率、采收率与 PV 数关系曲线(复合段塞微胶驱油实验)

方案 1-1～1-3 中三组实验提高采收率幅度对比见图 4.22。从图中可以看出，根据目标区块储层条件设计的 3 组自适应微胶液流转向实验中，微米级、亚毫米级、复合微胶段塞均可以提高采收率 10 个百分点以上，说明自适应微胶具有“堵大不堵小”和运移→捕集→变形→再运移→再捕集→再变形的渗流特性，加之携带液(水)几乎不存在不可及孔隙体积，其“堵”和“驱”协同效应较好，因而提高采收率幅度较大。

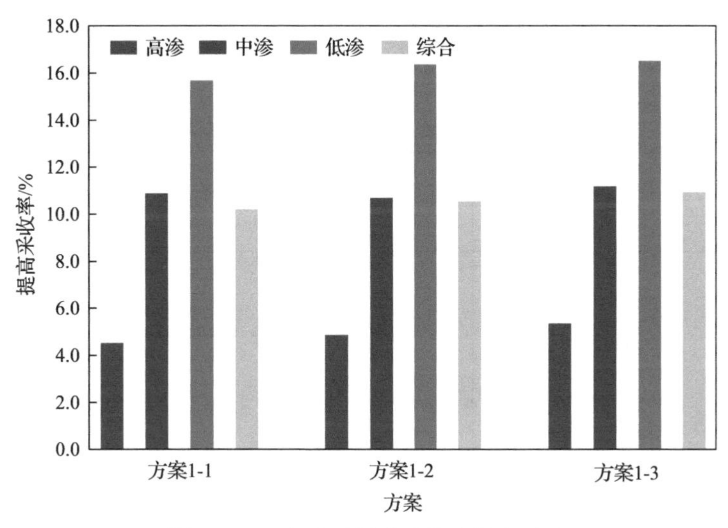

图 4.22　三组实验提高采收率幅度对比

2. 连续与非连续相驱油效果对比实验

1) 采收率

在双管并联岩心上进行聚合物驱油实验，整体和单层采收率实验结果见表 4.12。从表中可以看出，在恒速和恒压聚合物驱条件下，无论是模型整体还是各小层采收率增幅都是恒速实验高于恒压实验，并且低渗透层采收率增幅高于高渗透层的增幅。分析表明，由于恒速实验注入压力升幅较大，低渗透层吸液压差增幅较大，吸液量较多，扩大波及体积效果较好，采收率增幅较大。

表 4.12　双管并联岩心聚合物驱油实验采收率结果

方案	总段塞尺寸/PV	渗透率/$10^{-3}\mu m^2$		含油饱和度/%	采收率/%		
					水驱	最终	增幅
1-1 (恒速)	0.57PV 聚合物溶液 (黏度 30mPa·s)	单层	2700	70.87	43.6	50.7	7.1
			300	70.27	21.9	54.9	33.0
		整体		70.57	32.75	52.8	20.05
1-2 (恒压)		单层	2700	70.20	42.9	45.4	2.5
			300	70.16	21.2	49.9	28.7
		整体		70.18	32.1	47.7	15.6

在双管并联岩心上进行自适应微胶驱油实验，整体和单层采收率实验结果见

表 4.13。从表可以看出，在恒速和恒压自适应微胶调驱条件下，模型整体采收率增幅恒压实验高于恒速实验，并且低渗透层采收率增幅高于高渗透层的值。分析表明，尽管恒速实验注入压力升幅较大，但由于注入速度较快，不利于微胶吸水膨胀和携带液转向，扩大波及体积效果反而较差，采收率增幅较小。

表 4.13　双管并联岩心自适应微胶实验采收率结果

方案	总段塞尺寸/PV	渗透率/$10^{-3}\mu m^2$		含油饱和度/%	采收率/%		
					水驱	最终	增幅
2-1（恒速）	段塞尺寸：0.2PV $Microgel_{(Y)}$ +0.37PV $Microgel_{(w)}$ 工作黏度：8mPa · s	单层	2700	70.49	43.0	50.0	7.0
			300	70.98	20.8	33.6	12.8
		整体		70.74	31.9	41.8	9.9
2-2（恒压）		单层	2700	70.51	43.7	55.2	11.5
			300	70.07	20.9	51.5	30.6
		整体		70.29	32.3	53.4	21.05

2）动态特征

实验过程中注入压力、含水率和采收率与 PV 数关系对比见图 4.23～图 4.25。从图 4.23～图 4.25 可以看出，与恒速驱替实验相比较，恒压驱替实验注入压力值较低。在恒速实验条件下，由于聚合物溶液注入压力远高于自适应微胶溶液的值，聚合物驱液流转向效果较好，含水率下降幅度较大，采收率增幅较大。在恒压实验条件下，与聚合物溶液相比较，由于自适应微胶具有“堵大不堵小”和运移→捕集→变形→再运移→再捕集→再变形的渗流特性，并且携带液（水）几乎不存在不可及孔隙体积，扩大波及体积效果较好，采收率增幅较大。

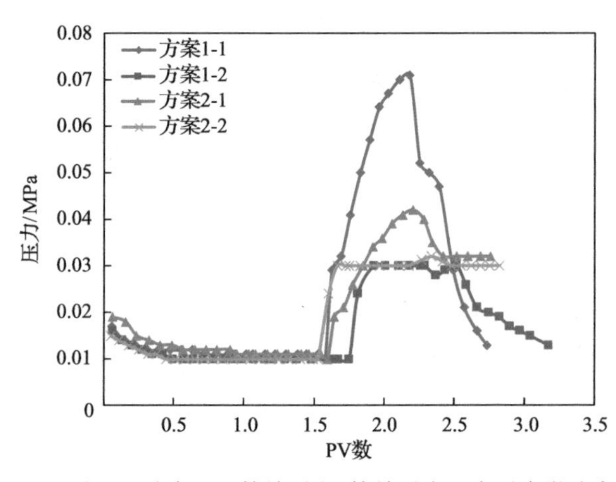

图 4.23　注入压力与 PV 数关系（双管并联岩心自适应微胶实验）

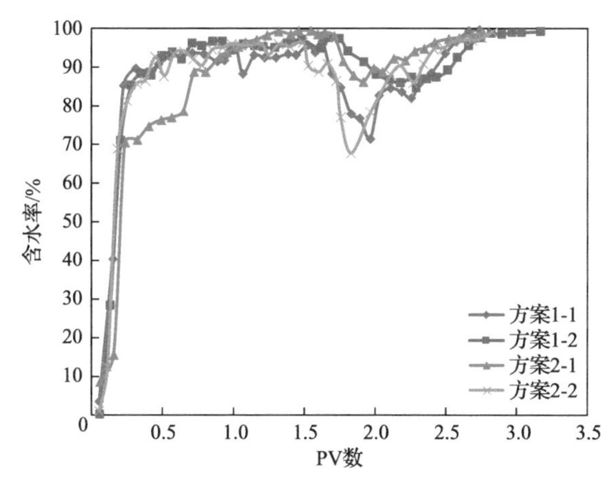

图 4.24　含水率与 PV 数关系(双管并联岩心自适应微胶实验)

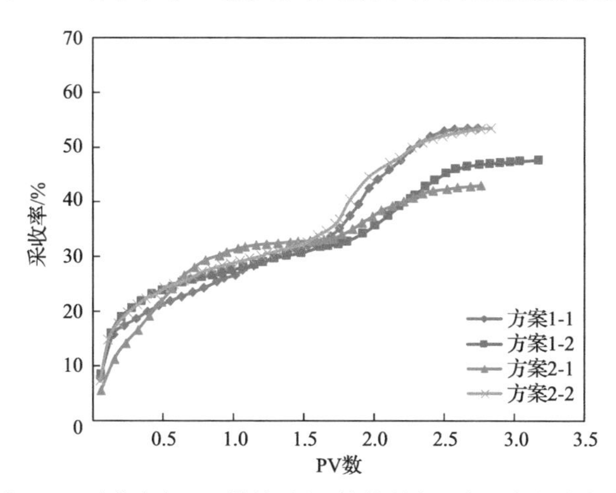

图 4.25　采收率与 PV 数关系(双管并联岩心自适应微胶实验)

实验过程各小层分流率与 PV 数关系对比见图 4.26～图 4.29。从图可以看出，无论是恒速还是恒压实验，聚合物溶液高、低渗透层分流率均呈现较大幅度降低和升高，表现出较强的液流转向效果。与恒速实验相比较，恒压实验分流率变化幅度减小，液流转向效果减弱，但仍然优于自适应微胶。实验过程各小层含水率和采收率与 PV 数关系对比见图 4.30～图 4.33。从图可以看出，在恒压实验条件下，尽管自适应微胶分流率效果不如聚合物溶液，但由于它自身具有“堵大不堵小”和运移→捕集→变形→再运移→再捕集→再变形的渗流特性，同时携带液的岩心的不及孔隙体积又远远小于聚合物溶液的不可及孔隙体积值，自适应微胶溶液“堵”和“驱”协同效应较好，高渗透层含水率下降幅度较大(图 4.30)、低渗透层含水率升高幅度较小(图 4.31)，最终采收率增幅较大(图 4.32 和图 4.33)。

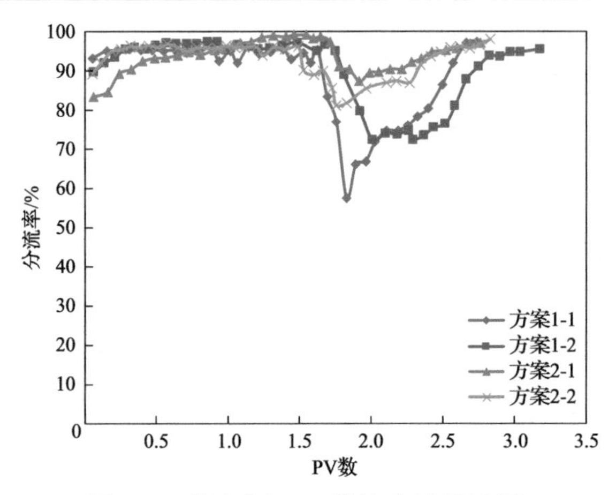

图 4.26　分流率与 PV 数关系(高渗透层)

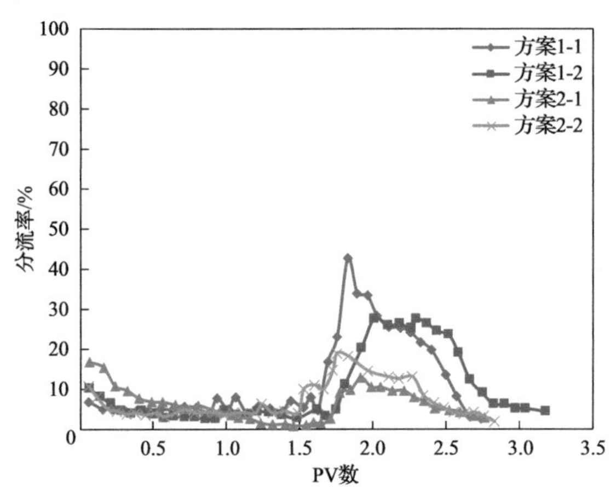

图 4.27　分流率与 PV 数关系(低渗透层)

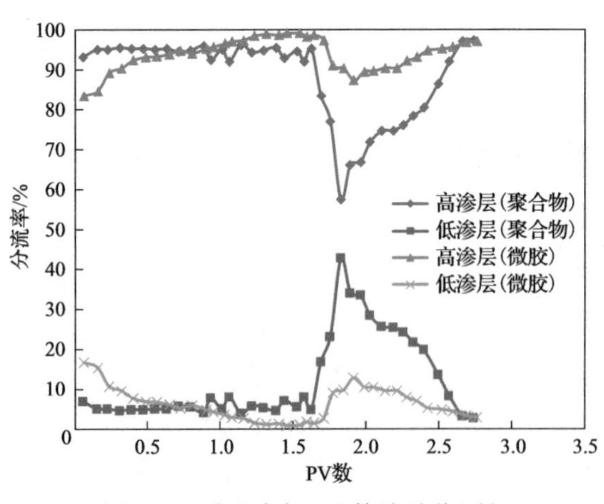

图 4.28　分流率与 PV 数关系(恒速)

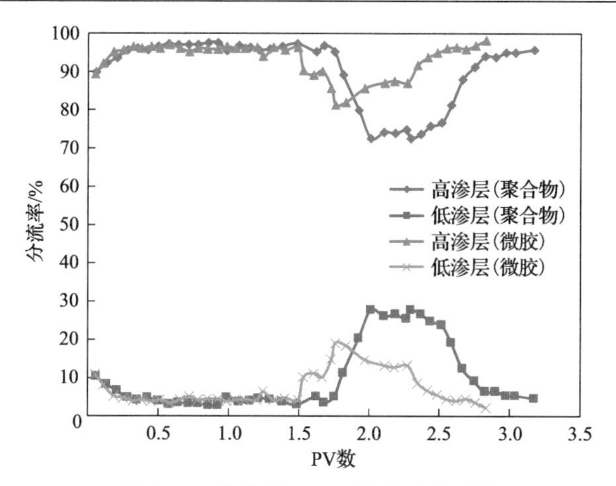

图 4.29　分流率与 PV 数关系(恒压)

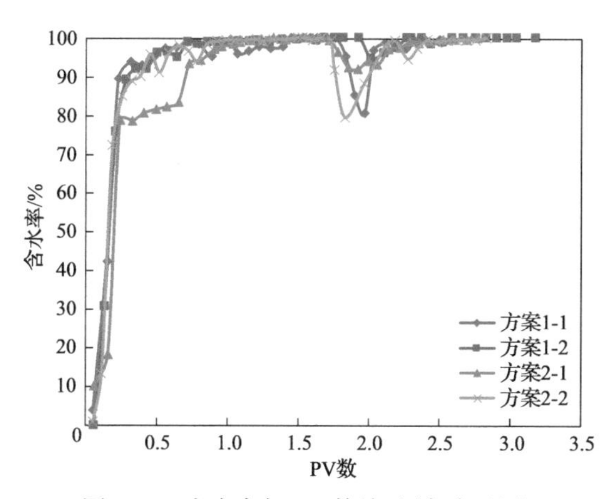

图 4.30　含水率与 PV 数关系(高渗透层)

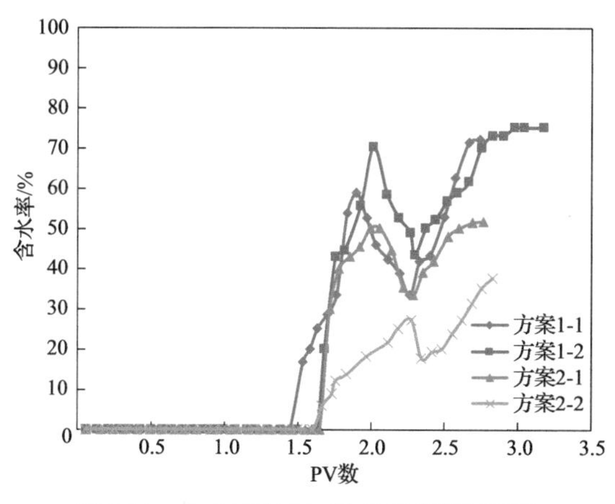

图 4.31　含水率与 PV 数关系(低渗透层)

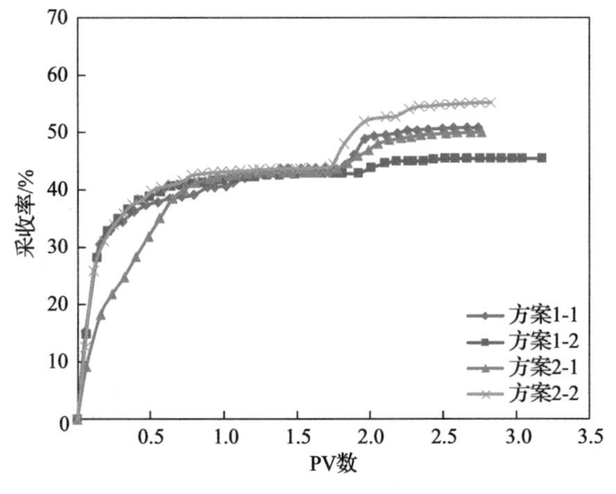

图 4.32　采收率与 PV 数关系(高渗透层)

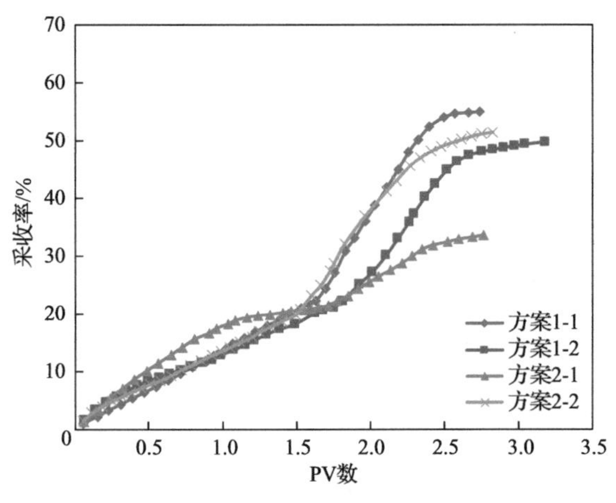

图 4.33　采收率与 PV 数关系(低渗透层)

4.3　自适应微胶与常规驱油剂协同调驱效果研究

4.3.1　协同调驱效果评价实验条件

1. 实验材料

1) 药剂

自适应微胶包括 $Microgel_{(W)}$和 $Microgel_{(Y)}$两种，有效含量为 100%，由中国石油勘探开发研究院油田化学研究所提供。碱/表面活性剂(A/S)二元复合体系中的表面活性剂为石油磺酸盐(有效含量为 50%)，碱为碳酸钠，取自大庆油田第一采油厂弱碱三元复合驱矿场试验区配制站。聚合物凝胶为有机铬聚合物凝胶，聚合物相对分子质量为 1900×10^4，聚合物浓度为 2000mg/L，聚合物：Cr^{3+}=180：1。

2）油和水

实验用油由大庆油田第一采油厂脱气原油与煤油混合而成，45℃条件下黏度为 9.8mPa·s。实验用水为大庆油田第一采油厂采出污水、注入清水和地层水，水质分析见表 2.1。

3）岩心

岩心为石英砂环氧树脂胶结“五点法”仿真岩心（考虑岩心对称性，取其四分之一进行实验），其外观尺寸：长×宽×高=30cm×30cm×4.5cm。岩心包括低、中、高三个渗透层，各层厚度 1.5cm，气测渗透率分别为 300×10^{-3}μm^2、800×10^{-3}μm^2 和 2400×10^{-3}μm^2。岩心结构示意图如图 4.34 所示。

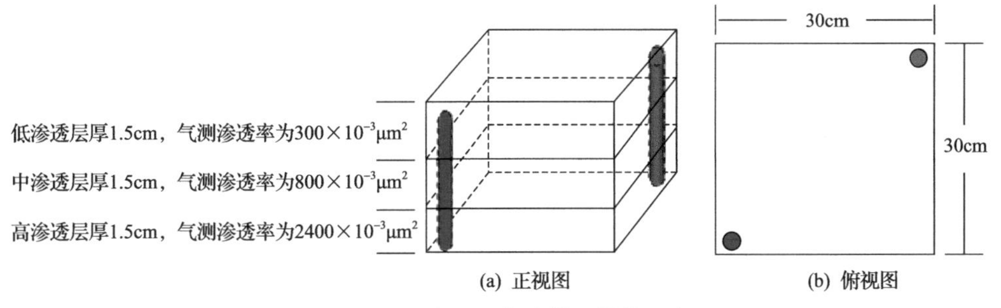

图 4.34　“五点法”仿真模型结构示意图

2. 实验设备

岩心驱替实验设备主要包括平流泵、压力传感器等。除平流泵外，其他部分置于 45℃恒温箱内，实验设备及流程见图 3.5。

实验步骤如下。

（1）岩心抽空饱和地层水，计算孔隙度。

（2）岩心油驱水，计算含油饱和度。

（3）岩心水驱至含水率为 98%，计算水驱采收率。

（4）岩心注入设计段塞尺寸和组合调驱剂（恒速或恒压），后续水驱至含水率为 98%。

3. 方案设计

1）恒速实验

方案设计如表 4.14 所示。

表 4.14 自适应微胶与常规驱油剂协同驱油方案设计(恒速)

方案编号	阶段 1	阶段 2	阶段 3
1-1	水驱至含水率为 98%	注入 0.83PV 聚合物溶液(质量浓度为 1000mg/L，注入清水)+0.5PV 聚合物溶液(质量浓度为 2000mg/L，注入清水)	后续水驱至含水率为 98%
1-2		注入 0.3PV $Microgel_{(Y)}$+0.53PV $Microgel_{(W)}$ + 0.3PV $Microgel_{(Y)}$+0.53PV $Microgel_{(W)}$(质量分数为 0.3%)	

注：上述实验中注入速度 0.5mL/min，压力记录间隔为 30min。

2)恒压实验

方案设计如表 4.15 所示。

表 4.15 自适应微胶与常规驱油剂协同驱油方案设计(恒压)

方案编号	阶段 1	阶段 2	阶段 3
2-1	水驱至含水率为 98%	注入 0.83PV 聚合物溶液(质量浓度为 1000mg/L，注入清水)+0.5PV 聚合物(质量浓度为 2000mg/L，注入清水)	后续水驱至含水率为 98%
2-2		注入 0.3PV $Microgel_{(Y)}$+0.53PV $Microgel_{(W)}$ + 0.3PV $Microgel_{(Y)}$+0.2PV $Microgel_{(W)}$	
2-3		注入 0.5PV $Microgel_{(Y)}$+0.33PV $Microgel_{(W)}$ + 0.3PV $Microgel_{(Y)}$+0.2PV $Microgel_{(W)}$	
2-4		注入 0.3PV $Microgel_{(Y)}$ + 0.53PV $Microgel_{(W)}$ + 0.2PV($Microgel_{(Y)}$+A/S)(表面活性剂质量分数为 0.3%，碱为 1.2%，下同)+0.3PV($Microgel_{(W)}$+A/S)	
2-5		交替注入 0.02PV 聚合物凝胶 + 0.08PV $Microgel_{(W)}$，重复 8 轮次 + 0.03PV 聚合物凝胶，再注入 0.08PV $Microgel_{(W)}$ + 0.02PV(Cr^{3+}聚合物凝胶+A/S)，重复 5 轮次	

注：在实施上述恒压实验方案时，首先采用恒速水驱至含水率为 98%，然后以相同速度注入聚合物溶液、微胶溶液或聚合物凝胶。当注入压力达到水驱压力结束时压力的 2 倍时，改为该压力值进行恒压注入，直至含水率为 98%。为保证自适应微胶的分散性和注入性，可采用乳化剂来提高分散性或低浓度 100～200mg/L 聚合物溶液作为携带液。

4.3.2 协同调驱效果评价结果分析

1. 恒速实验

1)采收率

在恒定注入速度条件下，两种调驱剂岩心驱替实验采收率结果见表 4.16。从表可以看出，聚合物驱采收率增幅为 34.07%，自适应微胶组合调驱采收率增幅为 16.78%，前者增油降水效果明显好于后者。

表 4.16　自适应微胶与常规驱油剂协同驱油采收率实验结果(恒速)

方案	段塞尺寸/PV	工作黏度/(mPa·s)	含油饱和度/%	采收率/%		
				水驱	化学驱	增幅
1-1	1.33	24.7/52.7	62.9	30.78	64.85	34.07
1-2		1.4/2.3	63.2	31.14	47.92	16.78

2) 动态特征

实验过程中注入压力、含水率和采收率与 PV 数关系对比见图 4.35～图 4.37。

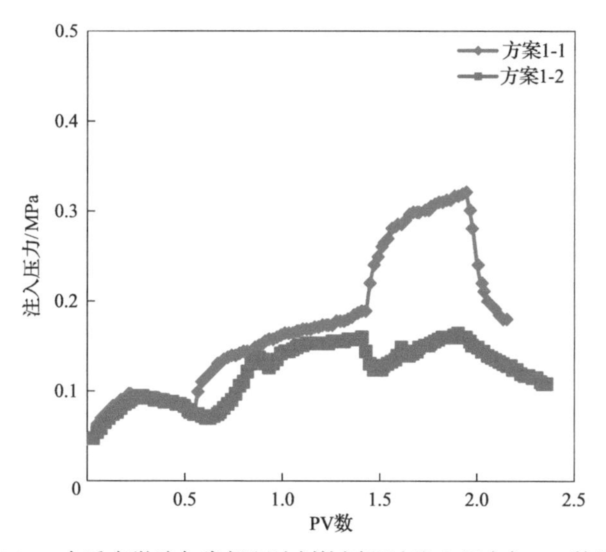

图 4.35　自适应微胶与常规驱油剂协同驱油注入压力与 PV 数关系

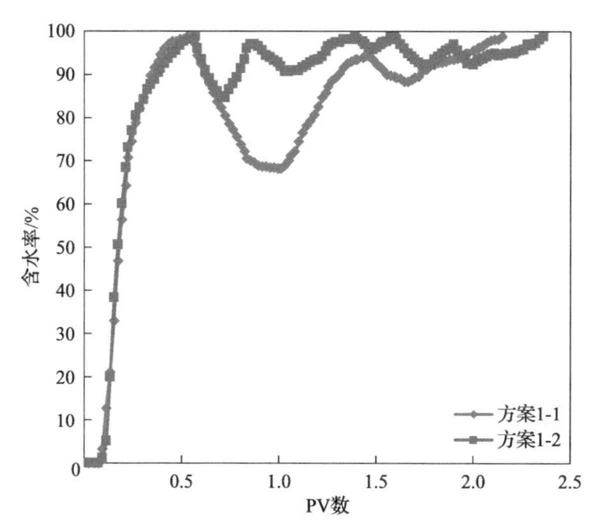

图 4.36　自适应微胶与常规驱油剂协同驱油含水率与 PV 数关系

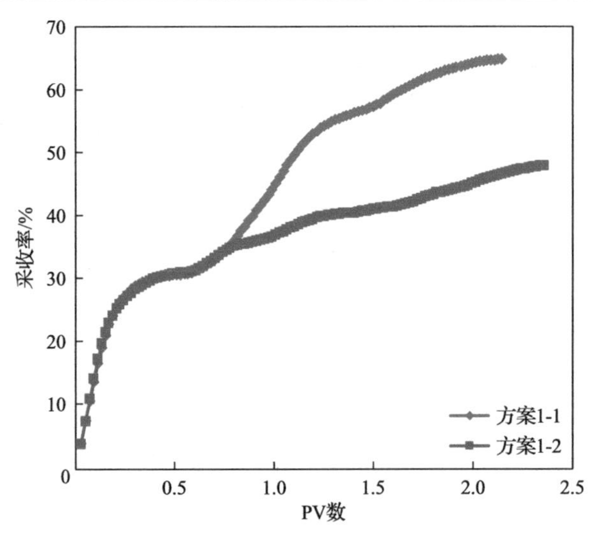

图 4.37　自适应微胶与常规驱油剂协同驱油采收率与 PV 数关系

从图可以看出，与自适应微胶组合调驱相比，由于聚合物溶液中聚合物浓度较高，在岩心中滞留能力较强，注入压力增幅较大，含水率降幅和采收率增幅较高。必须强调指出，在化学驱矿场实践中，由于受到配注设备额定工作压力和储层岩石破裂压力限制，注入压力升高幅度会受到限制。例如，大庆油田水驱注入压力一般为 6～7MPa，地层破裂压力一般为 12～14MPa，二者间为 2 倍关系。显然，聚合物驱注入压力与水驱压力之比远超 2 倍，这在矿场实践中是难以达到的，因而采收率增幅也难以达到。为此，以下采用“恒压”实验来评价上述调驱剂的增油降水效果。

2. 恒压实验

1) 第一组

(1) 采收率。

在恒定注入压力条件下，两种调驱剂岩心驱替实验采收率结果见表 4.17。从表可以看出，聚合物驱采收率增幅为 26.14%，自适应微胶组合调驱采收率增幅为 33.11%，后者增油降水效果好于前者。在药剂类型、组成和段塞尺寸相同条件下，

表 4.17　自适应微胶与常规驱油剂协同驱油采收率实验结果(恒压，第一组)

方案	总段塞尺寸/PV	工作黏度/(mPa · s)	含油饱和度/%	采收率/%		
				水驱	化学驱	增幅
2-1	1.33	24.7/52.7	63.1	30.09	56.23	26.14
2-2		1.2/2.2	62.2	30.97	64.08	33.11

恒压与恒速实验结果正好相反，而恒压实验条件与矿场实践更接近，因此能够比较真实地反映矿场试验增油降水效果。

(2) 动态特征。

实验过程中注入压力、含水率和采收率与 PV 数关系对比见图 4.38～图 4.40。从图可以看出，当限定最高注入压力值后，由于聚合物溶液在岩心孔隙内滞留能力较强，渗流阻力增幅较大，注入速度和产液速度明显下降(与大庆油田矿场试验注采井动态特征一致)，增油降水效果变差。

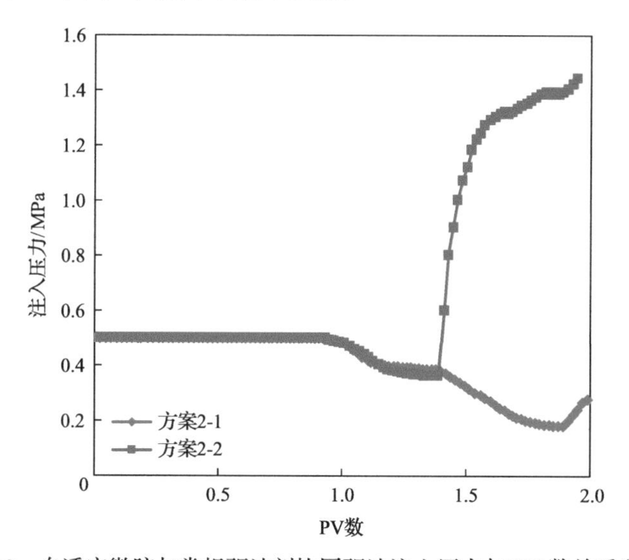

图 4.38　自适应微胶与常规驱油剂协同驱油注入压力与 PV 数关系(恒压)

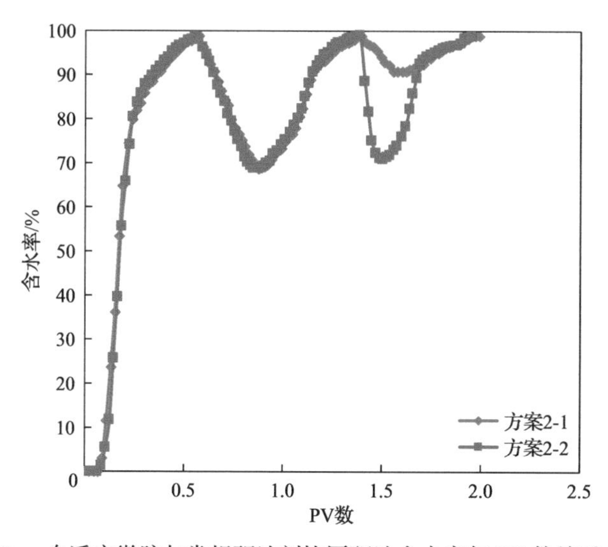

图 4.39　自适应微胶与常规驱油剂协同驱油含水率与 PV 数关系(恒压)

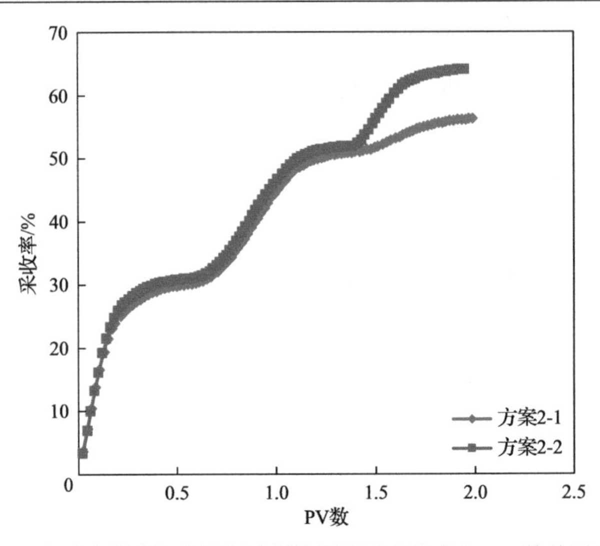

图 4.40　自适应微胶与常规驱油剂协同驱油采收率与 PV 数关系(恒压)

2) 第二组

(1) 采收率。

在恒定注入压力条件下，几种调驱剂及其组合岩心驱替实验采收率结果见表 4.18。从表可以看出，与方案 2-3 相比较，方案 2-4 调驱剂中多含了碱/表面活性剂二元体系，由于该二元体系洗油效率较高，采收率增幅较高。与方案 2-3 和方案 2-4 相比较，方案 2-5 调驱剂中除了自适应微胶外还包含聚合物凝胶和碱/表面活性剂二元体系，加之采取交替注入方式，这既增加了洗油效率，又提高了波及系数(交替注入减缓了剖面返转进程)，因此采收率增幅较大。但也需要指出，由于 Cr^{3+}聚合物凝胶成胶速度较快，实验过程中出现聚合物凝胶堵塞岩心注入孔端面情形，这也将减弱方案实施后的增油降水效果。

表 4.18　自适应微胶与常规驱油剂协同驱油采收率实验结果(恒压，第二组)

方案	总段塞尺寸/PV	工作黏度/(mPa · s)	含油饱和度/%	采收率/%		
				水驱	化学驱	增幅
2-3	1.33	7.2/8.2	62.1	29.87	58.73	28.86
2-4		7.3/4.7	62.3	29.41	58.58	29.17
2-5		58.3/8.3	62.1	29.57	61.71	32.14

注：方案 2-3 和方案 2-4 中微胶采用聚合物溶液作为携带液，体系黏度较高。

(2) 动态特征。

实验过程中注入速度、含水率和采收率与 PV 数关系对比见图 4.41～图 4.43。

从图可以看出，与方案 2-3 和方案 2-4 相比较，方案 2-5 调驱剂中除了自适应微胶外还包含聚合物凝胶和碱/表面活性剂二元体系，尽管采取交替注入方式，但由于 Cr^{3+}聚合物凝胶成胶速度较快，实验过程中出现聚合物凝胶堵塞岩心注入孔端面情形，因此注入速度出现多次下降，会导致产液速度大幅度减小(图 4.41)，这在相当程度上制约了增油降水效果，但因采取交替注入减缓了剖面返转速度，最终采收率增幅仍然最大(图 4.43)。

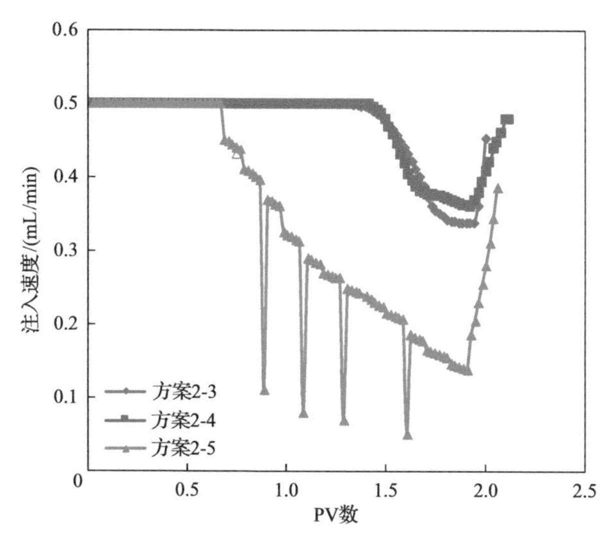

图 4.41　自适应微胶与常规驱油剂协同驱油注入速度与 PV 数关系(恒压，第二组)

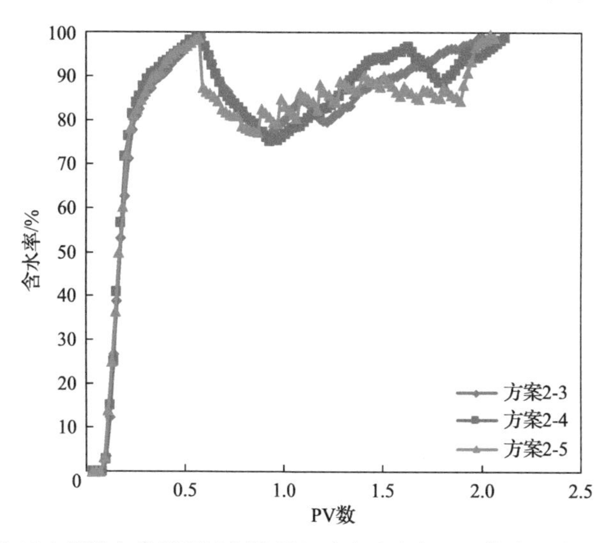

图 4.42　自适应微胶与常规驱油剂协同驱油含水率与 PV 数关系(恒压，第二组)

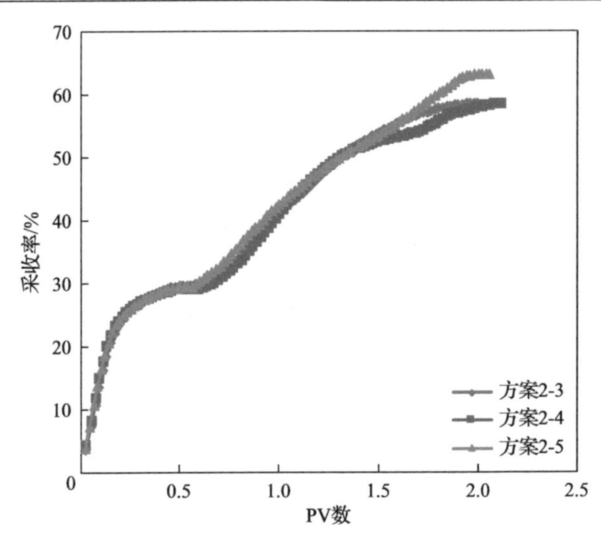

图 4.43　自适应微胶与常规驱油剂协同驱油采收率与 PV 数关系(恒压，第二组)

3. 机理分析

“吸液剖面返转”现象是聚合物驱或聚合物凝胶调驱过程中由储层非均质和聚合物滞留特性引起的必然现象，很难完全消除，但可以通过优化驱油剂组合方式来减缓剖面返转程度或延迟返转发生时间。与调驱剂整体段塞相比较，若将整体段塞分解为若干个小段塞，并在各个小段塞之间掺入滞留能力较低的驱油剂段塞(如水段塞)，这种交替注入方式可以减小调驱剂进入中-低渗透层后引起的附加渗流阻力，进而减缓剖面返转严重程度或延迟剖面返转时间，最终实现扩大波及体积和提高采收率的目标(图 4.44)。

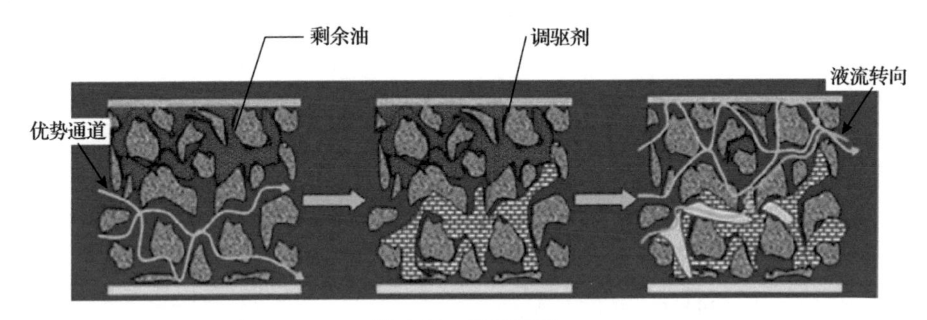

图 4.44　调驱机理

采用自适应微胶与水或自适应微胶与弱凝胶交替注入方式，不仅可以将高渗透层注入端附近滞留的调驱剂进一步推进至储层深部，同时产生封堵+驱替的效应，调驱剂前置段塞封堵高渗透层后，后续水段塞一方面使高渗透层内聚合物分子线团膨胀和提高封堵效果，另一方面转向进入中-低渗透层发挥驱油作用，且不产生附加渗流阻力(Fenton et al., 1985)。因此，交替注入轮次组合和段塞尺寸与储层非均质性有较好的匹配关系，可以将“封堵+驱替”的协同效应发挥到最优，提高注入压力，降低含水率，改善调驱效果。

采用动/静态光散射仪系统测试不同稀释质量浓度条件下 Cr^{3+}聚合物凝胶分子线团尺寸 D_h，测试结果如表 4.19 所示。从表中可以看出，Cr^{3+}聚合物凝胶分子线团尺寸 D_h 随稀释质量浓度降低而增大，这是因为稀释作用使岩心孔隙内的阳离子质量浓度降低。阳离子主要在两个方面影响着聚合物凝胶分子线团尺寸 D_h(图 4.45)：一方面是对聚合物分子链的双电层厚度产生影响，导致 ξ 电势发生变化；另一方面是对聚合物分子链上阴离子之间静电排斥力的屏蔽作用。随着阳离子质量浓度降低，打破了原有聚合物凝胶分子线团表面的电荷动态平衡，使聚合物分子链上离子基团所带的负电荷数量增加，增大了聚合物分子链之间的排斥力，导致卷曲分子链趋于舒展，所以聚合物分子聚集体发生膨胀，尺寸增大，进一步增强了封堵效果。

表 4.19　D_h 测试结果

聚合物浓度/(mg/L)	D_h/nm
200	465.4
400	324.5
600	213

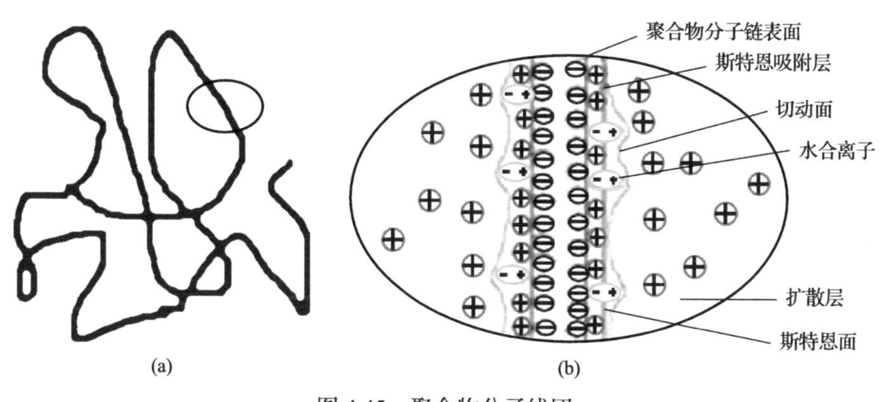

图 4.45　聚合物分子线团

聚合物凝胶分子线团尺寸 D_h 的增大，加强了在岩心孔隙中已被捕集的聚合物分子聚集体的封堵作用；同时，使一部分自由运移的聚合物分子聚集体尺寸增加，导致其被捕集，减小了孔隙过流断面，增加了渗流阻力，最终使注入压力提高。

此外，聚合物分子在多孔介质中流动时，部分孔隙喉道的直径小于聚合物凝胶分子线团尺寸 D_h，导致其无法通过，形成了不可及孔隙体积，其与聚合物凝胶分子线团尺寸、孔隙结构等因素有关。不可及孔隙体积会减小调驱剂的波及系数，无法获得预期的增油降水效果。而采取交替注入方式换水段塞时，水分子可注入性更强，不可及孔隙体积较小，能够进入调驱体系无法进入的微小孔隙发挥驱替作用。因此，与调驱剂整体段塞相比较，采取交替注入方式的波及系数更高，扩大波及体积效果更显著。

第5章　聚合物驱后“井网调整+自适应微胶调驱”增油效果研究

研究表明，聚合物驱后仍然有约50%原油残留在地下，因此迫切需要研究和试验进一步提高采收率的技术和方法(韩培慧等，2006)。已有矿场试验结果证明，在原井网上开展调驱或化学驱措施不能达到进一步提高采收率的预期目标。目前有许多关于聚合物驱后再注入其他调驱剂来进一步提高采收率的研究和文献报道，但涉及聚合物驱后采取“井网重构+调剖调驱”方式来进一步提高采收率的研究报道较少。为此，本章以仪器检测、化学分析和物理模拟为技术手段，以注入压力、含水率、分流率和采收率等为评价指标，开展聚合物驱后“井网调整+自适应微胶调驱”增油效果研究，这对于聚合物驱后进一步提高采收率的技术决策具有重要的参考价值和指导意义。

5.1　1注1采五点法井网重构+自适应微胶调驱

5.1.1　1注1采五点法井网实验条件

1. 实验材料

1) 药剂

自适应微胶包括Microgel$_{(W)}$和Microgel$_{(Y)}$，有效含量为100%，由中国石油勘探开发研究院油田化学研究所提供。聚合物为中国石油天然气股份有限公司大庆炼化分公司生产的部分水解聚丙烯酰胺干粉，相对分子质量为1900×10^4，固含量为90%。表面活性剂为中国石油天然气股份有限公司大庆炼化分公司生产的石油磺酸盐，有效含量为50%。

2) 油和水

实验用油由大庆油田第一采油厂脱气原油与煤油混合而成，45℃条件下黏度为9.8mPa·s。实验用水为大庆油田第一采油厂注入清水和采出污水，水质分析见表2.1。

3) 岩心

岩心为石英砂环氧树脂胶结层内非均质岩心，包括三个渗透层：渗透率分别为$2400\times10^{-3}\mu m^2$、$800\times10^{-3}\mu m^2$和$300\times10^{-3}\mu m^2$，外观尺寸为长×宽×高=30cm×

30cm×4.5cm。岩心各个小层布置有电极，通过检测不同驱替方式下电极间电阻率变化，进而确定剩余油分布及其变化情况。岩心采用环氧树脂浇铸密封，取五点井网的四分之一布井，即 1 注 1 采(图 5.1)，聚合物驱后将原井网调整为“直井+水平井”井网(图 5.2)。

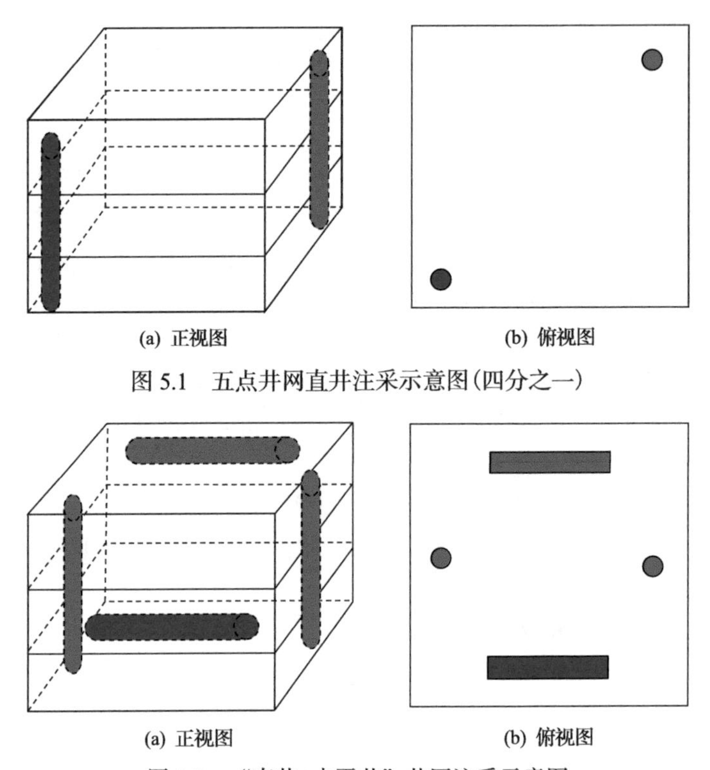

图 5.1　五点井网直井注采示意图(四分之一)

图 5.2　“直井+水平井”井网注采示意图

在图 5.1 和图 5.2 中，红色柱体代表油井，蓝色柱体代表水井，其中直井贯穿高、中、低渗透层，水平油井位于低渗透层中部，水平水井位于中渗透层中部。在直井+水平井井网中，关闭原井网中的 2 口直井，新布置 2 口直井。

2. 实验设备

采用 DV-Ⅱ型布氏黏度仪测量驱油剂黏度。驱油剂配制和储存仪器设备包括 HJ-6 型多头磁力搅拌器、电子天平、烧杯、试管和 HW-ⅢA 型恒温箱等。采用 STX-500H 型界面张力测量仪测试驱油剂与原油间界面张力。采用岩心驱替实验装置测试驱油剂驱油效果，装置主要包括平流泵、压力传感器和中间容器等。除平流泵外，其他部分置于 45℃恒温箱内，实验设备及流程见图 3.5。实验过程注入速度为 1mL/min，压力记录间隔为 30min。

3. 方案设计

方案设计如表 5.1 所示。

表 5.1　1 注 1 采五点法井网实验方案设计

<table>
<tr><th>方案编号</th><th>井网</th><th>阶段 1</th><th>阶段 2</th><th>阶段 3</th><th>阶段 4</th><th>阶段 5</th></tr>
<tr><td>1-1</td><td rowspan="4">直井 1 注 1 采</td><td rowspan="4">水驱至含水率为 98%</td><td>注 0.57PV 聚合物溶液（C_p=1000mg/L，注入清水）</td><td rowspan="4">水驱至含水率为 98%</td><td>注 0.1PV Microgel$_{(Y)}$+0.9PV Microgel$_{(W)}$（质量分数为 0.3%，下同）</td><td rowspan="4">后续水驱至含水率为 98%</td></tr>
<tr><td>1-2</td><td>注 0.57PV 聚合物溶液（C_p=1000mg/L，注入清水）</td><td>将恒速实验改变为恒压实验（压力取聚合物驱期间最高注入压力），注 0.1PV Microgel$_{(Y)}$+0.9PV Microgel$_{(W)}$</td></tr>
<tr><td>2-1</td><td>注 0.57PV 聚合物溶液（C_p=1000mg/L，注入清水）。采用直井+水平井井网</td><td>注 0.1PV Microgel$_{(Y)}$+0.9PV Microgel$_{(W)}$</td></tr>
<tr><td>2-2</td><td>注 0.57PV 聚合物溶液（C_p=1000mg/L，注入清水）。采用直井+水平井井网</td><td>注 0.1PV Microgel$_{(Y)}$+0.9PV 二元复合体系[Microgel$_{(W)}$+石油磺酸盐（质量分数为 0.3%）]</td></tr>
</table>

5.1.2　1 注 1 采五点法井网实验结果分析

1. 聚合物驱后注入方式对自适应微胶调驱增油效果的影响

1) 采收率

聚合物驱后自适应微胶调驱增油效果实验结果见表 5.2，从表中可以看出，与方案 1-1 相比，方案 1-2 中的驱油剂与井网结构虽然相同，但其采收率增幅较前者提高 1.5%。因此，聚合物驱后恒速和恒压的注入方式对自适应微胶调驱效果存在影响，“恒压”注入方式中的采收率增幅较高。

表 5.2　聚合物驱后自适应微胶调驱采收率实验数据（方案 1-1、方案 1-2）

方案编号	驱油剂黏度/(mPa · s)	界面张力/(mN/m)	含油饱和度/%	采收率/%			采收率增幅/%
				水驱	聚合物驱	自适应微胶调驱	
1-1	2.3		66.5	30.5	40.5	49.3	8.8
1-2	2.2		66.2	30.3	41.0	51.3	10.3

2) 动态特征

方案 1-1 和方案 1-2 驱替过程中模型注入压力、含水率和采收率与 PV 数的关系见图 5.3～图 5.5，由图可知，2 个方案在水驱和聚合物驱过程中动态特征基本相同。在水驱阶段，驱替过程中注入压力先上升后逐渐缓慢降低到稳定，含水率急剧上升，采收率逐渐增加。在聚合物驱阶段，注入压力升高、含水率下降、采收率增加。在自适应微胶调驱阶段，在恒速条件下(方案 1-1)注入压力上升，但在初期注入压力较低，后期高于恒压注入压力(方案 1-2)。两个方案的含水率均下降，采收率均增加，其中方案 1-2 的采收率增幅高于方案 1-1。在后续水驱阶段，三者逐渐趋于平稳。

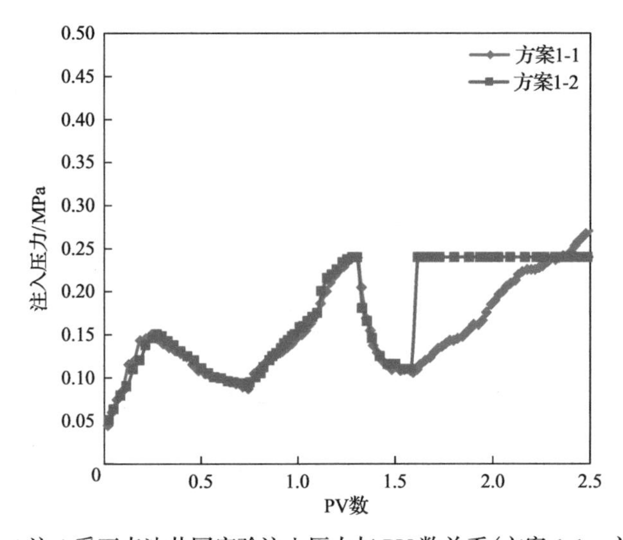

图 5.3　1 注 1 采五点法井网实验注入压力与 PV 数关系(方案 1-1、方案 1-2)

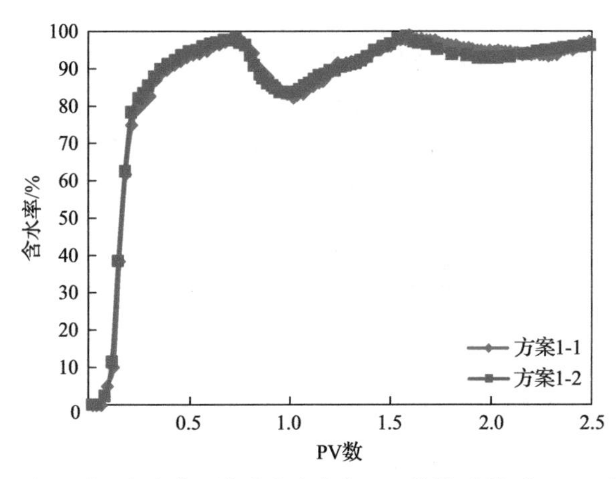

图 5.4　1 注 1 采五点法井网实验含水率与 PV 数关系(方案 1-1、方案 1-2)

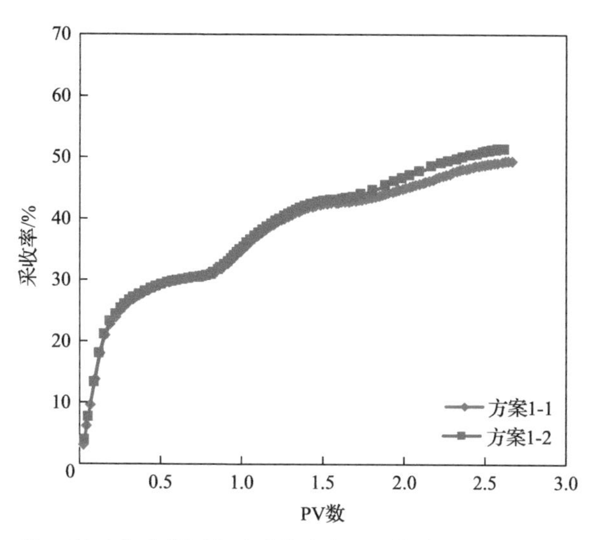

图5.5 1注1采五点法井网实验采收率与PV数关系(方案1-1、方案1-2)

2. 聚合物驱后改变井网对自适应微胶增油效果的影响

1)采收率

聚合物驱后“井网调整+自适应微胶调驱”采收率实验结果见表5.3。从表5.3可以看出，与方案2-1相比，方案2-2中的驱油剂与井网结构虽然都相同，但其采收率增幅为13.6%，比方案2-1的采收率增幅高2.9%。这是由于两种方案的驱油剂黏度大致相等，扩大波及体积效果相近，但方案2-2的界面张力较低，洗油效果优于方案2-1。同时，两种方案的聚合物驱采收率增幅分别为9.8%和10.1%，而自适应微胶调驱采收率可以在聚合物驱的基础上分别提高10.7%和13.6%，所以自适应微胶调驱可以在聚合物驱后进一步提高采收率。另外，方案2-1的最终采收率(64.8%)比方案1-1的最终采收率(49.3%)高15.5%，说明水平井井网可以进一步提高采收率。因此，聚合物驱后注入自适应微胶或改变井网都可以进一步提高原油采收率。

表5.3 聚合物驱后“井网调整+自适应微胶调驱”采收率实验数据(方案2-1、方案2-2)

方案编号	驱油剂黏度/(mPa·s)	界面张力/(mN/m)	含油饱和度/%	采收率/%				采收率增幅/%
				水驱	聚合物驱	自适应微胶调驱	最终	
2-1	2.1	—	66.8	30.9	40.7	54.1	64.8	10.7
2-2	2.5	2.75×10^{-1}	66.3	30.3	40.4	53.8	67.4	13.6

2) 动态特征

驱替过程中模型注入压力、含水率和采收率与 PV 数的关系见图 5.6～图 5.8。从图中可以看出，井网调整后，水平井的流动由径向流变成线性流，吸水面积增幅明显，从而导致注入压力大幅度下降。自适应微胶调驱时注入压力逐渐升高，并且超过聚合物驱时的注入压力最大值，说明自适应微胶在多孔介质中产生了有效封堵，增大了渗流阻力。随着注入压力升高，促使后续水进入孔径较小的孔道，实现深部液流转向和扩大波及体积的作用，采收率增幅明显。另外还可以看出，

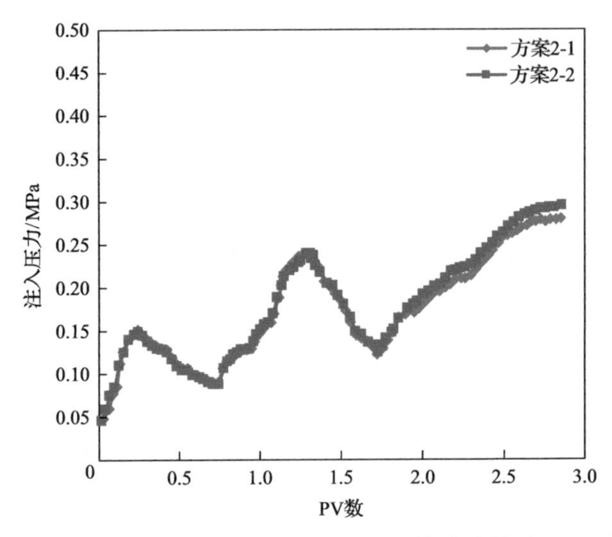

图 5.6　1 注 1 采五点法井网实验注入压力与 PV 数关系(方案 2-1、方案 2-2)

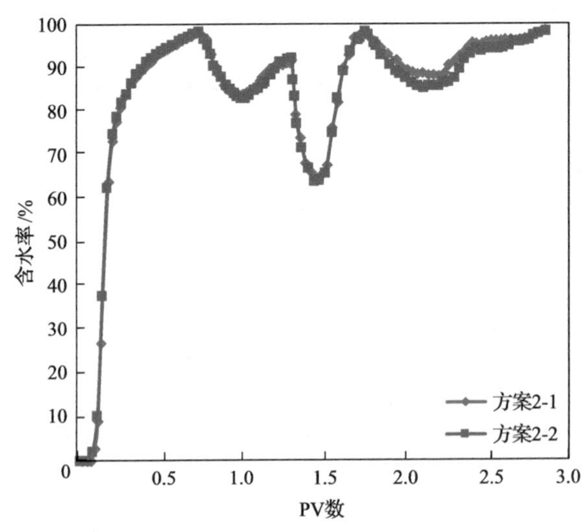

图 5.7　1 注 1 采五点法井网实验含水率与 PV 数关系(方案 2-1、方案 2-2)

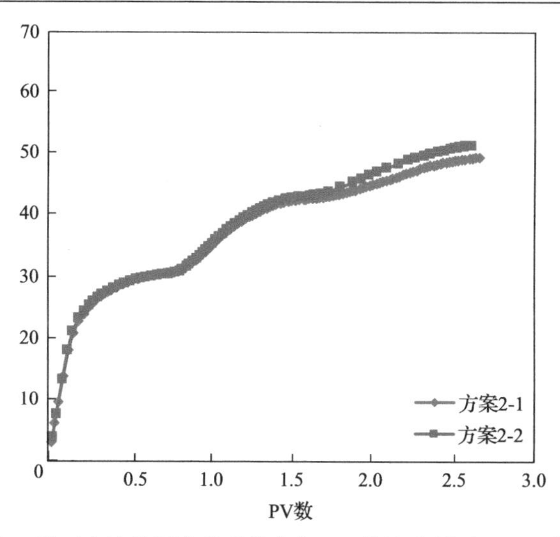

图 5.8　1 注 1 采五点法井网实验采收率与 PV 数关系(方案 2-1、方案 2-2)

自适应微胶和表面活性剂二元体系可同时扩大波及体积和提高洗油效率，因此，方案 2-2 中的采收率增幅较大。

3) 剩余油分布

含油饱和度与颜色对应关系见图 5.9。驱替过程中剩余油分布状况和波及系数(E_V)计算结果见图 5.10 和图 5.11。

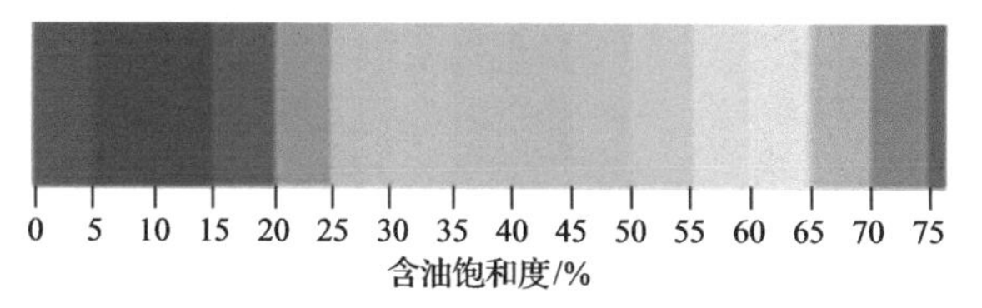

图 5.9　含油饱和度与颜色对应关系

(1)方案 2-1。

方案 2-1 中各驱替阶段各渗透层剩余油分布见图 5.10。

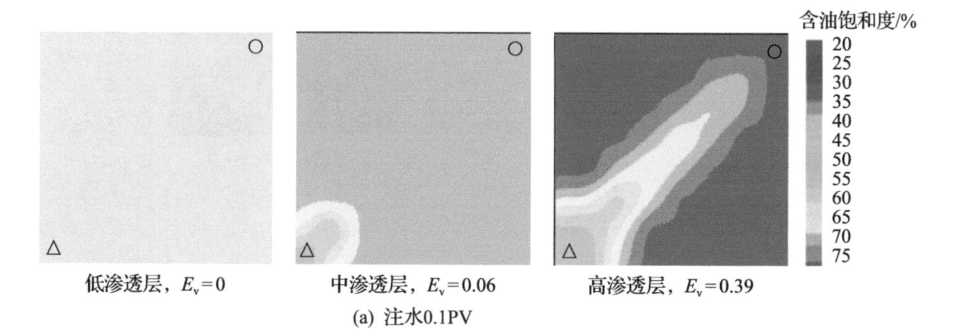

(a) 注水0.1PV

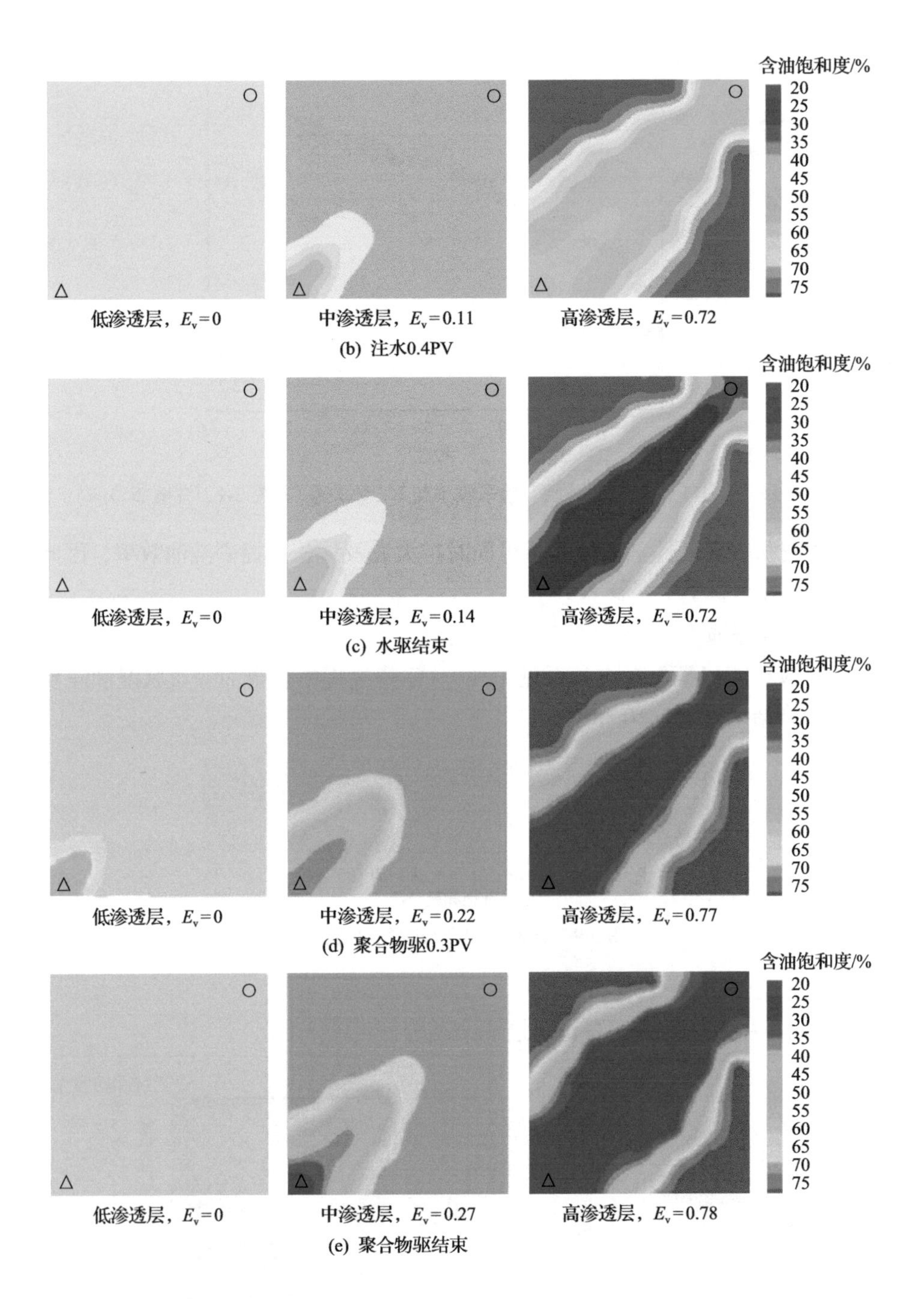

(b) 注水0.4PV

(c) 水驱结束

(d) 聚合物驱0.3PV

(e) 聚合物驱结束

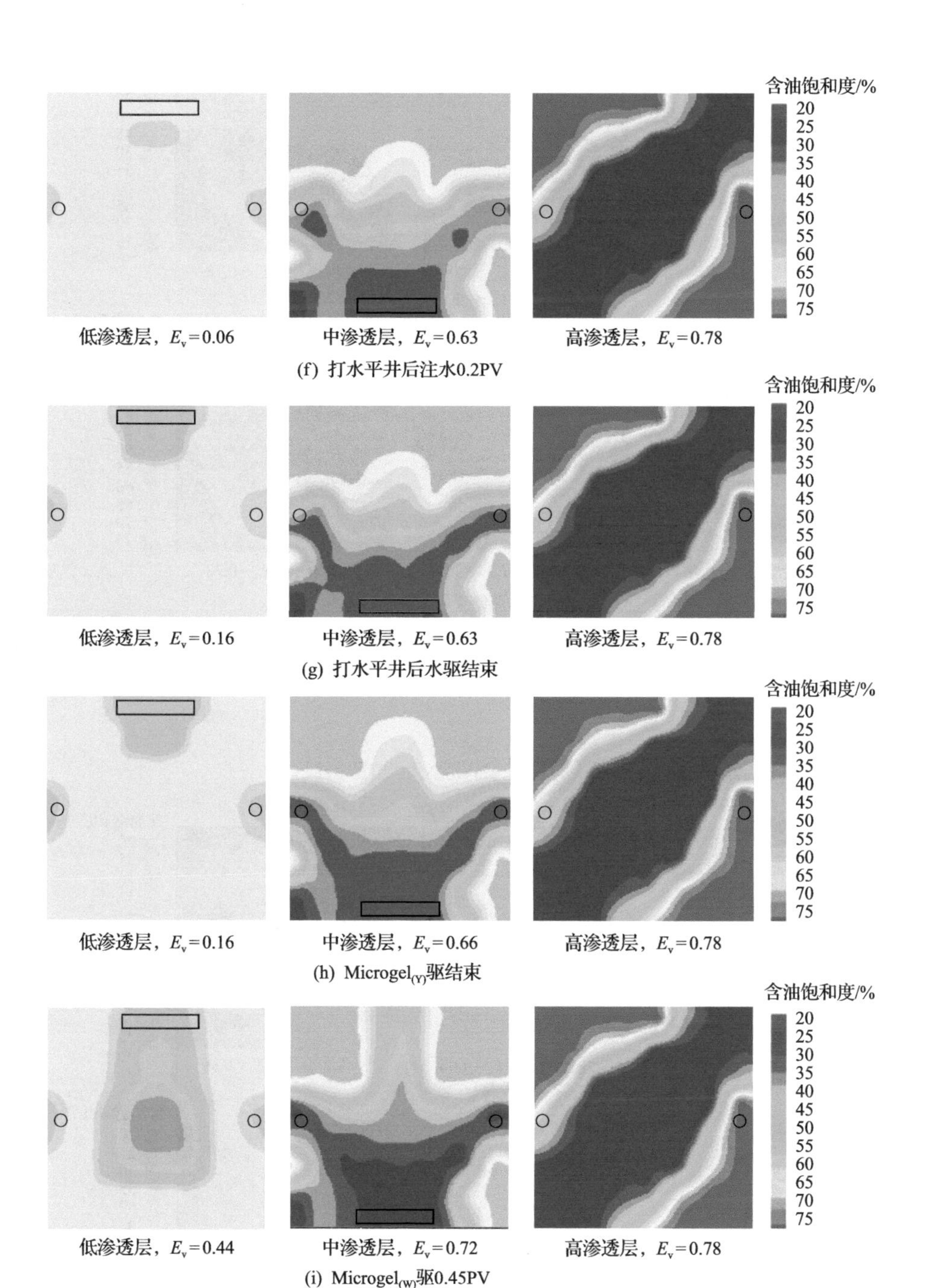

(f) 打水平井后注水0.2PV

(g) 打水平井后水驱结束

(h) $Microgel_{(Y)}$驱结束

(i) $Microgel_{(W)}$驱0.45PV

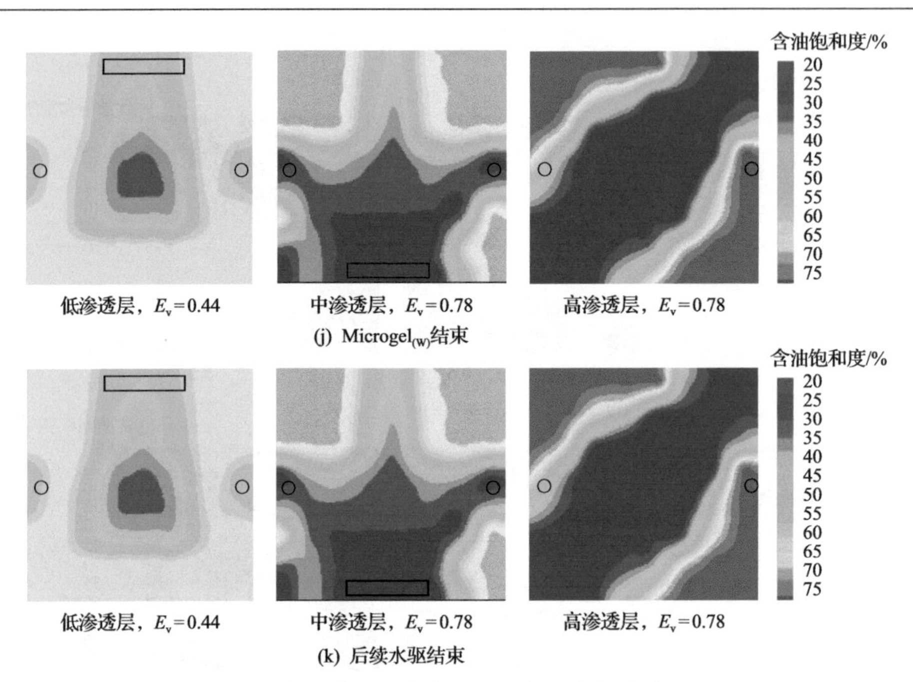

图 5.10　各驱替阶段各渗透层剩余油分布(方案 2-1)

△-注水井；○-生产井；▭-水平井；下图同此图例

(2)方案 2-2。

方案 2-2 各驱替阶段各渗透层剩余油分布见图 5.11。

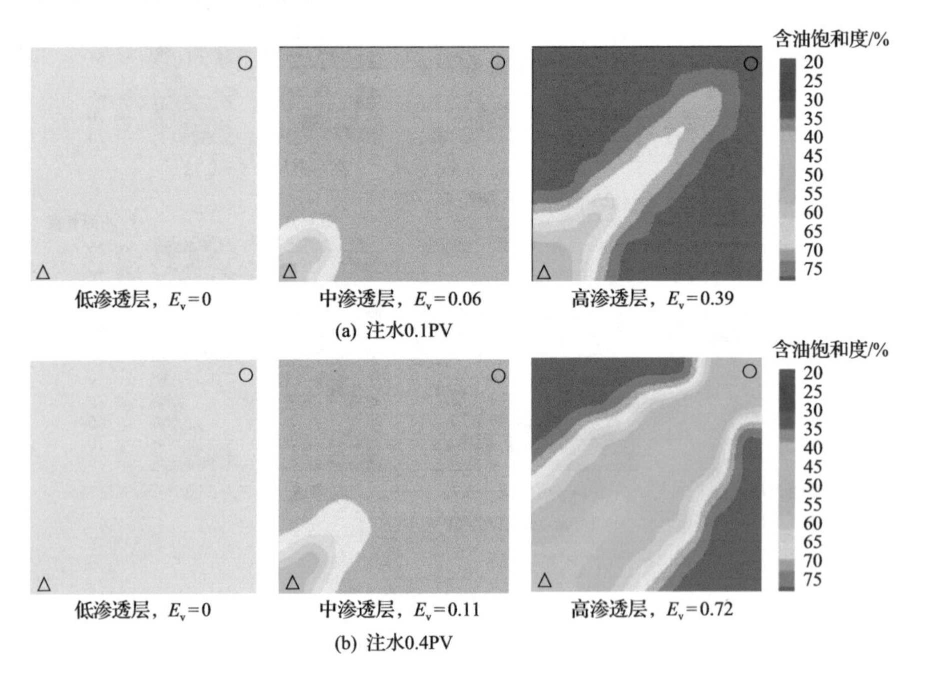

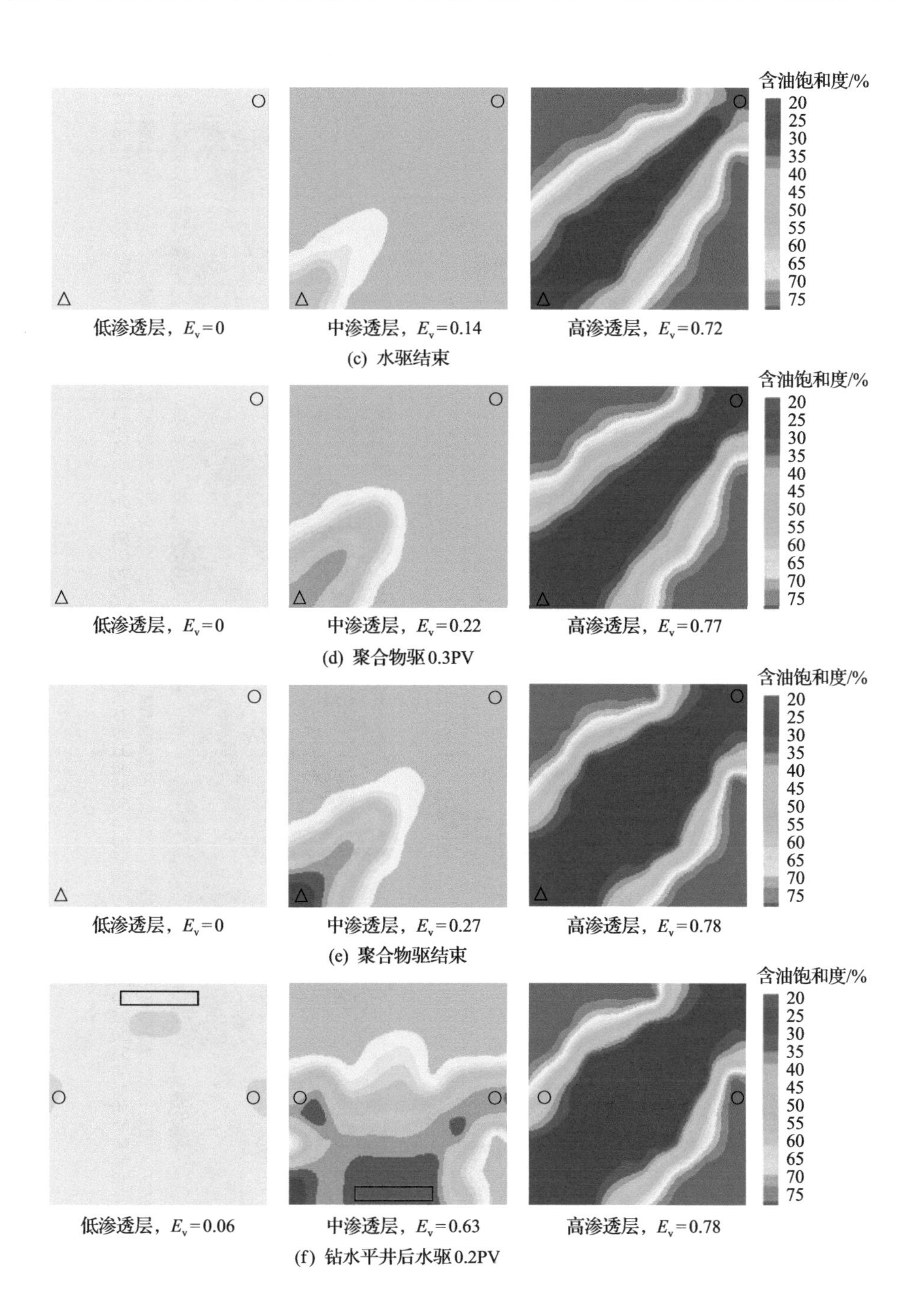

(c) 水驱结束

(d) 聚合物驱0.3PV

(e) 聚合物驱结束

(f) 钻水平井后水驱0.2PV

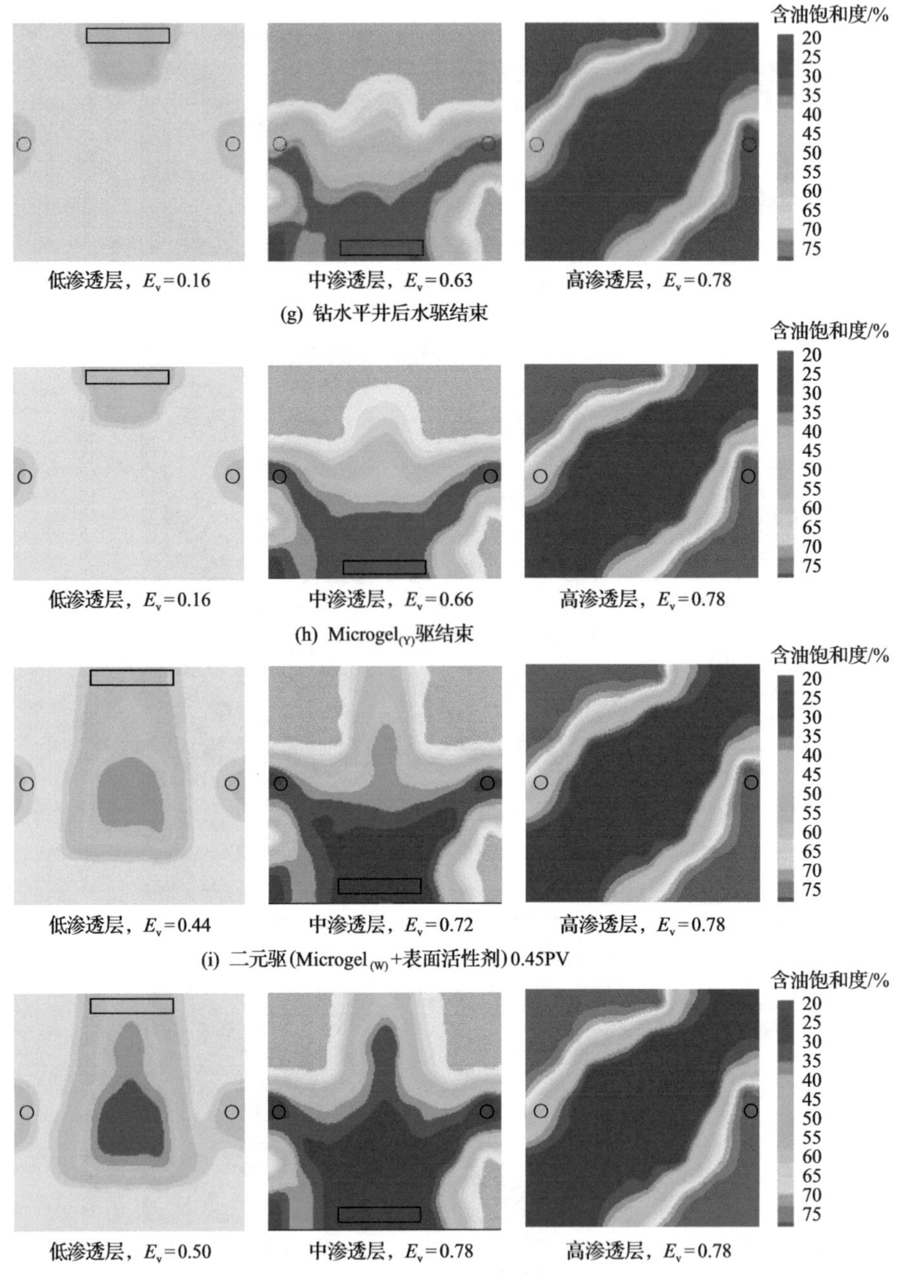
含油饱和度/%
20
25
30
35
40
45
50
55
60
65
70
75
低渗透层，E_v=0.16
中渗透层，E_v=0.63
高渗透层，E_v=0.78
(g) 钻水平井后水驱结束
低渗透层，E_v=0.16
中渗透层，E_v=0.66
高渗透层，E_v=0.78
(h) Microgel(Y)驱结束
低渗透层，E_v=0.44
中渗透层，E_v=0.72
高渗透层，E_v=0.78
(i) 二元驱(Microgel(W)+表面活性剂)0.45PV
低渗透层，E_v=0.50
中渗透层，E_v=0.78
高渗透层，E_v=0.78
(j) 二元驱(Microgel(W)+表面活性剂)结束

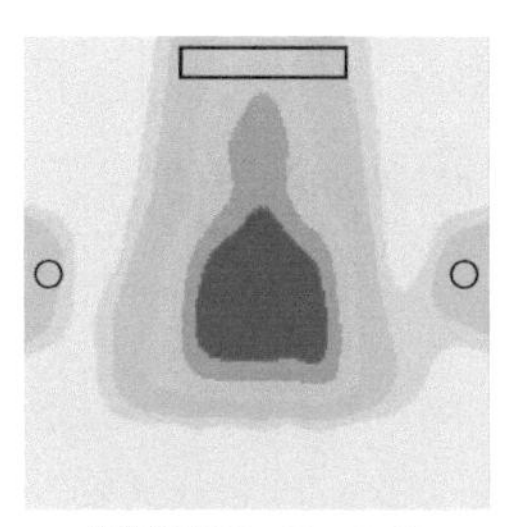

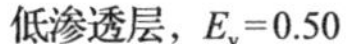

低渗透层，E_v=0.50

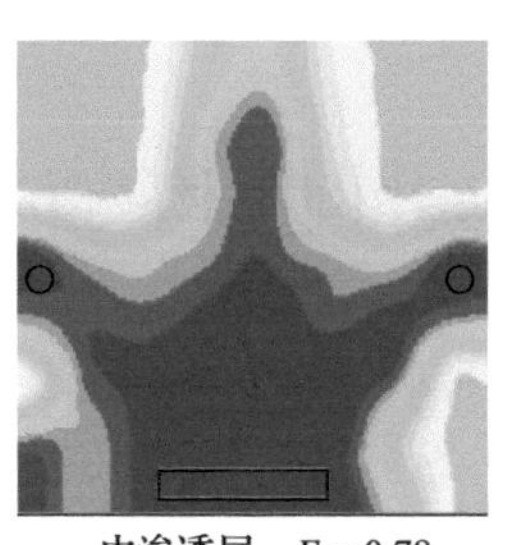

中渗透层，E_v=0.78

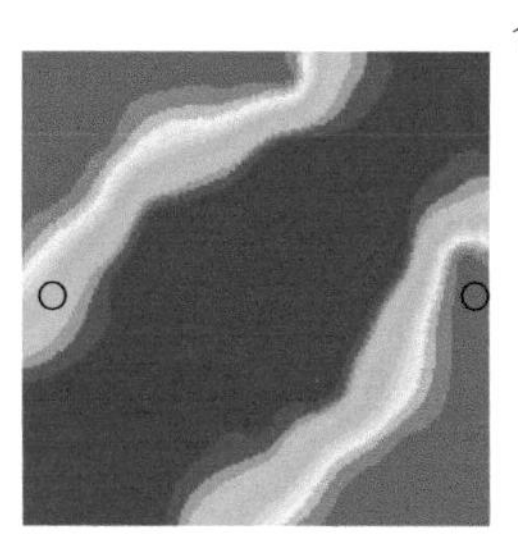

高渗透层，E_v=0.78

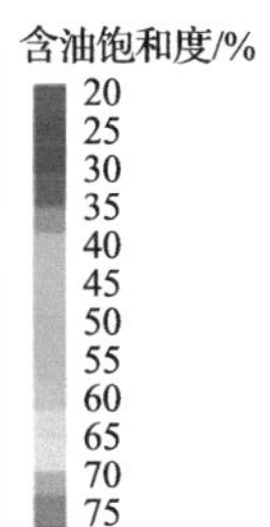

(k) 后续水驱结束

图 5.11　各驱替阶段各渗透层剩余油分布(方案 2-2)

从图 5.10 和图 5.11 中可以看出，在水驱阶段，当注入 PV 数较小时，随注入水 PV 数增加，水驱波及范围逐渐扩大，其中高渗透层的流动阻力小，注入水的推进速度快，含油饱和度降幅及范围扩大速度较快，中渗透层次之，低渗透层未被波及。随着注入水 PV 数不断增大，各渗透层的含油饱和度降幅逐渐减小，波及范围基本保持不变。此外，在水驱结束时，各渗透层剩余油分布面积不同，其中高渗透层剩余油分布面积最小，中渗透层次之，低渗透层最大。这主要是由于三维岩心层内非均质模型高、中、低渗透率层的渗透率具有差异性。在水驱初期，注入水在高渗透层内推进速度远大于中-低渗透层，因而高渗透层内首先形成油水两相流动区域，导致高渗透层内流动阻力下降，促使高渗透层吸水量增加，中-低渗透层吸水量进一步减小。当高渗透层驱替前缘被突破时，低渗透层尚未被动用，此时高渗透层内的纯油相阻力消失，仅存在水相和油水两相流动阻力，高低渗透层流动阻力差进一步扩大，各渗透层的水驱波及区域面积差进一步扩大。此外，离主流线越远，含油饱和度降幅越小。注入聚合物溶液以后，各渗透层和剩余油分布有了明显变化，随注入 PV 数增加，注入压力逐渐增大，化学剂波及区域面积进一步扩大。随着高渗透层水流优势通道吸液能力被有效抑制，中渗透层吸液量增加，剩余油分布范围有了明显扩大，但低渗透层仍未被波及。进一步分析发现，在聚合物驱过程中，中渗透层主流线上含油饱和度明显低于远离主流线两翼区域的值，饱和度变化梯度带逐渐从主流线向两翼伸展，这表明化学剂具有有效封堵并且提高了波及范围。在打水平井后续水驱阶段，注入压力降低，但中渗透层含油饱和度降幅较大，且低渗透层开始被波及，但含油饱和度降幅不大。在自适应微胶调驱过程中，随 PV 数增加，高渗透层含油饱和度基本保持不变，中渗透层含油饱和度逐渐减小，低渗透层波及范围及含油饱和度降幅逐渐增大，这是因为自适应微胶中的凝胶胶团封堵中渗透层后，使液流发生转向，增加低渗透层的波及范围。从自适应微胶调驱后期直到后续水驱结束，各渗透层含油饱和度和波及范围逐渐保持稳定。对比图 5.10 和图 5.11 发现，二元复合驱(自适应微胶和石油磺酸盐）的采收程度更高。

5.2 10注10采五点法井网重构+自适应微胶调驱

5.2.1 10注10采五点法井网实验条件

1. 实验材料

1）药剂

自适应微胶包括 Microgel $_{(W)}$和 Microgel $_{(Y)}$两种，有效含量为100%，由中国石油勘探开发研究院油田化学研究所提供。聚合物为中国石油天然气股份有限公司大庆炼化分公司生产的部分水解聚丙烯酰胺干粉，相对分子质量为1900×10^4，固含量为90%。表面活性剂为中国石油天然气股份有限公司大庆炼化分公司生产的石油磺酸盐，有效含量为50%，弱碱为碳酸钠。

2）油和水

实验用油为大庆油田第一采油厂脱气原油与煤油混合而成，其在45℃条件下黏度为9.8mPa·s。实验用水为大庆油田第一采油厂采出污水，水质分析见表2.1。

3）岩心

依据相似原理确定模型注采井网井距和小层厚度，采用石英砂环氧树脂胶结方法制作人造岩心。模型外观尺寸：长×宽×高=60cm×45cm×4.5cm，纵向总厚度4.5cm，正韵律，由上而下低、中、高渗透层等厚，均为1.5cm，渗透率分别为$300\times10^{-3}\mu m^2$、$800\times10^{-3}\mu m^2$和$2400\times10^{-3}\mu m^2$。驱替实验分为两个阶段，第一阶段工作内容为“水驱+聚合物驱+后续水驱”，此阶段模型均匀布置10口垂直水井和10垂直油井，形成10注10采五点法井网[图5.12(a)]；第二阶段为井网调整+微胶

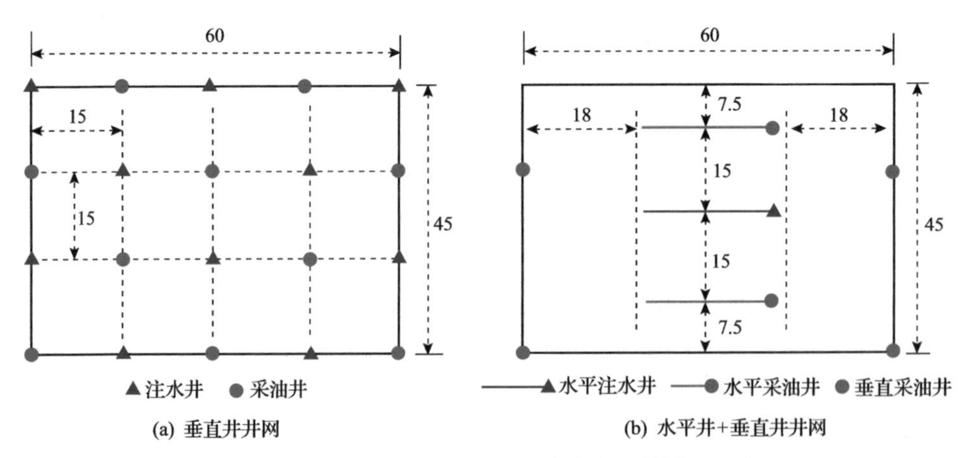

图5.12 模型平面几何尺寸和井位分布图(单位：cm)

调驱，重新布置 3 口水平井(1 注 2 采，井身位于低渗透层中部)，继续利用原井网外周 4 口垂直油井，关闭其余油水井，形成水平井+垂直井井网[图 5.12(b)]。为了监测剩余油分布状态，在各个小层上布置了电极。

2. 实验设备

实验设备和流程与 1 注 1 采五点法井网相同，此处不再赘述。实验第一阶段注入速度为 0.3mL/min，第二阶段注入速度为 1mL/min，压力记录间隔为 30min。

3. 方案设计

实验方案设计如表 5.4 所示。

表 5.4　10 注 10 采五点法井网实验方案设计

<table>
<tr><th>方案编号</th><th>第一阶段</th><th>第二阶段</th></tr>
<tr><td>3-1</td><td rowspan="3">水驱+聚合物驱，直井 10 注 10 采[图 5.12(a)]，水驱至含水率 93%+0.63PV 聚合物溶液(C_P=1000mg/L，注入清水，矿化度 900mg/L)+0.3PV 后续水驱</td><td>聚合物驱后井网加密，布置 1 注 2 采水平井、4 口垂直直井生产[图 5.12(b)]，水驱至含水率 98%+0.1PV $Microgel_{(Y)}$(质量分数 0.3%，下同)+0.4PV $Microgel_{(W)}$+水驱至含水率 98%</td></tr>
<tr><td>3-2</td><td>聚合物驱后井网加密，布置 1 注 2 采水平井、4 口垂直直井生产[图 5.12(b)]，水驱至含水率 98%+0.1PV $Microgel_{(Y)}$+0.4PV 二元体系 $Microgel_{(W)}$+无碱表面活性剂(质量分数为 0.4%)+水驱至含水率 98%</td></tr>
<tr><td>3-3</td><td>聚合物驱后井网加密，布置 1 注 2 采水平井、4 口垂直直井生产[图 5.12(b)]，水驱至含水率 98%+0.1PV $Microgel_{(Y)}$+0.4PV 三元体系 $Microgel_{(W)}$+石油磺酸盐(质量分数为 0.3%)+弱碱(质量分数为 1.2%)+ 水驱至含水率 98%</td></tr>
</table>

5.2.2　10 注 10 采五点法井网实验结果分析

1. 采收率

聚合物驱后“井网调整+自适应微胶调驱”采收率实验结果见表 5.5。从表中可以看出，聚合物驱后通过井网调整+自适应微胶调驱可以进一步提高采收率 10%以上。在聚合物驱后 3 个实验方案中，方案 3-1 为两种自适应微胶组合调驱，采收率增幅为 11.9%；方案 3-2 为自适应微胶+自适应微胶+无碱表面活性剂二元体系组合调驱，采收率增幅为 14.6%；方案 3-3 为自适应微胶+自适应微胶+石油磺酸盐+弱碱三元体系组合调驱，采收率增幅为 16.6%。在 3 个实验方案中，所采

表 5.5　10 注 10 采五点法井网实验采收率数据

方案	黏度/(mPa·s)	界面张力/(mN/m)	采收率/%				聚合物驱后采收率增幅/%		洗油效率对采收率贡献率/%
			第一阶段		第二阶段				
			水驱	聚合物驱	水驱	自适应微胶调驱	垂直井	水平井	
3-1	2.3	—	44.8	61.2	62.5	73.1	3.6	8.3	0.0
3-2	2.2	9.67×10^{-3}	44.1	61.1	62.4	75.7	4.5	10.1	18.5
3-3	2.1	5.08×10^{-3}	43.7	59.6	61.0	76.2	4.9	11.7	28.8

注：设驱油剂液流转向功效与洗油功效对采收率的贡献率之和为 100%。

用自适应微胶类型、浓度和段塞尺寸都相同，只是方案 3-2 中增加了 0.4PV 无碱表面活性剂(质量分数 0.4%)，方案 3-3 中增加了 0.4PV 石油磺酸盐+弱碱(质量分数分别为 0.3%和 1.2%)二元体系，这导致方案 3-2 和方案 3-3 采收率增幅高于方案 3-1，说明随调驱剂洗油能力增强，采收率增幅增加。从药剂费用增幅和采收率增幅角度分析，方案 3-2 和方案 3-3 的技术经济效益呈现下降态势。进一步分析发现，井网调整后 2 口水平井平均采收率增幅要比 4 口垂直井高 1 倍以上。由此可见，水平井对于扩大低渗透层开发效果发挥了重要作用。同时，若将方案 3-1 增油效果归结于驱油剂中自适应微胶液流转向功效对采收率的贡献，那么方案 3-2 和方案 3-3 采收率增幅超过方案 3-1 采收率增幅部分就是驱油剂洗油功效对采收率的贡献，由此可以计算方案 3-2 和方案 3-3 中驱油剂洗油功效对采收率贡献率为 18.5%和 28.8%，即驱油剂液流转向功效对采收率贡献率为 81.5%和 71.2%。因此，驱油剂液流转向功效对采收率的贡献率远大于洗油功效的贡献率。

2. 动态特征

1) 第一阶段

实验过程中模型含水率和采收率与 PV 数的关系见图 5.13 和图 5.14，从图可以看出，3 个方案前期动态特征基本相同。在水驱开发阶段，含水率急剧上升，采收率逐渐增加。在聚合物驱开发阶段，含水率呈现下降→稳定→升高态势，采收率明显增加。在后续水驱阶段，含水率和采收率逐渐上升，最后达到稳定。

2) 第二阶段

实验过程中模型注入压力、分流率、含水率、采收率增幅与 PV 数关系见图 5.15～图 5.17。从图中可以看出，在水驱开发过程中，随 PV 数增加，各井网注入压力和分流率较为稳定，垂直井组含水率呈下降态势，水平井组含水率呈上升态势，采收率缓慢增加。在调驱开发阶段，含水率呈现下降→稳定→升高态势，其中水平井组下降幅度大，持续时间长，采收率增幅明显。进一步分析表明，3 个方案执行过程中调驱剂注入压力几乎相同，表明 3 种调驱剂扩大波及体积能力相近，是其洗油效率不同造成了各方案间采收率的差异。与无碱表面活性剂相比较，石油磺酸盐+弱碱二元体系与原油间界面张力较低，洗油能力较强，因而方案 3-3 采收率增幅高于方案 3-2。进一步分析还发现，与垂直井组相比，水平井组含水率降幅并不十分明显，但后者采收率增幅却高于前者 1 倍以上(表 5.5)，其原因在于水平井泄油面积较大，渗流阻力较小，具有较强的产液能力(图 5.17)。

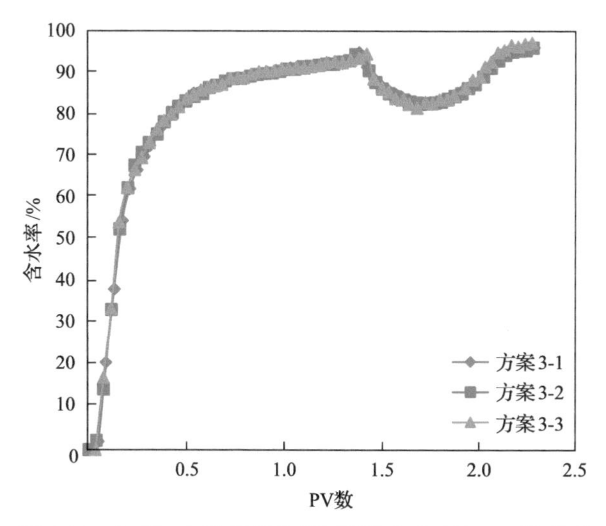

图 5.13　10 注 10 采五点法井网实验含水率与 PV 数关系

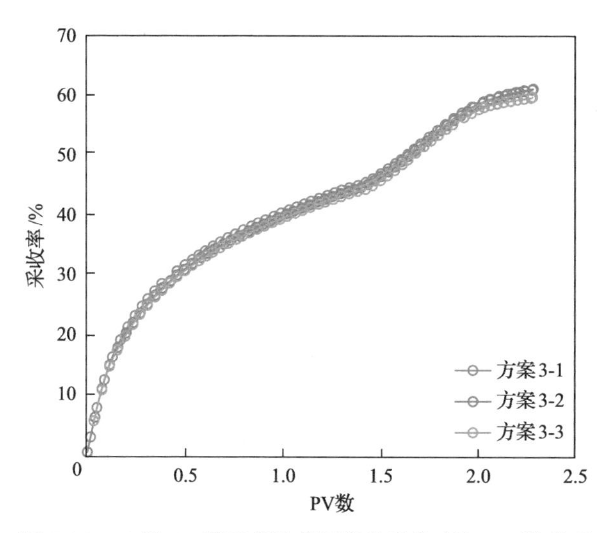

图 5.14　10 注 10 采五点法井网实验采收率与 PV 数关系

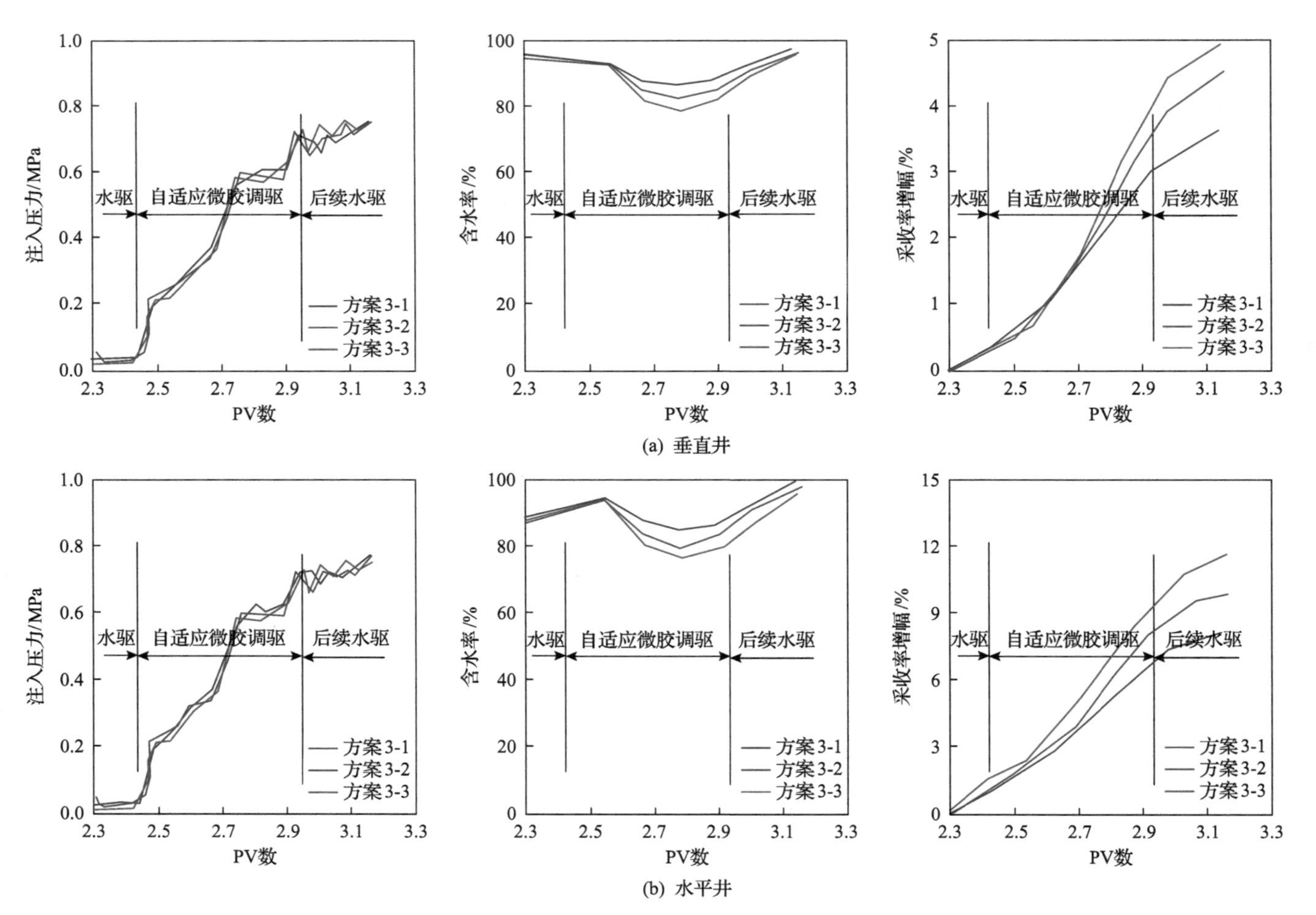

图5.15　注入压力、含水率和采收率与PV数关系

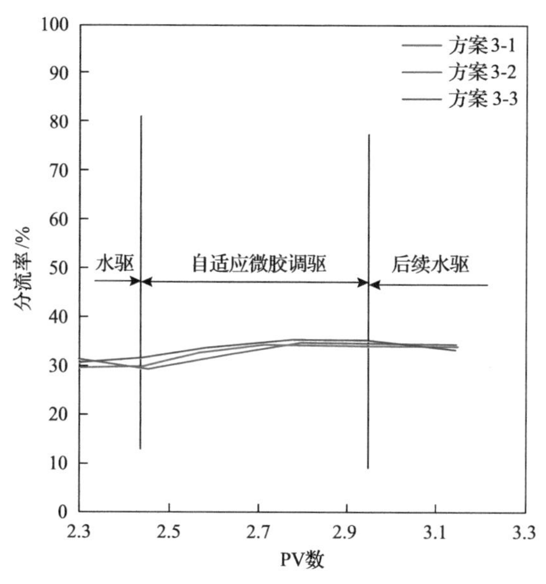

图 5.16　分流率与 PV 数关系(垂直井)

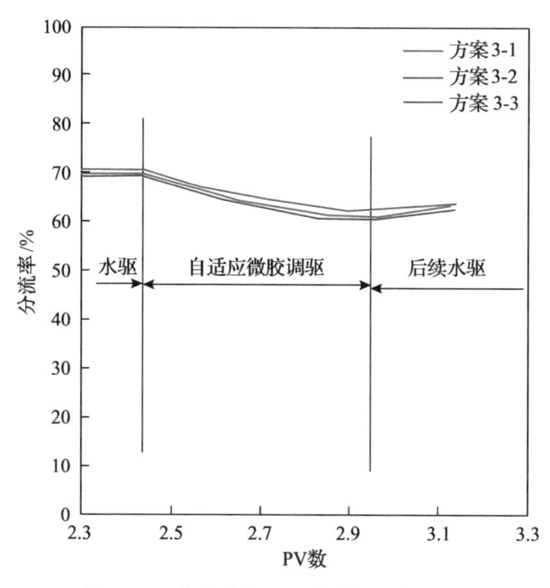

图 5.17　分流率与 PV 数关系(水平井)

从以上实验结果可以看出，自适应微胶调驱剂可以在聚合物驱的基础上进一步提高采收率，自适应微胶调驱和聚合物驱在驱油机理上也有所不同。在聚合物驱过程中，聚合物进入高渗透层后在孔隙内发生滞留，减小过流断面，导致流动阻力增加，注入压力上升，中渗透层吸液压差增大，但是在聚合物对高渗透层大孔道封堵的同时，也会封堵中-低渗透层，难以对中-低渗透层进行高效驱替。而在自适应微胶调驱过程中，由于自适应微胶表观黏度低，其中的自适应微胶胶团易于进入储层深部，在微观上表现为在水流通道内发生暂堵→突破→再暂堵→再突破的过程，在封堵大孔道同时，对小孔道内的剩余油进行有效驱替。在宏观上，高渗透层的流动阻力增加，导致分散体系中的水进入中-低渗透层有效驱替剩余油，从而达到扩大波及体积和提高原油采收率目的。

5.3 小　　结

(1) 油藏地质模型非均质性和驱油剂类型对化学驱剩余油分布存在影响。对于纵向非均质油藏，聚合物驱后剩余油从纵向上看主要分布在中-低渗透层，从平面上看主要分布在远离注水井和主流线的两翼部位。

(2) 三维仿真模型驱替实验表明，聚合物驱后采取注入自适应微胶或调整井网结构等措施可以进一步扩大波及体积。井网调整后，水平井的流动由径向流变成线性流。吸水面积增幅明显。采用二元复合体系（自适应微胶和石油磺酸盐）、三元复合体系（自适应微胶、石油磺酸盐和弱碱）可以实现扩大波及体积和提高洗油效率的双重目标，而且驱油剂液流转向功效对采收率的贡献率要远大于洗油功效的贡献率。

第6章 自适应微胶微观驱油机理可视化研究

与目前自适应微胶调驱矿场应用规模相比，对微胶调驱机理尤其是与连续相调驱剂(聚合物溶液和聚合物凝胶)调驱机理差异的认识还不够深入，难以满足矿场实际需求。本章针对连续相与非连续相调驱剂颗粒在多孔介质中的运移特性进行系统分析，以生物流体力学中红细胞树状叉浓度分布理论为指导，建立自适应微胶在不同分支流道中的浓度分布数学模型，并利用微流控测试技术观测自适应微胶在直流道和弯流道中颗粒相的分离现象。在此基础上，进一步开展连续相与非连续相调驱剂驱油机理微观可视化实验和低场核磁岩心驱替实验，从微观角度探讨二者的调驱机理及其差异，为提高自适应微胶调驱矿场试验应用效果奠定了理论基础。

6.1 连续相与非连续相调驱剂颗粒运移特性

6.1.1 颗粒运移力学基础

分析流体在多孔介质中的流动常需要考虑到以下几个流体力学的基本概念。

1)连续性假设

连续性假设是假设物质无间隙充满所占有的整个空间，流体宏观物理量可表示为空间点和时间的连续函数(周元龙等，2013)。宏观层面的流体呈现明显的均匀性、连续性和确定性，在连续介质假设的基础上，可利用所有宏观上的物理定律(如牛顿定律、质量守恒、能量守恒等)来分析宏观特性，但微观层面的流体只能从分子或原子的运动规律出发，利用统计平均的方法来确定流体特性(Bartley and Ruth, 2001；Dahle et al., 2005；Bolandtaba and Skauge, 2011；雷光伦等，2012)。在微流动研究初期，关注的理论问题之一就是连续性假设的适用性，基于连续介质的这个假设，流体质量守恒、动量守恒和能量守恒方程组成立。研究对象主要是自适应微胶在多孔介质中的流动状态，满足连续介质假设条件，因而其数学模型仍建立在纳维-斯托克斯(Navier-Stokes，N-S)方程的基础上。

2)N-S 方程

根据动量守恒原理，流场中流体运动满足 N-S 方程(Miyazaki et al.，2006)：

$$\rho\frac{\partial V}{\partial t}+\rho(V\cdot\nabla)V=-\nabla p+\mu\nabla^2 V-\frac{2}{3}\nabla(\mu\nabla\cdot V)+\rho f_{\mathrm{v}} \tag{6.1}$$

式中，p 为压力；μ 为动力学黏度；V 为流体的流速；∇ 为哈密顿算子；ρ 为流体的密度；f_v 为单位质量流体体积力。

方程式(6.1)左侧代表单位体积流体的惯性力；右侧第一项代表作用于单位体积流体上的压强梯度；第二项、第三项代表单位体积流体所受的黏性力，包括黏性变形应力和黏性体膨胀应力；第四项代表单位体积流体受到与质量有关的力，如重力、电磁力等。

多孔介质中的流动通常是不可压缩的各向同性的牛顿流体，密度和黏度为常数，上述 N-S 方程可简化为用来描述多孔介质中流体运动状态的带有非线性惯性项的方程：

$$\frac{\partial V}{\partial t}+(V\cdot\nabla)V=-\frac{1}{\rho}\nabla p+\mu\nabla^2 V+f_v \tag{6.2}$$

3）层流

在不同的受力状态下，流体的流动状态可以分为三种：层流、湍流和介于两者之间的过渡。惯性微流体流动的主要动力为压力和黏滞力，在不同受力状态下，微流体一般趋向于保持层流状态。在流体力学中，常用雷诺数(Re)来量化表征流体的流动状态。常采用流道雷诺数(Re_c)来描述微通道中流体的流动强度。它是一个无量纲数，描述了特定流动工况下流体惯性力和黏滞力之间的关系，流道雷诺数数值越大表示惯性效应越显著。其表达式为(Ioannidis and Chatzis，2000；Dong et al., 2006；Eric, 2014)

$$Re_c=\frac{\rho U_f \mathrm{HD_c}}{\mu_p} \tag{6.3}$$

式中，ρ 为流体的密度；U_f 为流体的特征流速；μ_p 为流体的黏滞系数；$\mathrm{HD_c}$ 为通道的水力直径[$\mathrm{HD_c}=2wh/(w+h)$，其中 w 和 h 分别为通道的宽度和高度]。

在微通道内由前后压力差引起的层流，又称为泊肃叶(Poiseuille)流动，微通道中粒子受力情况如图 6.1 所示。从图可以看出，由于受到流体黏性的作用，流道壁摩擦力的传递使从通道中心到通道壁的流体存在一个速度梯度。其中，靠近流道壁面的流体速度最低，流道截面中心处的流速最大，在流道内形成抛物线形流速分布。

1. 连续相和非连续相调驱剂流动特性差异

聚合物溶液是在水中加入水溶性聚合物而形成的连续相体系。在后续实验过程中，采用中国石油天然气股份有限公司大庆炼化分公司生产的部分水解聚丙烯酰胺干粉配制聚合物溶液，质量分数为 0.01%。采用美国布鲁克海文仪器公司的

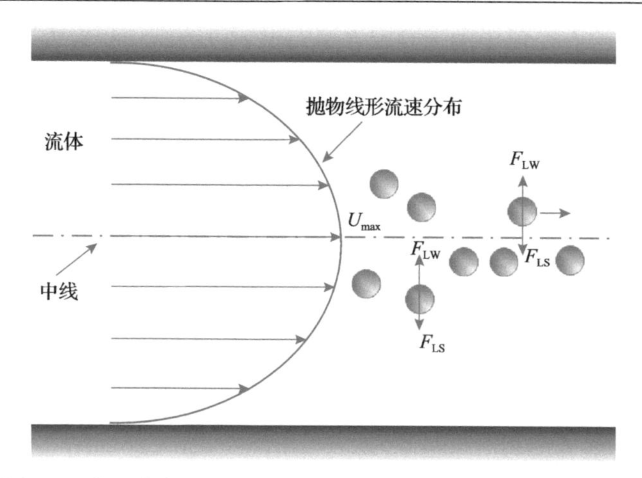

图 6.1　微通道中抛物线形流速分布和粒子惯性受力迁移示意图

F_{LW}-壁面诱导力；F_{LS}-剪切诱导力

BI-200SM 型广角动/静态光散射仪系统测试聚合物分子线团尺寸 D_h。该系统包括 BI-9000AT 型激光相关器、信号处理仪和氩离子激光器(200mW，波长 532.0 nm)等部件，测定散射角为 90°。实验用水须经 1.2μm 核微孔滤膜过滤，盛装目的液试样瓶须经 KQ3200DE 型数控超声波清洗器清洗，最后采用 CONTIN 数学模型对数据进行处理，聚合物分子线团尺寸测试结果为 236.8nm。

自适应微胶溶液由微胶和携带液(水或表面活性剂溶液)组成，自适应微胶为 $Microgel_{(W)}$ 和 $Microgel_{(Y)}$，由中国石油勘探开发研究院油田化学研究所提供，微胶颗粒粒径大于 1μm。

连续相(聚合物溶液)和非连续相调驱剂(自适应微胶)在不同分支流道中颗粒运移如图 6.2 所示，流体从左侧流入，从右侧两个出口流出。

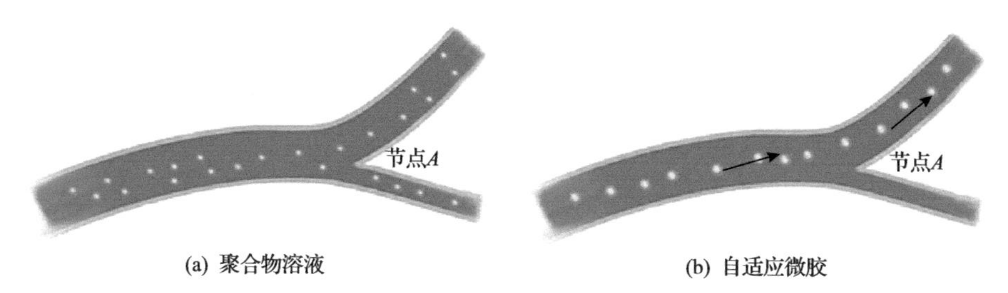

图 6.2　不同分支流道中颗粒相分离现象

从图 6.2(a)中可以看出，聚合物分子线团尺寸 D_h 小于 1μm 时，主要受到布朗力作用，由于扩散机理在两个出口中的颗粒浓度是均匀分布的。从图 6.2(b)中可以看出，自适应微胶与水接触一段时间后，体积会膨胀到初始时的数倍，微胶易受到流体剪切力作用而发生弹性变形，并向喉道中心聚集。因此，聚合物溶液和自适应微胶在多孔介质中的运移存在显著区别，自适应微胶在不同分支流道中的颗粒浓度并不相等，容易产生颗粒相分离现象(Gunstensen et al., 1991；Faivre et al., 2006; Hyun and Wun-gwi, 2007; 赵玉武等, 2009; Kovalchuka and Starova, 2010; Guo et al., 2012)。

自适应微胶由于受到流体剪切力作用而运移到通道轴心处，在流体携带下会选择性进入低阻力高流速的大通道，造成小孔径低流速通道中没有注入颗粒相或注入颗粒相浓度很低粒相浓度。因此，自适应微胶体系进入多孔介质内后呈现“堵大不堵小”的封堵特性，自适应微胶由水溶液携带进入油藏，微胶堵塞大孔道，水则绕流进入小孔隙驱油，微胶和携带液二者“分工合作”。

2. 浓度分布数学模型

为从定量角度分析自适应微胶进入多孔介质内后呈现堵大不堵小的封堵特性，引入生物流体力学中红细胞树状叉浓度分布表达式，并对其进行修正，从而建立自适应微胶在不同分支流道中的浓度分布数学模型。

在图 6.2 中，假设节点 A 有 N 个分支出口，每个分支出口流体分流量如下所示(Majumdar and Bhushan, 1990；Lee and Koplik, 2001；Obuse et al., 2014)：

$$x_i = \frac{q_i}{\sum_{i=1}^{N} q_i},\quad i = 1, \cdots, N \tag{6.4}$$

式中，q_i 为第 i 个出口的流量，mL/s。

基于流体质量守恒定律和颗粒质量守恒定律可得

$$\sum_{i=1}^{N} x_i = 1 \tag{6.5}$$

$$\sum_{i=1}^{N} x_i y_i = 1 \tag{6.6}$$

式中，y_i 为第 i 个出口颗粒浓度分量。

在生物流体力学方面，有许多经验方程描述了血液微循环流动过程中红细胞的相分离现象，并给出了不同分支红细胞浓度计算方法。引入并修正红细胞树状叉浓度分量表达式(Hejri and Shahab，1993；Baisali et al.，2012)，可得任意 N 个出口的自适应微胶颗粒相浓度为

$$y_i(x_i) = a + \frac{1-a}{Nx_i},\quad i = 1, \cdots, N \tag{6.7}$$

式中，a 为与颗粒粒径及剪切模量有关的参数。

将颗粒浓度分量 y_i 为 0 的分流量 x_i 定义为临界分流量 x_i^*，由式(6.7)计算可得出，当分支出口流体分流量 x_i 小于临界分流量 x_i^* 时，$y_i < 0$；当分支出口流体分流量 x_i 大于 $1-x_i^*$ 时，不满足颗粒质量守恒定律。因此需要对式(6.7)进一步修正，可得到分段式任意 N 个出口的自适应微胶颗粒相浓度分量方程式：

$$\begin{cases} y_i(x_i) < 0, & x_i < x_i^* \\ y_i(x_i) = a + \dfrac{1-a}{Nx_i}, & 1-x_i^* > x_i > x_i^* \\ y_i(x_i) = \dfrac{1}{x_i}, & x_i > 1-x_i^* \end{cases} \tag{6.8}$$

3. 结果分析

根据上述模型得到 N=2 和 N=3 时自适应微胶颗粒相浓度分量和分流量关系，见图 6.3。通过验证可以发现，该改进后的浓度分布数学模型满足了流体质量守恒定律和颗粒质量守恒定律，并能够很好地模拟自适应微胶在不同分支流道中的颗粒相分离现象。

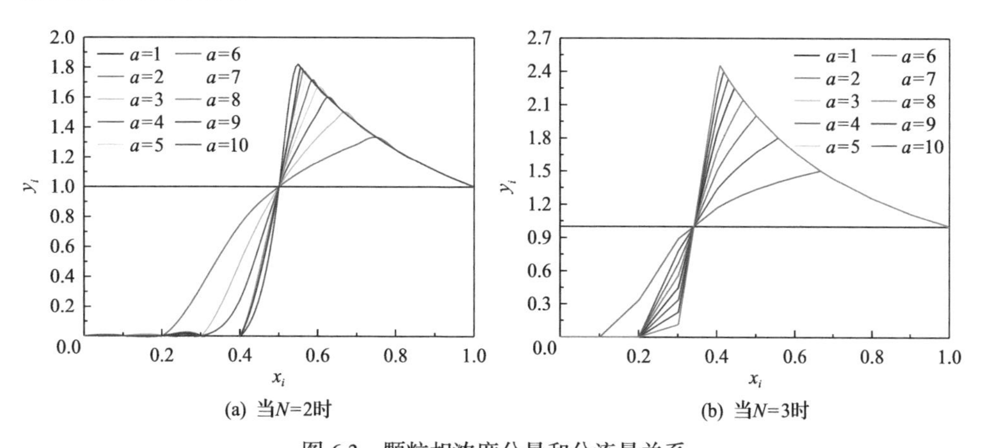

(a) 当N=2时　　(b) 当N=3时

图 6.3　颗粒相浓度分量和分流量关系

从图 6.3 可以看出，不同孔隙中微胶颗粒相浓度受参数 a 值影响较大，其中 a 值是与颗粒粒径有关的参数，具体参数取值如表 6.1 所示。从表可以看出，颗粒粒径越大，参数 a 值越大，则微胶受到流体剪切力作用越大，颗粒相分离程度越大，微胶颗粒向通道轴心处聚集的趋势也就越明显，其携带液转向进入小孔隙发挥驱油作用。综合表 6.1 和图 6.3 可得，当 a=1 时，每个孔隙中的颗粒相浓度均等

表 6.1　参数 a 值

a 值	颗粒粒径范围/μm
1	＜1
2	1～10
3	11～20
4	21～30
5	31～40
6	41～50
7	51～60
8	61～70
9	71～80
10	＞80

于平均浓度，即聚合物溶液在不同孔隙中浓度均匀分布。以 N=2 为例［图 6.3（a）］，临界分流量 x_i^* 随着 a 值的增加而增大（即曲线与横轴的交点逐渐右移）；当 $x_i \leqslant x_i^*$ 时，y_i=0，即没有颗粒进入孔隙内；当 $x_i<0.5$ 时，进入孔隙内的颗粒相浓度小于平均浓度；当 x_i=0.5 时，进入孔隙内的颗粒相浓度等于平均浓度；当 $x_i>0.5$ 时，进入孔隙内的颗粒相浓度大于平均浓度。

综上所述，自适应微胶在多孔介质中运移时，具有堵大不堵小的封堵特性，微胶颗粒可选择性地进入高渗透层和大孔道，在其中运移、水化膨胀和滞留，产生有效封堵，后续驱替液流转向进入中、低渗透层驱替剩余油，所以自适应微胶对低渗透层渗透率的改变能力较弱，不会对低渗透层造成较大污染。因此，微胶颗粒与携带液“分工合作”，提高了波及效率，可取得显著的增油降水效果。

6.1.2　颗粒在直流道和弯流道中运移情况

在分析了流道内流体运动状态的基础上，进一步分析处于其中微粒子的受力情况有助于更深刻地理解微粒子在流道中的运动轨迹。但实际情况中流道内微粒子的受力很复杂，除了与上述速度梯度有关的剪切诱导升力，还包括压力、重力、浮力、流体拖拽阻力等作用力。

压力和流体拖拽阻力决定了微粒子沿主流动方向的流动速度，由于颗粒密度约等于承载液的密度，在分析受力时，常假设重力和浮力相互抵消，忽略重力和浮力对粒子迁移效应的影响，这个假设在绝大多数情况下是成立的。据相关理论分析，微粒子能在垂直于主流动方向上横向迁移至平衡位置主要是受到惯性迁移效应（直流道）和截面二次流效应（弯流道）的影响（Tanka et al., 1973；Smith and Mack, 1997；Wang and Wu, 2006）。

1) 直流道

直流道中粒子的弹性会产生中心力，相比较于刚性小粒子，使可变形的粒子倾向于远离通道壁面，柔性大尺寸粒子更靠近流道中心。红细胞在小尺寸的矩形流道中更易聚焦到流道中心，而在壁面形成低红细胞浓度带，而血液中的其他成分却没有这种程度的迁移，这种现象叫作“血细胞边移现象”(Hu et al., 2003; Wyss et al., 2006)。许多流变现象都可以归因于此，如法-林效应，这种效应可以用来分离血液中的血浆和红细胞。Zweifach- Fung 效应也被用于血浆的分离，其基本原理是在血液循环过程中，当血细胞流经一个毛细血管的分支区域时，它们会倾向流入流速更高的分支血管中，而只有很少的血细胞会流入流速较低的分支血管中。因此，只要产生足够的流速差，就可以使血细胞集中流入其中一个分支通道，从而在另一个分支通道得到较为纯净的血浆。

当流体在直流道中呈层流流动时，靠近通道壁的流体会受到通道壁的摩擦力作用，阻碍其运动，使靠近通道壁的流体速度最低。由于靠近通道壁的流体与其他层间流体存在速度差异，靠近通道壁的流体与邻近层的流体产生内摩擦力，降低邻近层流体速度。这种效应进一步在离通道壁较远的流体层中传递。最终，使流速呈现一种抛物线状分布：通道中间的流体速度最大，然后随着流体层靠近通道壁流体速度以一定比例降低，离通道壁最近的流体速度最小。伴随这种抛物线状的流速分布产生了一种剪切力梯度，这种剪切力梯度诱导产生的升力(shear-induced lift force)会将悬浮在流体中的颗粒推向通道壁。当颗粒移到距离通道壁足够近的位置时，通道壁诱导产生的升力(wall-induced lift force)又会将颗粒推离通道壁。这两种方向相反的升力的合力被称为惯性升力(inertial lift force, F_L)。惯性升力作用在颗粒上，会使颗粒在通道横截面中产生相对移动。当颗粒移动到横截面中平衡位置，即颗粒在横截面这一位置时，受到的惯性升力为零，颗粒就会稳定在横截面这一位置。从而颗粒聚焦在横截面中稳定位点，形成聚焦流动，流向下游。颗粒在直流道横截面中受力平衡位置的数量与通道横截面的形状有关。

2) 弯流道

当流体在弯流道中流动时，情况比直流道中更复杂。呈抛物线状流动的流体，在通道中间速度最大。在经过通道转弯处时，通道中间流体受到的离心力最大，从而流向通道外侧边缘。靠近通道壁的流体流速最小，所受离心力也最小，从而受到中间流体的挤压。为了保持流体中各处质量守恒，在垂直于流体流动的方向上，形成一对反向旋转且对称的涡流，分别位于通道横截面的上部和下部，由此产生一种被称作迪恩涡流(Dean vortices)的二次流，如图 6.4 所示。

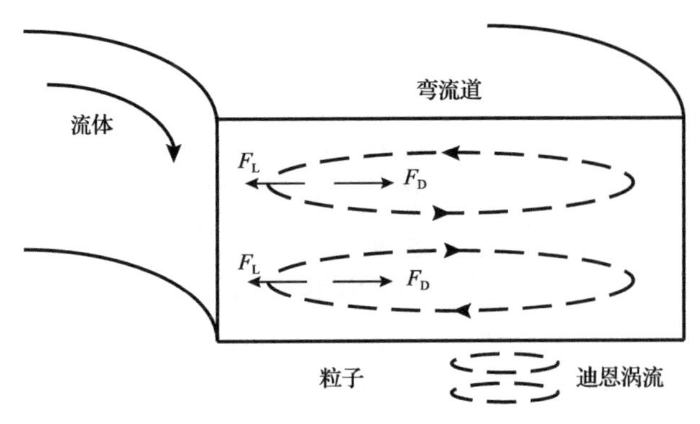

图 6.4　弯流道中的迪恩涡流

从图 6.4 可以看出，迪恩涡流会对流体中的颗粒产生曳力作用，被称为迪恩曳力(Dean drag force, F_D)。因此在弯流道中，流动的颗粒会同时受到惯性升力 F_L 和迪恩曳力 F_D 的作用，这两种力的相对大小决定颗粒在弯形通道中的流动情况(Vogel and Roth，2001)。惯性升力 F_L 的大小表达式如下：

$$F_L = \frac{\mu^2}{\rho} R_p^2 f_c\left(Re_c, x_c\right) = \frac{\rho U_m^2 a_p{}^4}{D_h^2} f\left(Re_c, x_c\right) \tag{6.9}$$

式中，Re_c 和 Re_p 为分别为流道雷诺数和颗粒雷诺数($Re_p = Re_c a_p{}^2 / D_h^2 = \rho U_m a_p{}^2 / \mu D_h$)；$\rho$ 为流体的密度；μ 为动力学黏度；U_m 为通道中的最大流速；a_p 为颗粒的直径；$f\left(Re_c, x_c\right)$ 为升力系数，其大小与流道雷诺数 Re_c 和颗粒在通道横截面积上的位置 x_c 有关。

迪恩曳力 F_D 的尺度为

$$F_D \text{:} \rho U_m^2 a_p D_h^2 / r \tag{6.10}$$

式中，r 为弯管的曲率半径。

惯性升力 F_L 和迪恩曳力 F_D 的比值定义为 R_f，R_f 的尺度(Lim et al.，2002)为

$$R_f = \frac{F_L}{F_D} \bigg/ \frac{1}{\delta} \frac{a_p}{D_h} f\left(Re_c, x_c\right) \tag{6.11}$$

式中，δ 为曲率比$\left(\delta = D_h / 2r\right)$。

当 $R_f \geqslant 1$ 时，惯性升力占据优势，会将颗粒推向平衡位置；当 $R_f < 1$ 时，迪恩曳力大于惯性升力，将颗粒流动变得混乱无序。因此，随 R_f 升高，微胶颗粒的流动会出现惯性聚焦情况，而且聚焦程度进一步提高。

6.2　微流控芯片中的颗粒相分离现象

6.2.1　微流控技术

在生命科学领域新兴的微流控技术，又称芯片实验室，主要特征是在微米尺度空间中对流体进行操控，能够将化学和生物实验室的基本功能微缩到一个平方厘米级大小的芯片上。

近年来，微流控技术作为一种新兴的微操控技术，在机理研究、微流道结构、功能集成和拓展操控对象等方面取得了迅猛发展。惯性微流控芯片的流动机理如下：微流控芯片中传输样品最常采用的驱动方式是压力流驱动，即流体在压力梯度的作用下产生运动，其中压力梯度可来自重力势、毛细管力或机械力等。压力流驱动方式简单易实现，且对生物样品的物理化学性质影响小，具有更好的生物兼容性，这些优点使压力流驱动成为微流控芯片发展初期最常见的流体驱动方式。所采用的进样驱动方式均为由精密注射泵提供稳定的压力流（娄钰等，2014）。

6.2.2　颗粒相分离现象

在上述理论分析的基础上，应用微流控技术来模拟自适应微胶颗粒相分离现象，探索连续相与非连续相调驱剂在不同分支流道中的颗粒运移特性差异。

1. 实验条件

1) 实验材料

聚合物为中国石油天然气股份有限公司大庆炼化分公司生产部分水解聚丙烯酰胺干粉，相对分子质量为 1900×10^4，固含量为 90%；自适应微胶包括 $Microgel_{(W)}$、$Microgel_{(Y)}$和 $Microgel_{(N)}$（纳米级），有效含量为 100%，由中国石油勘探开发研究院油田化学研究所提供。实验用水为大庆油田第一采油厂采出污水，水质分析见表 2.1。

2) 微观模型

实验模型为人造微流控芯片模型，如图 6.5 所示，微流控芯片基体材料为 PMMA。

3) 实验设备

可视化微观模型装置由体视显微镜、压力源和人造微流控芯片模型等组成，其中体视显微镜用于观测图像，放大倍数可达 7～50 倍，计算机主要用于记录观测结果，并完成图像处理。实验设备和流程见图 6.6。

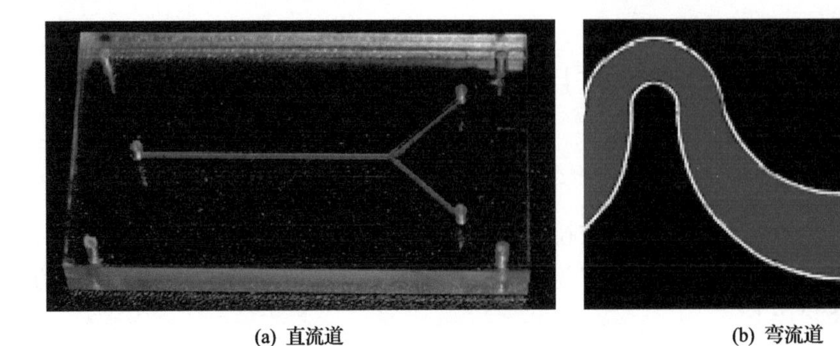
(a) 直流道　　(b) 弯流道

图 6.5　微流控芯片模型

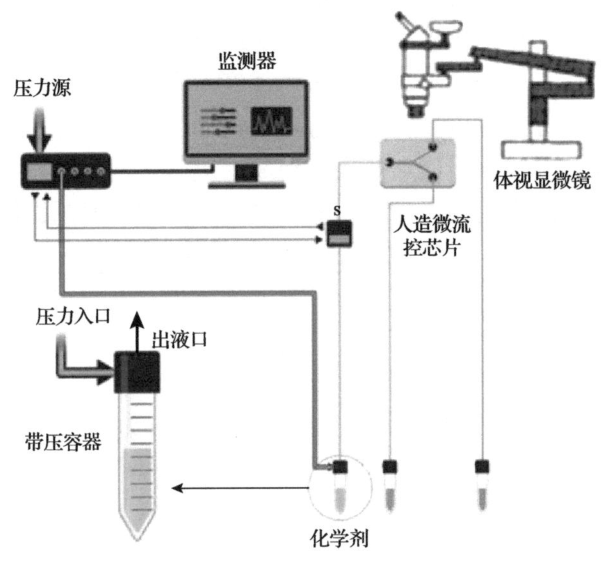

图 6.6　实验设备和流程示意图

4) 实验步骤

(1) 首先设置数字注射泵的注射器类型、运行参数、工作模式、液量、注射速度。

(2) 向微流控芯片模型中分别注入自适应微胶或聚合物溶液，记录驱替过程图像。实验在室内温度条件下进行，注射器注入速度设置为 0.001μL/s。

2. 结果分析

1) 直流道

在微流控芯片模型中，自适应微胶在不同分支流道中运移的显微图片如图 6.7(a) 所示，实验中聚合物溶液的显微图片对比如图 6.7(b) 所示(流体从右侧流入，从左侧两个出口流出)。

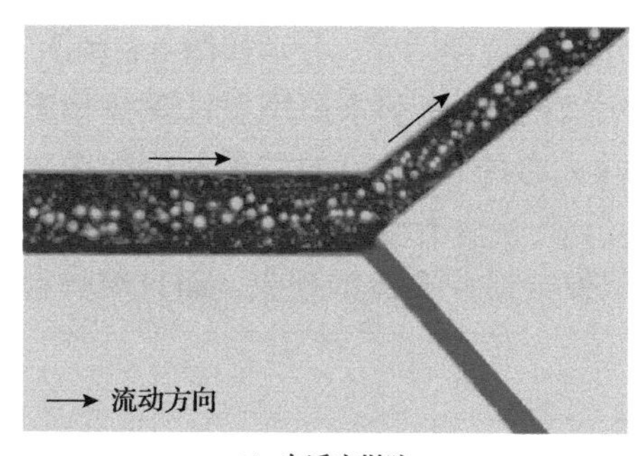

(a) 自适应微胶

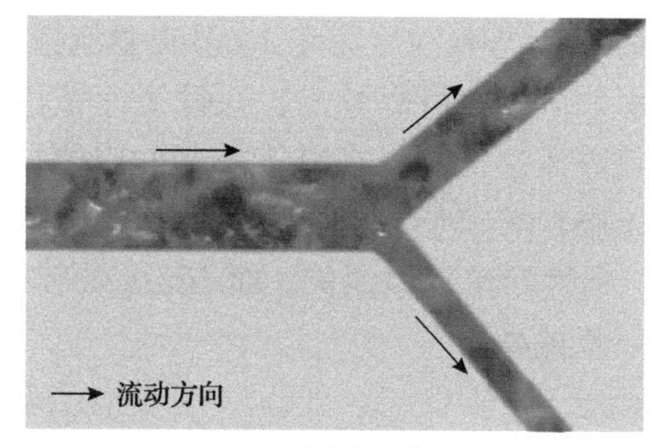

(b) 聚合物溶液

图 6.7　微流控芯片中颗粒相分离现象

从图 6.7 中可以看出，当微胶颗粒粒径大于 1μm 时，吸水膨胀后易受剪切应力作用发生弹性变形，具有明显的向通道轴心处聚集的趋势，在流体携带下优先进入低阻力高流速的较大通道，携带液则进入低流速的较小通道，从而产生颗粒相分离现象。由此可见，在不同分支流道中聚合物溶液和微胶运移规律存在明显差异：自适应微胶受到流体剪切力作用向通道轴心处运移，在流体携带下会优先进入低阻力高流速的大通道，在小孔径低流速通道中没有注入颗粒相或注入颗粒相浓度很低[图 6.7(a)]，而聚合物溶液均匀地进入不同分支流道中，即每个分支流道中的浓度与平均浓度相等[图 6.7(b)]。同时，如图 6.7(a)所示，当小孔径出口分流量 x_i 小于临界分流量 x_i^* 时，没有自适应微胶进入分支流道内。

聚合物溶液驱油时，可以优先进入高渗透层或大孔道，并在多孔介质内发生滞留，从而减小孔隙过流断面和增加流动阻力，并最终造成注入压力升高，中-低渗透层吸液压差增大，吸液量增加。但聚合物溶液进入中-低渗透层后同样也会发生滞留，导致渗流阻力增加，并且增幅要远大于高渗透层。此外，矿场规定注入压力不能超过岩石破裂压力，随中-低渗透层渗流阻力即吸液启动压力增加，吸液压差就会逐渐减小，吸液量相应减少，即发生“吸液剖面返转”现象。然而微胶分散体系可选择性地优先进入高渗透层和大孔道，对其产生有效封堵，使渗流阻力增加。同时，相比于聚合物分子聚集体进入较小尺寸孔隙后会对渗流通道造成堵塞，微胶体系却不会出现这一现象，微胶只能进入高渗透层或水流优势通道，并在其中运移、滞留和膨胀，进而促使后续驱油剂转向进入中-低渗透层或中小孔隙发挥驱油作用，所以波及效率更高，并可以减缓剖面返转的严重程度，取得显著的增油降水效果。

综上所述，利用微流控技术可以较好地模拟自适应微胶颗粒相分离现象，对比分析聚合物溶液和微胶对“吸液剖面返转”的影响，初步验证了自适应微胶在不同分支流道中浓度分布数学模型的正确性。

2) 弯流道

应用微流控技术来观测不同流速条件下自适应微胶(颗粒粒径中值为 10μm)

和纳米球(颗粒粒径小于 1μm)在微流控芯片中的流动动态，分别如图 6.8 和图 6.9 所示。从图中可以看出，在低流速条件下，颗粒的流动未出现惯性聚焦情况。但随着流速提高，在靠近小弯的内侧壁(即大弯的外侧壁)的位置开始逐渐出现一条颗粒聚焦形成的条带，当流速进一步提高后纳米球聚焦条带逐渐变宽、变散，惯性聚焦现象消失；而 10μm 微胶依然保持惯性聚焦的现象，而且聚焦程度进一步提高。

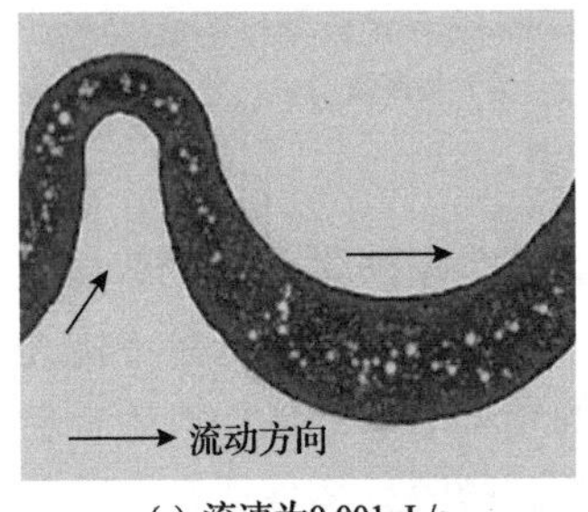

(a) 流速为0.001μL/s

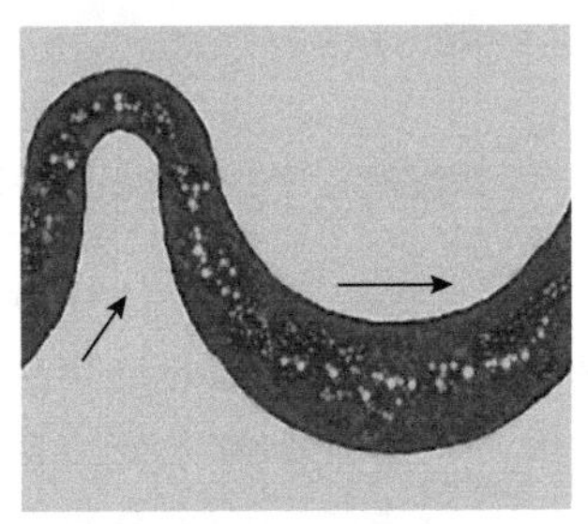
(b) 流速为0.010μL/s

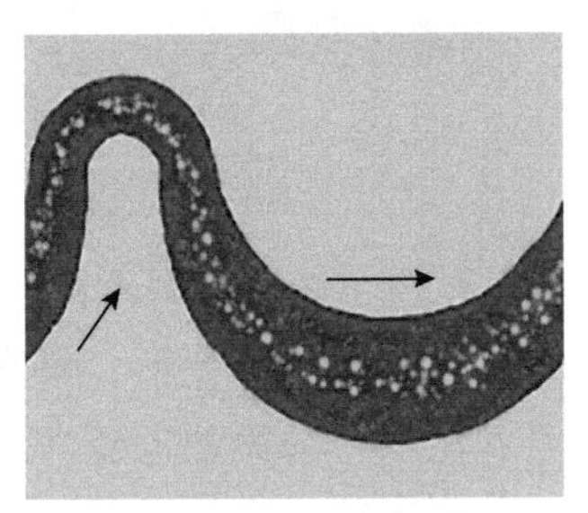
(c) 流速为0.10μL/s

图 6.8　自适应微胶在不同流速条件下的流动状态

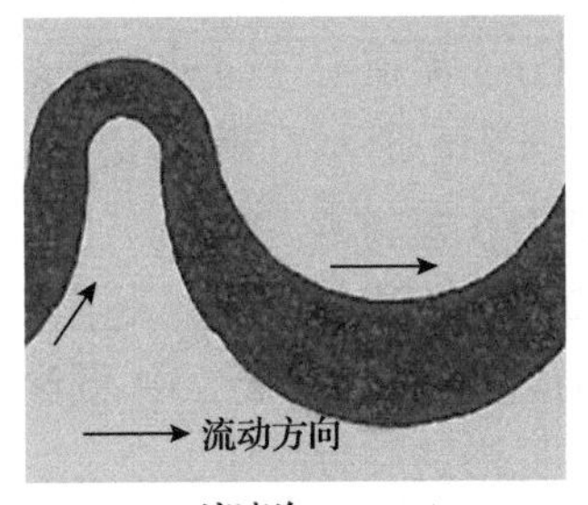

(a) 流速为0.001μL/s

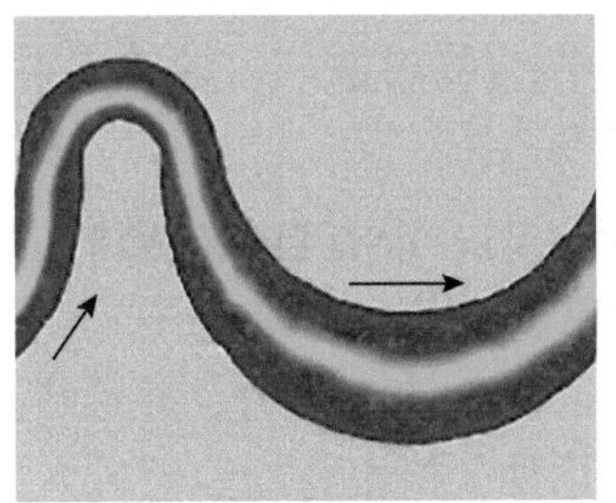
(b) 流速为0.010μL/s

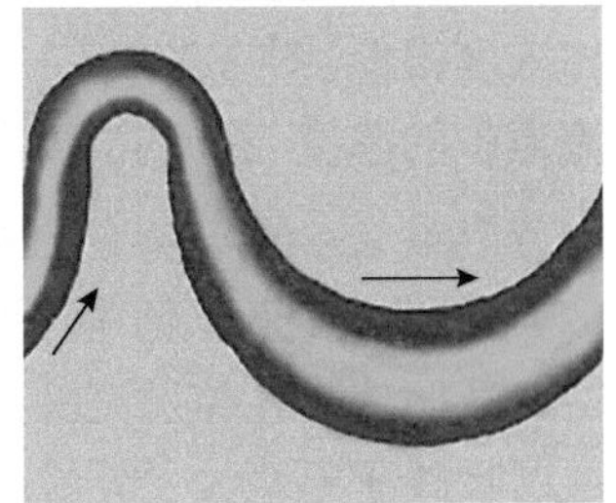
(c) 流速为0.10μL/s

图 6.9　纳米球在不同流速条件下的流动状态

从上面所述的惯性微流控原理中可知，颗粒在弯形通道中的流动状态由惯性升力 F_L 和迪恩曳力 F_D 的相对大小决定。在两种力的比值关系式(6.11)中，因为升力系数可表达为 $f(Re_c, x_c) : Re_c^{\ n}, n<0$ ，所以式(6.11)可以改写为 $R_f : \frac{1}{\delta}\frac{a_p}{D_h}\left(\frac{\rho U_m D_h}{\mu}\right)^n$ ，$n<0$ 。从上式可以看出流速是影响颗粒流动状态的重要因素。从式(6.9)和式(6.10)可以看出惯性升力和迪恩曳力的大小都与流速成正比。在低流速条件下，虽然 $R_f \geqslant 1$ ，但是这两种力都很小，因此不足以使颗粒在有限的通道长度内移动到平衡位置，没有惯性聚焦现象出现。随着流速提高，惯性升力和迪恩曳力逐渐增大。在 R_f 仍然≥1 时，惯性升力占据优势，而迪恩曳力可以加速颗粒的横向移动，使颗粒可以迅速移动到平衡位置，因此形成惯性聚焦流动。当流速过高时，$R_f<1$ ，迪恩曳力的大小超过惯性升力，颗粒的受力平衡被破坏，颗粒不会出现

聚焦流动。但是在相同的高流速条件下，10μm 自适应微胶的惯性聚焦现象却没有像纳米球那样消失，原因在于惯性升力和迪恩曳力的比值 R_f 与颗粒直径的三次方成正比，因此对于较大粒径的颗粒惯性聚焦现象越明显。

综上所述，由于自适应微胶颗粒粒径较大(大于 1μm)，在直流道中微胶由于受到流体剪切力作用而运移到通道轴心处，颗粒的运移具有“颗粒相分离”特征；在弯流道中颗粒的流动出现惯性聚焦现象，在分支处会选择性进入低阻力高流速的大通道，造成小孔径低流速通道中没有注入颗粒相或注入颗粒相浓度很低。因此，微胶进入多孔介质内后呈现“堵大不堵小”的封堵特性，微胶由水溶液携带进入油藏，微胶堵塞大孔道，水则绕流进入小孔隙驱油，微胶和携带液分别扮演“堵”和“驱”的角色。微胶可选择性地优先进入高渗透层和大孔道，并对其产生有效封堵，从而显著降低高渗透层渗透率，但进入低渗透层和较小尺寸孔道的数量很少。微胶对低渗透层渗透率的改变能力较弱，不会对低渗透层造成较大污染。因此，自适应微胶调驱技术可以减缓剖面返转严重程度或延迟剖面返转时间。

6.3 连续相与非连续相调驱剂实验研究——微流控芯片

6.3.1 微流控芯片实验条件

1. 实验材料

1) 药剂

聚合物为中国石油天然气股份有限公司大庆炼化分公司生产部分水解聚丙烯酰胺干粉，相对分子质量为 1900×10^4，固含量为 90%；自适应微胶为中国石油勘探开发研究院油田化学研究所提供的 $Microgel_{(Y)}$，固含量为 100%；交联剂为有机铬，Cr^{3+}质量分数为 1.52%；染色剂为天津市大茂化学试剂厂生产的荧光素钠。

2) 油和水

实验用油为模拟油，由大庆油田第一采油厂脱气原油与煤油混合而成，其 45℃条件下黏度为 9.8mPa· s。实验用水为大庆油田第一采油厂采出污水，水质分析见表 2.1。

3) 调驱剂性能参数

调驱剂包括自适应微胶 $Microgel_{(Y)}$、聚合物溶液和聚合物凝胶。$Microgel_{(Y)}$ 溶液质量分数为 0.3%，黏度为 1.8mPa·s；聚合物溶液质量分数为 0.1%，黏度为 40.6mPa·s；聚合物凝胶(大庆“高分”聚合物，聚合物：Cr^{3+}=120：1)中聚合物质量分数为 0.1%，黏度为 53.2mPa·s。

2. 微观模型

实验模型为人造微流控芯片模型，微流控芯片模型见图 6.10，其外观几何尺寸为宽×长=1.0cm×4.0cm，孔径为 20～50μm。微流控芯片基体材料为 PMMA。

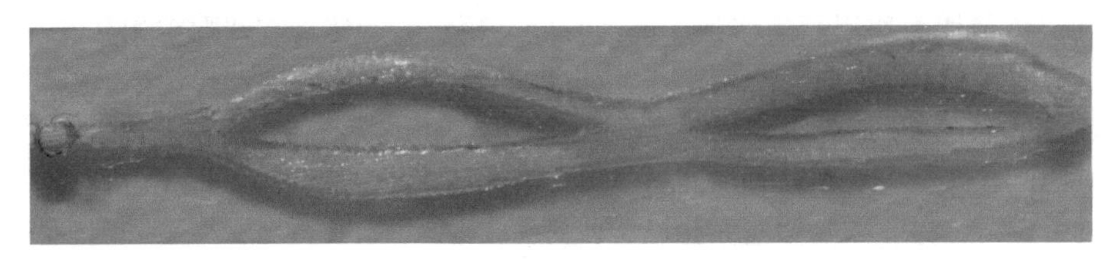

图 6.10　微流控芯片模型 I

3. 实验设备和流程

采用 DV-Ⅱ型布氏黏度仪(图 6.11)测试调驱剂黏度，含有“0”号转子(转速为 6r/min)、“1”号转子(转速为 6r/min)和“2”号转子(转速为 30r/min)，当黏度为 1～100 mPa·s 时使用“0”号转子，黏度为 100～200 mPa·s 时使用“1”号转子，黏度为 200 mPa·s 以上时使用“2”号转子。实验温度为 45℃。

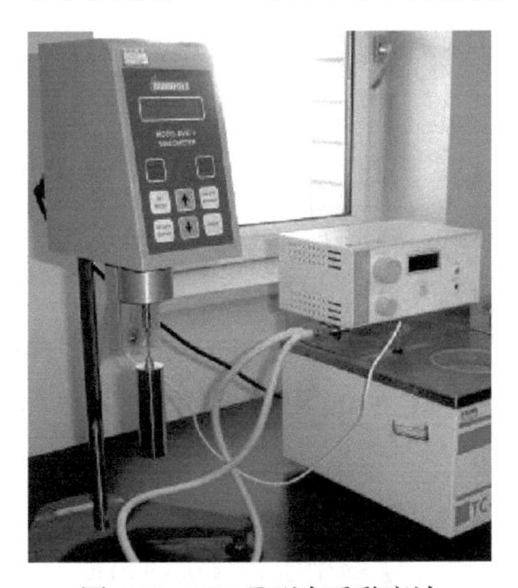

图 6.11　DV-Ⅱ型布氏黏度计

可视化微观模型装置由体视显微镜、压力源和人造微流控芯片模型等组成，实验设备和流程见图 6.6。

4. 实验步骤

在微流控芯片模型上进行自适应微胶、聚合物溶液和聚合物凝胶调驱实验，实验步骤如下。

1）自适应微胶和聚合物溶液驱油实验

（1）首先将微流控芯片模型抽真空、饱和水。

（2）模型饱和模拟油，记录图像。

（3）水驱至含水率为 98%，记录驱替过程图像。

（4）注入设计 PV 数自适应微胶或聚合物溶液，记录驱替过程图像。

2）聚合物凝胶调驱实验

（1）首先将微流控芯片模型抽真空、饱和水。

（2）模型饱和模拟油，记录图像。

（3）水驱至含水率为 98%，记录驱替过程图像。

（4）注入设计 PV 数聚合物凝胶，记录驱替过程图像。

（5）候凝 1d。

（6）后续水驱至含水率为 98%，记录驱替过程图像。

实验在室内温度条件下进行，注入速度为 0.001μL/s。

6.3.2　微流控芯片调驱实验结果分析

1. 自适应微胶调驱机理

在微流控芯片模型上首先进行水驱，其次进行自适应微胶调驱，驱替过程见图 6.12。从图可以看出，微流控芯片中存在两个孔径大小不同的并联孔道，见图 6.12（a）。依据毛细管力理论，孔径越大，毛细管力越小，渗流阻力越小。因此，在水驱过程中，注入水首先进入孔径较大孔道，促使孔道油发生运移，最终被采出孔道[图 6.12（b）、（c）]。在自适应微胶调驱过程中，微胶首先进入孔径较大、剩余油较少孔道，由于微胶在水中具有水化膨胀功效，在孔道内发生膨胀和桥堵作用，进而增加了渗流阻力，促使注入压力升高。随着注入压力增加，驱替动力

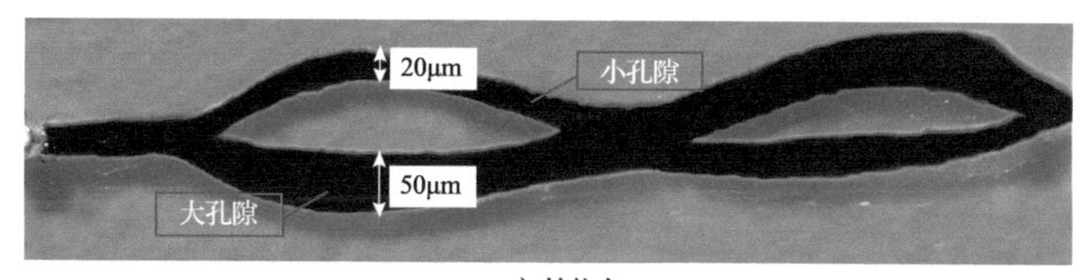

(a) 初始状态

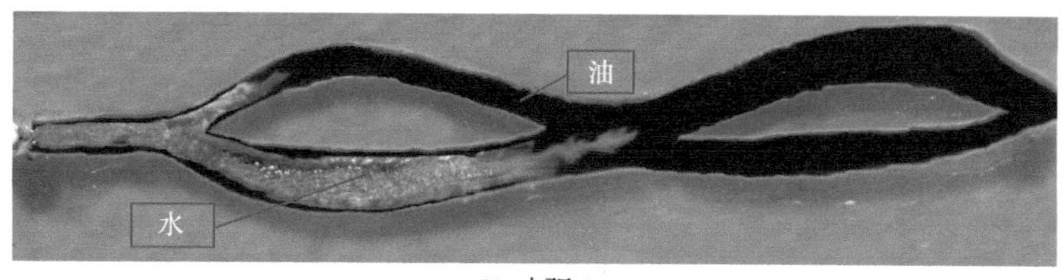

(b) 水驱-1

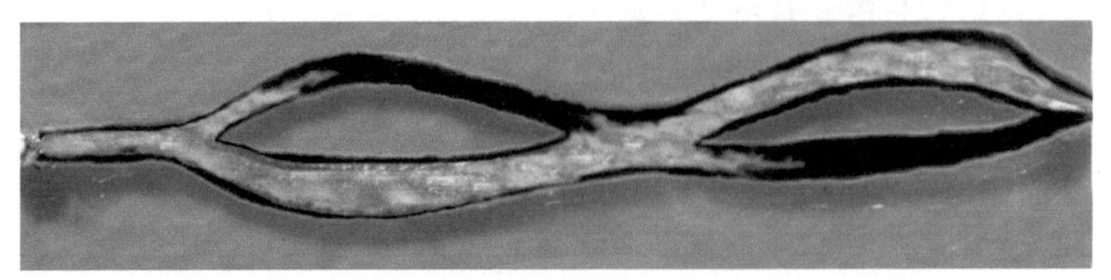

(c) 水驱-2

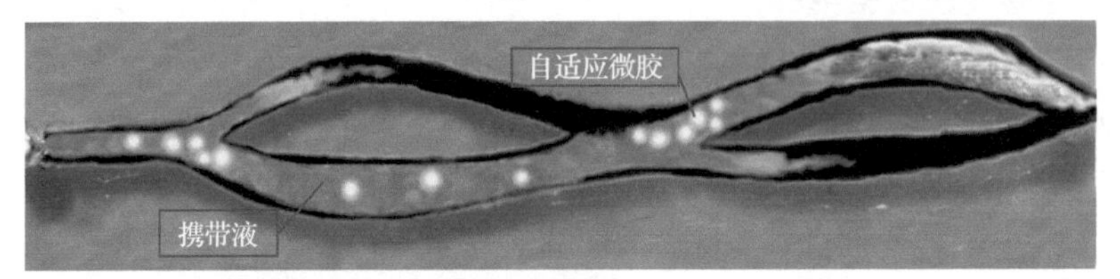

(d) 微胶调驱-1

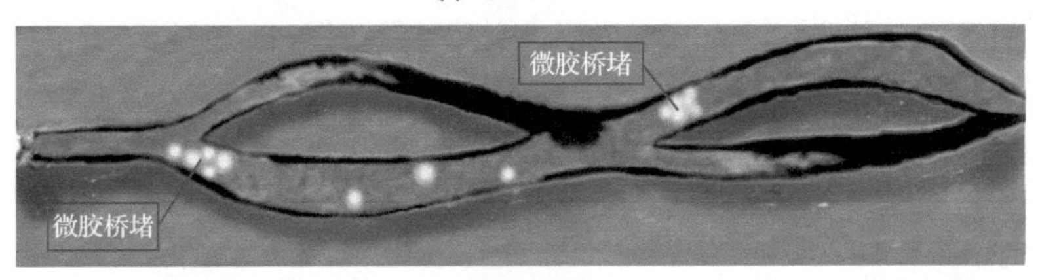

(e) 微胶调驱-2

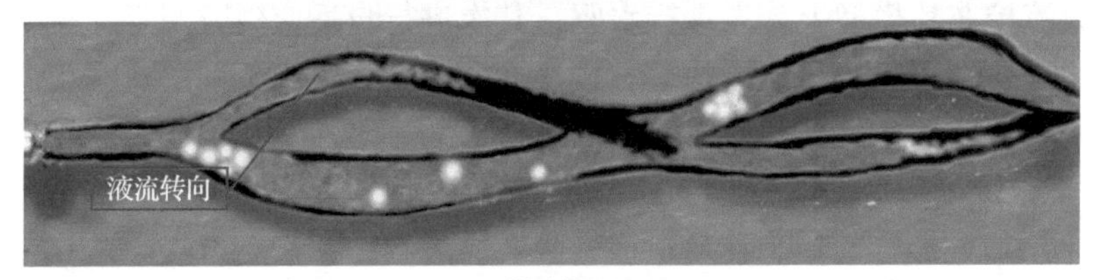

(f) 微胶调驱-3

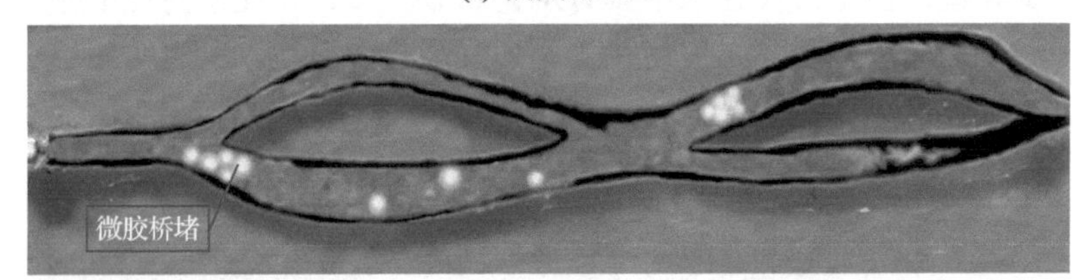

(g) 微胶调驱-4

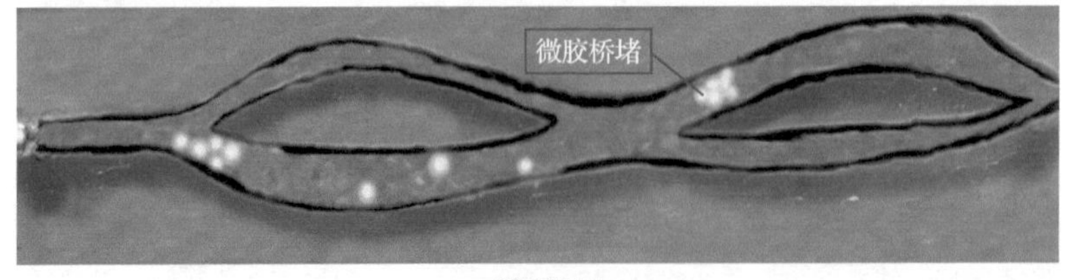

(h) 微胶调驱-5

图 6.12　自适应微胶调驱实验过程(微流控芯片调驱实验)

最终将超过较小孔道中存在的毛细管力，此时后续水开始进入较小孔道中驱油［图 6.12(d)～(h)］，达到液流转向和扩大波及体积的目的。

2. 聚合物溶液调驱机理

在微流控芯片模型上进行水驱，然后进行聚合物溶液调驱，驱替过程见图 6.13。从图可以看出，由于微流控芯片模型中并联通道孔径不同，流体在不同孔道中的流动阻力也就不同。水驱油过程中，注入水首先进入流动阻力较小的微流控芯片模型前端大孔道，将其中的油驱替进入后端大孔道。由于小孔道流动阻力较大，水进入量较少，水驱后剩余油主要分布在小孔道中［图 6.13(b)、(c)］。当向微流控芯片注入聚合物溶液后，聚合物溶液仍然首先进入流动阻力较小的前端大孔道。随着前端大孔道中聚合物溶液充满程度增加，流动阻力增加，注入压力升高。一旦驱替动力大于前端小孔道中的流动阻力，聚合物溶液开始进入小孔道，最终将其中剩余油驱替到后端大孔道中，并被来自前端大孔道中的聚合物溶液携带流出后端大孔道［图 6.13(d)～(g)］。与此同时，后端小孔道中的剩余油也因注入压力升高和驱替动力增加开始吸入聚合物溶液，并最终将其驱替流出孔道。综上所述，在微流控芯片模型中，水驱油就是低黏度流体驱替高黏度流体，聚合物驱油则是高黏度流体驱替低黏度流体，驱替动力除注入压力外，毛细管力也发挥了重要作用。显然，由于微流控芯片模型孔道结构特征并未完全体现多孔介质结构特征，其聚合物驱油机理还不能全面展现多孔介质中的聚合物驱油机理。

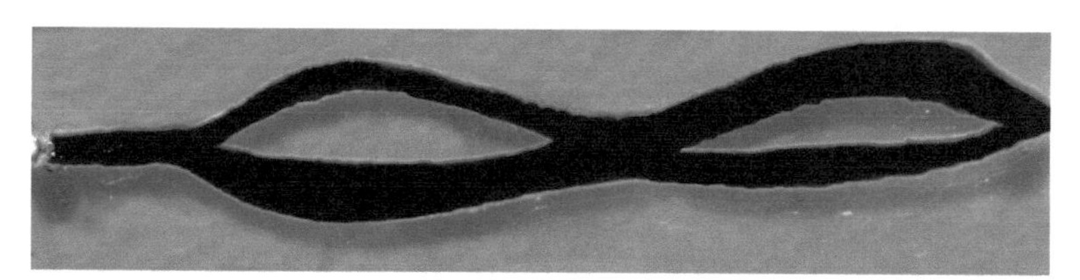

(a) 初始状态

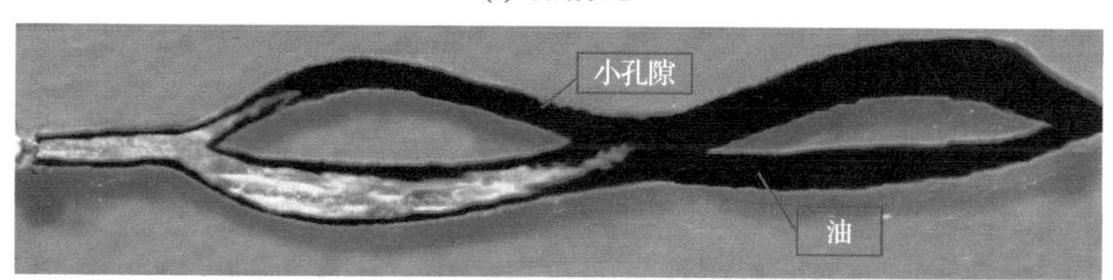

(b) 水驱-1

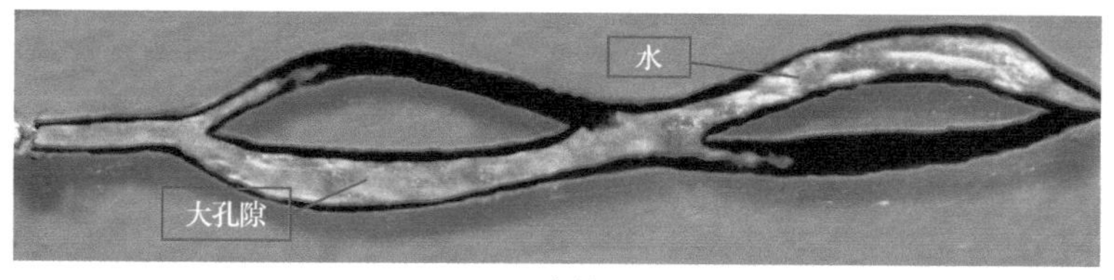

(c) 水驱-2

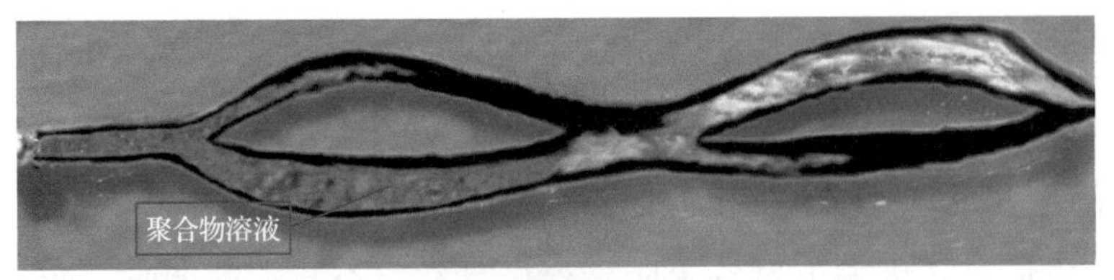

(d) 聚合物驱-1

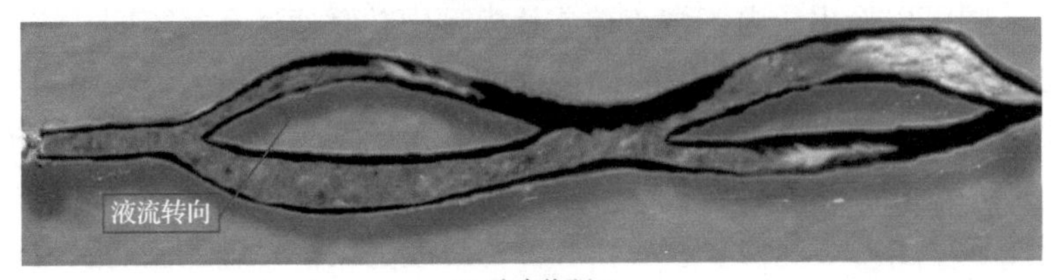

(e) 聚合物驱-2

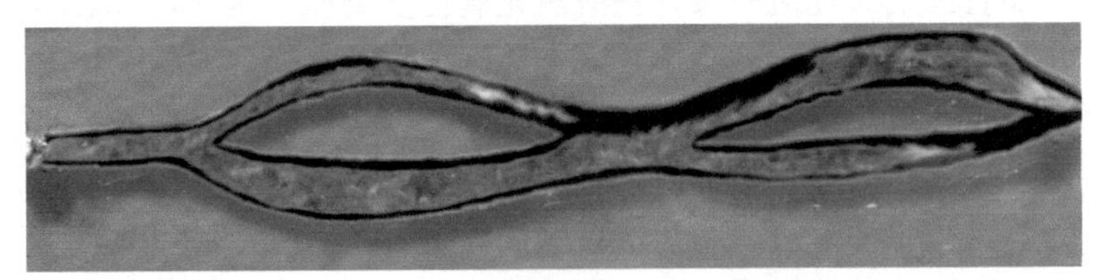

(f) 聚合物驱-3

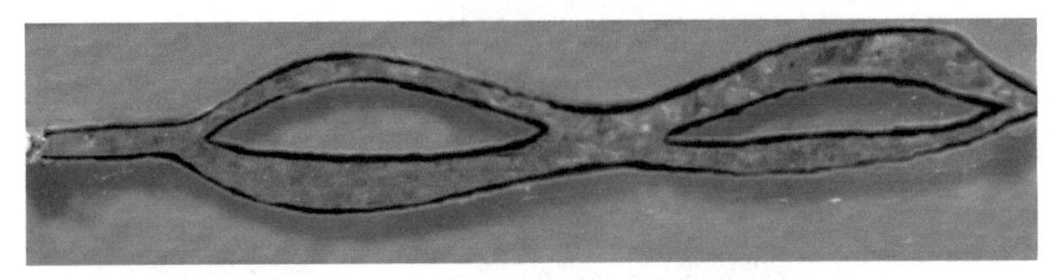

(g) 聚合物驱-4

图 6.13　聚合物溶液驱油实验过程(微流控芯片调驱实验)

与自适应微胶相比较，聚合物溶液驱油机理主要在于聚合物溶液黏滞力引起注入压力升高和对原油携带作用，而缺少自适应微胶那种“堵大不堵小”和运移→捕集→变形→再运移→再捕集→再变形渗流特征。

3. 聚合物凝胶调驱机理

在微流控芯片模型上先进行水驱，然后注入交联聚合物溶液，候凝，最后进行后续水驱，驱替过程见图 6.14。从图可以看出，由于微流控芯片模型中并联通道孔径不同，流体在不同孔道中的流动阻力也就不同。在水驱油过程中，注入水首先进入流动阻力较小的微流控芯片模型前端大孔道，将其中的油驱替进入后端大孔道。由于小孔道流动阻力较大，水进入量较少，水驱后剩余油主要分布在小孔道中[图 6.14(b)、(c)]。在交联聚合物溶液(未成胶)注入过程中，其仍然首先进入流动阻力较小的模型前端大孔道，并向后端大孔道运移。当大孔道中交联聚

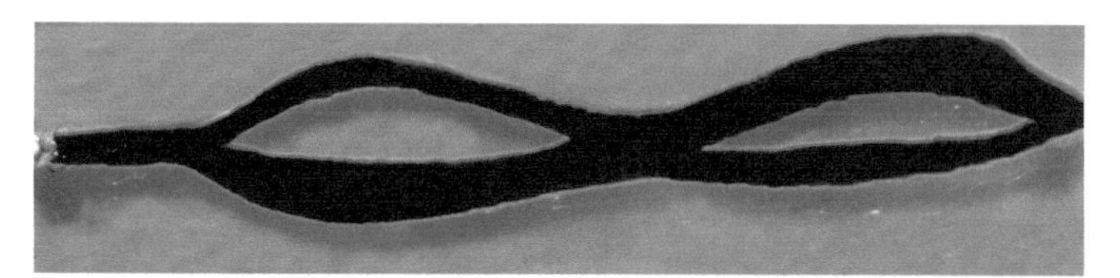

(a) 初始状态

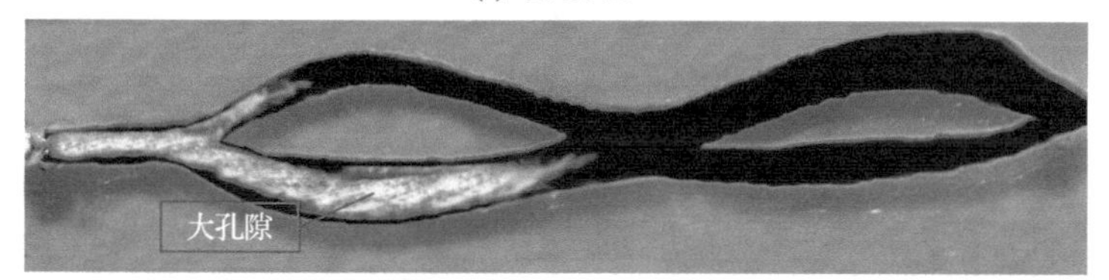

(b) 水驱-1

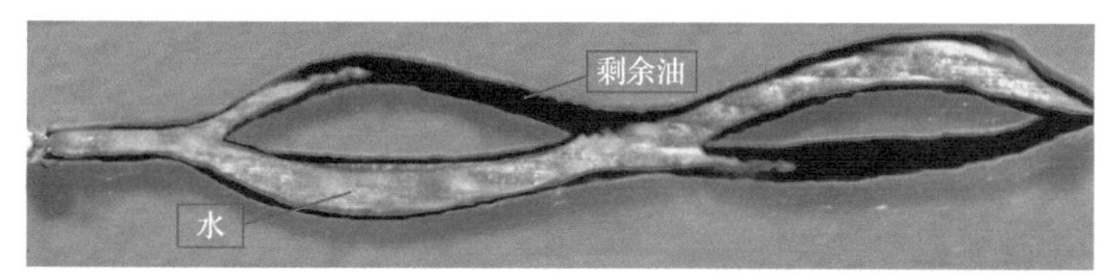

(c) 水驱-2

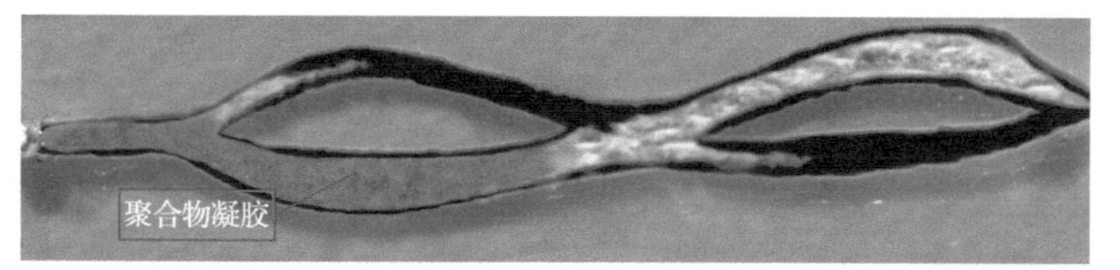

(d) 聚合物凝胶调驱-1

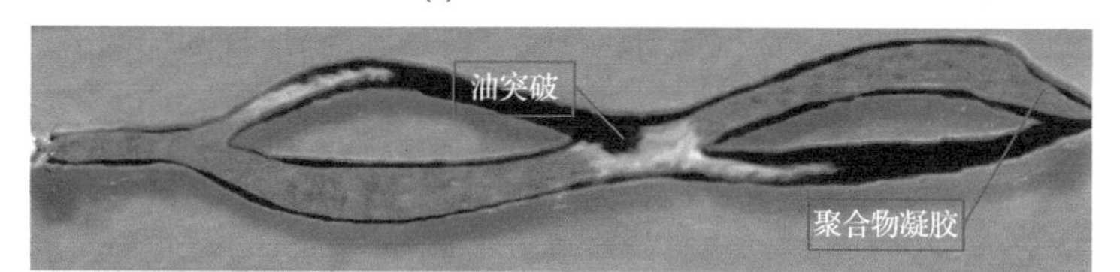

(e) 聚合物凝胶调驱-2

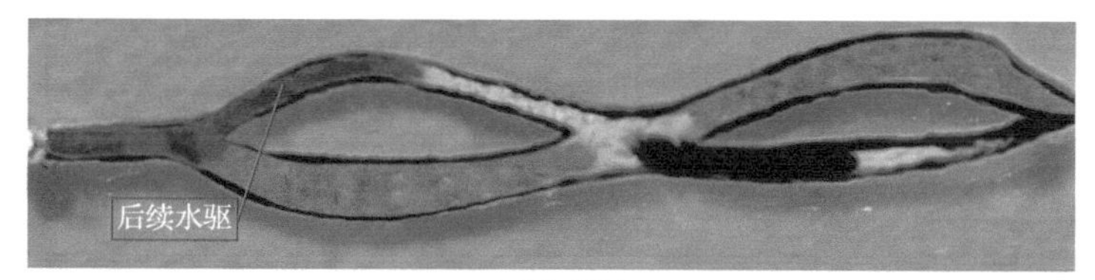

(f) 后续水驱-1

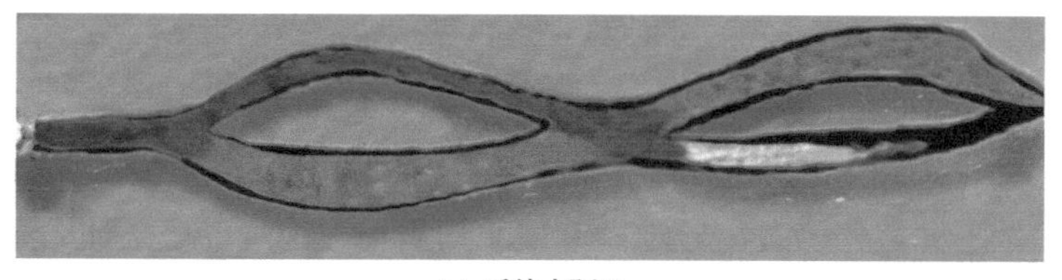

(g) 后续水驱-2

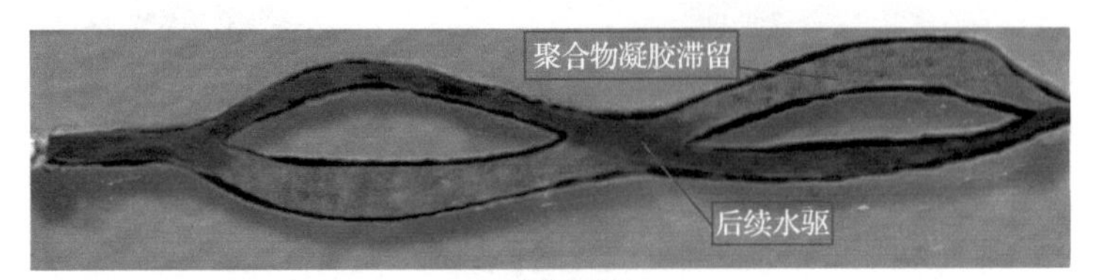

(h) 后续水驱-3

图 6.14 聚合物凝胶调驱实验过程(微流控芯片调驱实验)

合物溶液形成聚合物凝胶后[图 6.14(d)、(e)]，大孔道内流动阻力明显增加，后续水驱注入压力升高。一旦驱替动力大于小孔道中的流动阻力，后续水开始进入小孔道，最终将其中剩余油全部采出[图 6.14(f)～(h)]。

6.4 连续与非连续相调驱剂实验研究——填砂微观模型

6.4.1 填砂微观模型实验条件

1. 实验材料

实验材料与 6.3.1 节中相同。

2. 微观模型

1) 均质岩心

使用相同粒径的石英砂制作填砂微观模型，其结构示意图如图 6.15 所示。

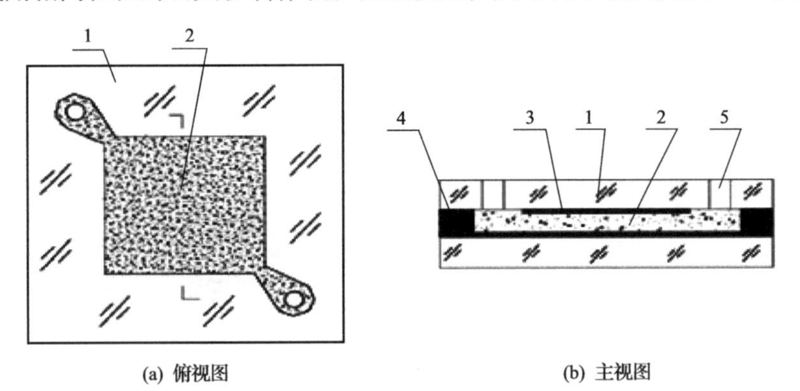

(a) 俯视图 (b) 主视图

图 6.15 填砂微观模型

1-透明有机玻璃板；2-石英砂层；3-紫外光固化胶；4-密封胶；5-孔

2) 三层非均质岩心

使用三种不同粒径的石英砂制作三层非均质填砂微观模型，如图 6.16 所示。

图 6.16　三层非均质填砂微观模型

3) 孔隙网络模型

孔隙网络模型为人造微流控芯片模型(图 6.17)，其外观几何尺寸为宽×长=1.0cm×4.0cm，模型内部尺寸如图 6.17 中标注，微流控芯片基体材料为 PMMA。

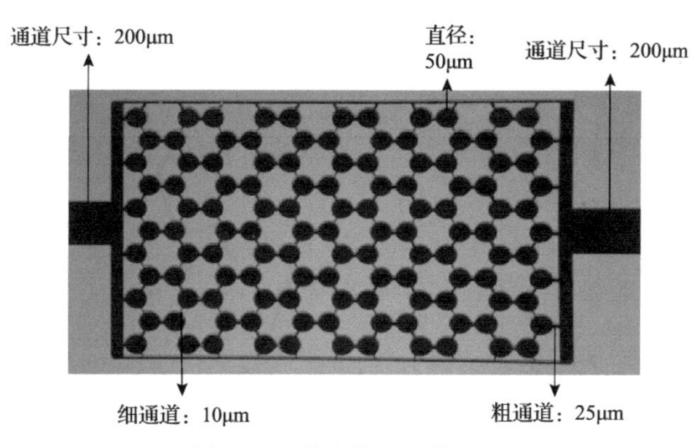

图 6.17　微流控芯片模型 Ⅱ

3. 实验设备和流程

可视化微观模型装置由体视显微镜、压力源和人造微流控芯片模型等组成。实验设备和流程见图 6.6 和图 6.18。

4. 实验步骤

在填砂微观模型上进行自适应微胶、聚合物溶液和聚合物凝胶调驱实验，实验步骤如下。

1) 自适应微胶和聚合物溶液驱油实验

(1) 将填砂微观模型抽真空、饱和水。

(2) 模型饱和模拟油，记录图像。

(3) 水驱至含水率为 98%，记录驱替过程图像。

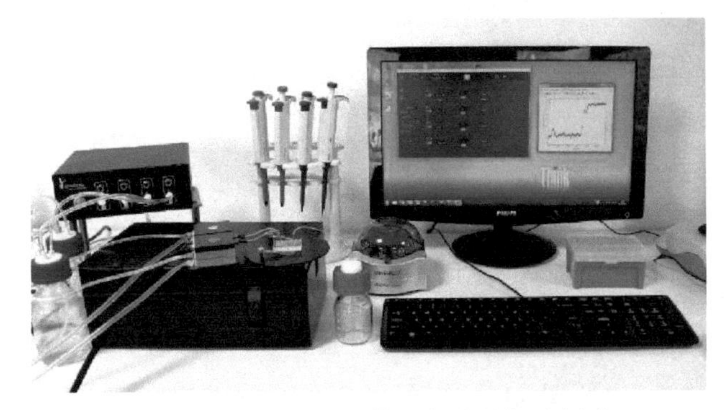

图 6.18　可视化微观模型实验设备示意图

(4)注入设计 PV 数自适应微胶或聚合物溶液，记录驱替过程图像。

2)聚合物凝胶调驱实验

(1)将填砂微观模型抽真空、饱和水。

(2)模型饱和模拟油，记录图像。

(3)水驱至含水率为 98%，记录驱替过程图像。

(4)注入设计 PV 数聚合物凝胶，记录驱替过程的动态图像。

(5)候凝 1d。

(6)后续水驱至含水率为 98%，记录驱替过程的动态图像。

实验在室内温度条件下进行，注入速度为 0.01mL/min。

6.4.2　填砂微观模型调驱实验结果分析

1. 自适应微胶调驱机理

在填砂微观模型上进行水驱，然后进行自适应微胶调驱，驱替过程见图 6.19(油、水、岩石、自适应微胶见图 6.19 中标注)。

从图 6.19 可以看出，填砂微观模型中存在孔径大小不同的孔道。依据毛细管力理论，孔径越大，毛细管力越小，渗流阻力越小。因此，在水驱过程中，注入水首先进入孔径较大孔道即优势通道，促使孔道油发生运移，这部分孔道最终被注入水占据[图 6.19(b)、(c)]。在自适应微胶注入过程中，自适应微胶仍然首先进入原先水流优势通道，并在其中运移。一旦自适应微胶进入孔隙喉道，因其尺寸大于喉道尺寸，就会被喉道捕集[图 6.19(d)～(f)]，导致渗流阻力增加和注入压力升高。随着注入压力升高，自适应微胶受到的外力作用逐渐增强，其外形由初期的球状变为长条状，最终通过喉道并继续向前运移。随着孔隙内微胶吸水膨胀，尺寸增加且数量增大，它在进入下一个孔隙喉道时又会发生捕集并形成桥堵，促使后续水进入孔径较小孔道，实现液流转向和扩大波及体积[图 6.19(g)、(h)]。如此不断重复“捕集、堵塞和液流转向”过程，最终达到扩大波及体积的目的。

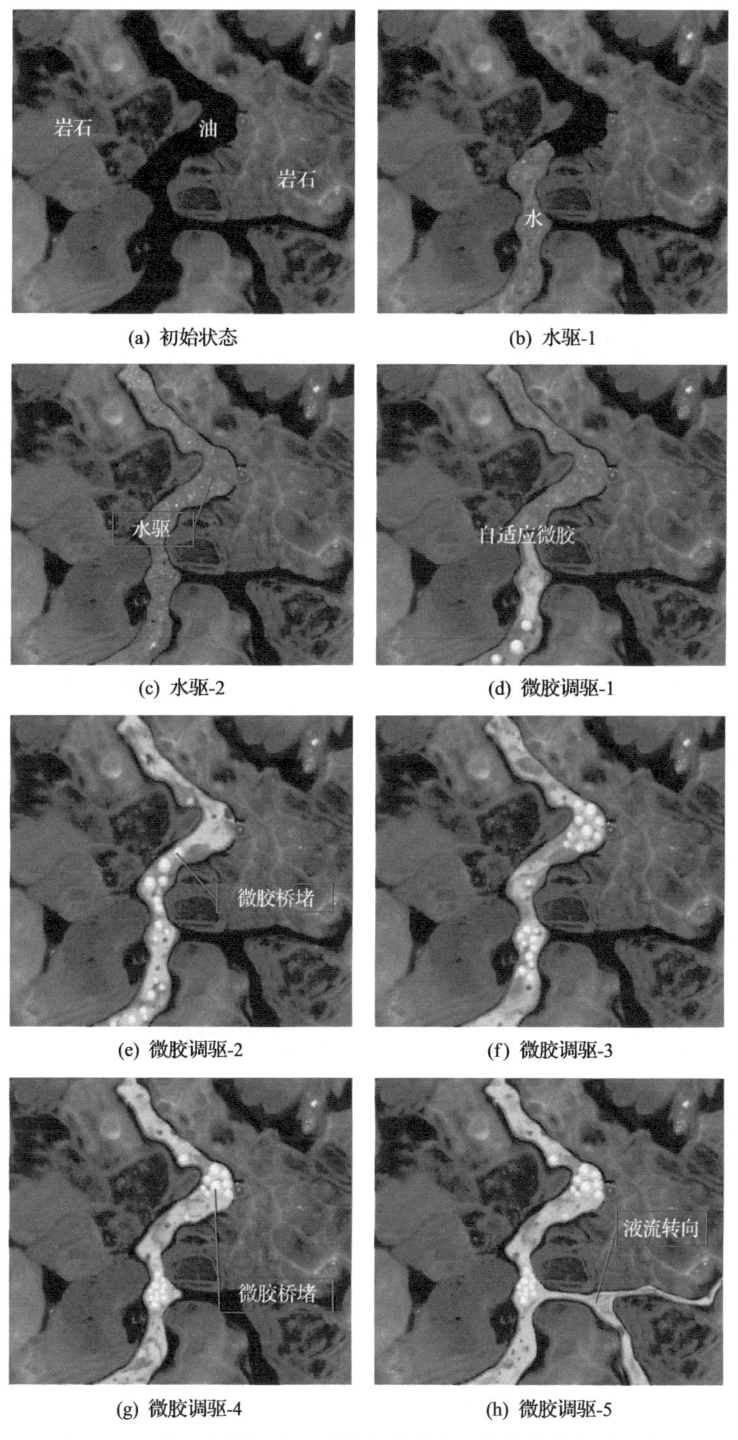

(a) 初始状态　(b) 水驱-1

(c) 水驱-2　(d) 微胶调驱-1

(e) 微胶调驱-2　(f) 微胶调驱-3

(g) 微胶调驱-4　(h) 微胶调驱-5

图 6.19　自适应微胶调驱实验过程(填砂微观模拟调驱实验)

因此，自适应微胶在多孔介质中运移、封堵、弹性变形、再运移、再封堵，在高渗透带不断地封堵和运移，直达油层深部，原有的水驱优势高渗透带或优势方向的水驱沿程阻力增加，不断改变油层岩石中注入流体的流动方向，逐级向油井推进，从而提高油层深部和油井附近剩余油富集区域的波及体积，大幅度提高原油采收率。

2. 聚合物溶液驱油机理

在填砂微观模型上先进行水驱，然后进行聚合物驱油实验，驱替过程见图 6.20（油、水、岩石、聚合物溶液见图 6.20 中标注）。

从图 6.20 可以看出，由于填砂微观模型中各处孔道的孔径尺寸不同，流体流动阻力不同。因此，水驱过程中注入水首先进入孔径尺寸较大孔道，促使其中原油发生运移，构建水流通道，导致注入水低效和无效循环[图 6.20(b)、(c)]。在聚合物溶液注入初期，聚合物溶液仍沿原水流通道流动。随聚合物溶液注入量增加，一方面因聚合物溶液黏滞力较大，它在孔道内流动阻力较大；另一方面，聚合物在孔隙内的吸附滞留作用导致孔隙过流断面减小，流动阻力增加。上述两个因素共同作用，极大增加了孔道内聚合物溶液的流动阻力，最终导致注入压力升高。随着注入压力升高，填砂微观模型中其他孔道的吸液压差增加即驱替动力增大，促使聚合物溶液转向进入小孔隙，达到了扩大波及体积的目的[图 6.20(d)～(h)]。

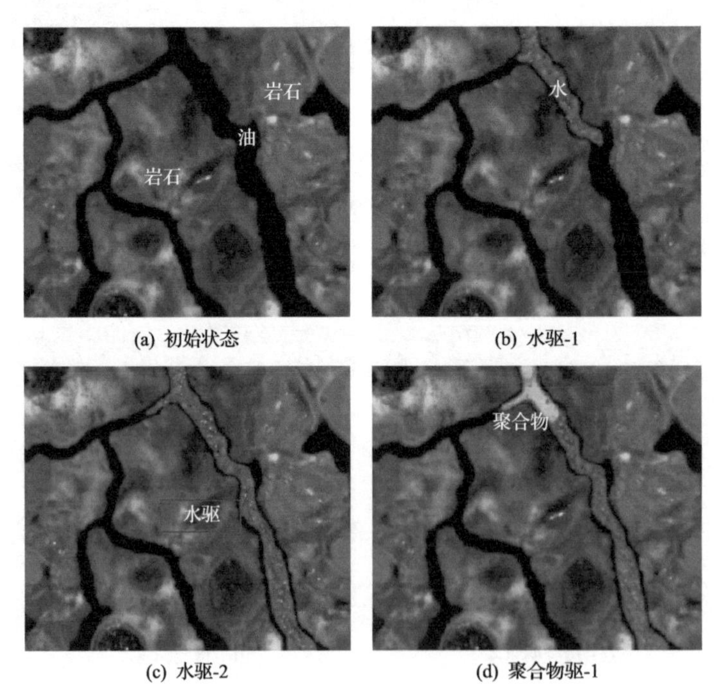

(a) 初始状态　(b) 水驱-1

(c) 水驱-2　(d) 聚合物驱-1

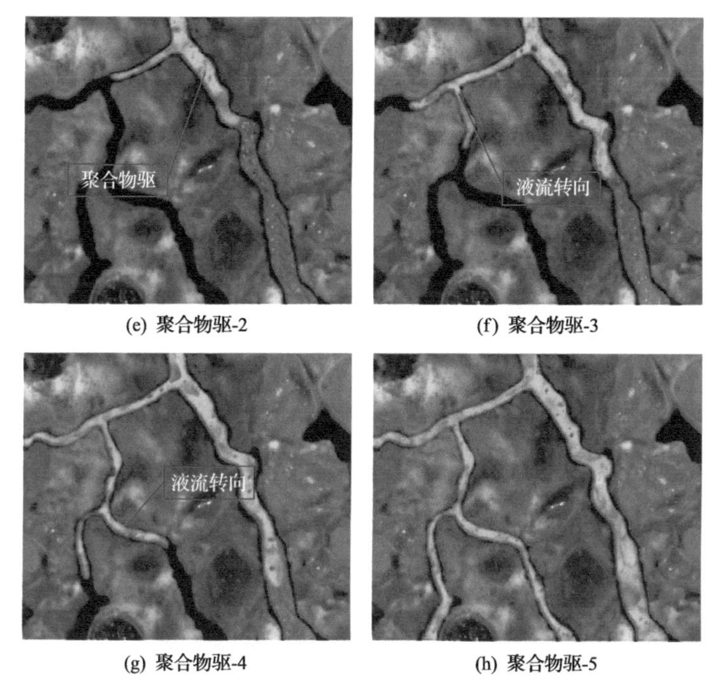

(e) 聚合物驱-2　　(f) 聚合物驱-3

(g) 聚合物驱-4　　(h) 聚合物驱-5

图 6.20 聚合物驱油过程(填砂微观模拟调驱实验)

聚合物溶液流经孔隙介质时，由于与孔隙表面发生吸附作用或非吸附性而产生滞留现象，对孔隙介质中渗透率的降低起着至关重要的作用(Lu et al.，2016)。聚合物溶液在高渗透层内滞留和由此引起渗流阻力增加与全井注入压力升高是促使液流转向中-低渗透层的动力源泉，也是聚合物驱过程中发生吸液剖面返转的根本原因。

3. 聚合物凝胶调驱机理

在填砂微观模型上进行水驱，然后注入交联聚合物溶液，候凝后进行后续水驱，驱替过程见图 6.21(油、水、岩石、聚合物凝胶见图 6.21 中标注)。

从图 6.21 可以看出，由于填砂微观模型中各个孔道孔径尺寸不同，流动阻力不同。与大孔道相比较，小孔道孔径较小，流动阻力较大。因此，水驱过程中注入水首先进入孔径尺寸较大孔道，并沿孔道推进[图 6.21(b)、(c)]。随着大孔道中原油采出程度提高，流动阻力进一步减小，吸水量进一步提高增加，形成低效或无效循环。在交联聚合物注入过程中，其首先进入水驱过程中形成的水流通道(大孔道)[图 6.21(d)、(e)]。静置一段时间后，交联剂与聚合物分子链发生交联反应，形成具有“网型”结构凝胶，进而对大孔道形成封堵作用[图 6.21(f)]。在后续水驱阶段，由于大孔道中聚合物凝胶难以流动，促使后续注入水进入小孔道，将其中剩余油向前推进[图 6.21(g)、(h)]，最终达到扩大波及体积和提高采收率目的。

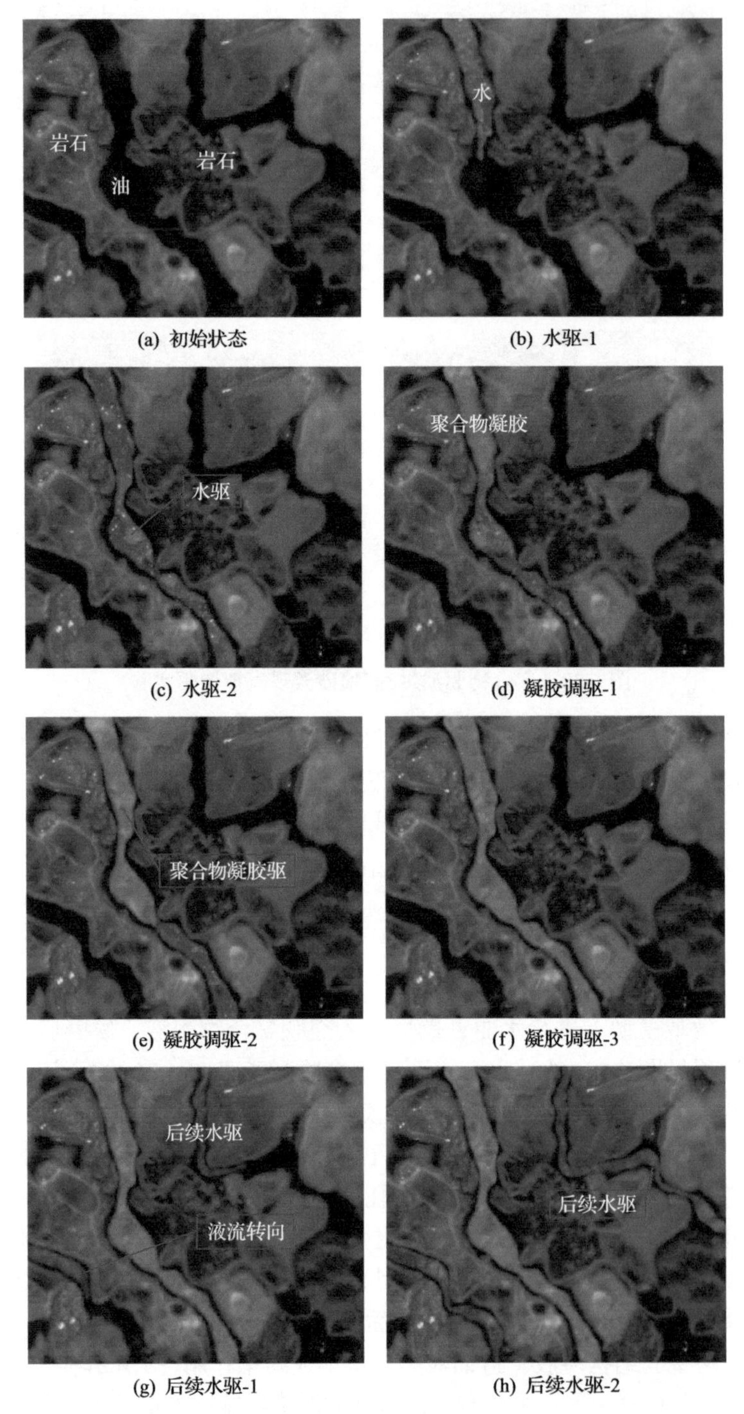

(a) 初始状态　(b) 水驱-1　(c) 水驱-2　(d) 凝胶调驱-1　(e) 凝胶调驱-2　(f) 凝胶调驱-3　(g) 后续水驱-1　(h) 后续水驱-2

图 6.21　聚合物凝胶调驱过程(填砂微观模型调驱实验)

4. 聚合物凝胶调驱机理(三层非均质模型)

在三层非均质模型上进行水驱，然后进行自适应微胶调驱，驱替过程见图 6.22(油、水、岩石、自适应微胶见图 6.22 中标注)。

从图 6.22 可以看出，在水驱阶段，注入水首先进入渗流阻力较小的高渗透层，随注入量增加，注入水沿高渗透层突进[图 6.22(b)、(c)]，中-低渗透层波及效果变差，动用程度较低，进而影响水驱采收率。自适应微胶由水溶液携带进入油藏，微胶堵塞大孔道[图 6.22(d)～(f)]，产生附加压力梯度，注入压力升高(保持注入速度恒定)，进而导致携带液转向绕流进入中-低渗透层驱油。由于携带液的注入

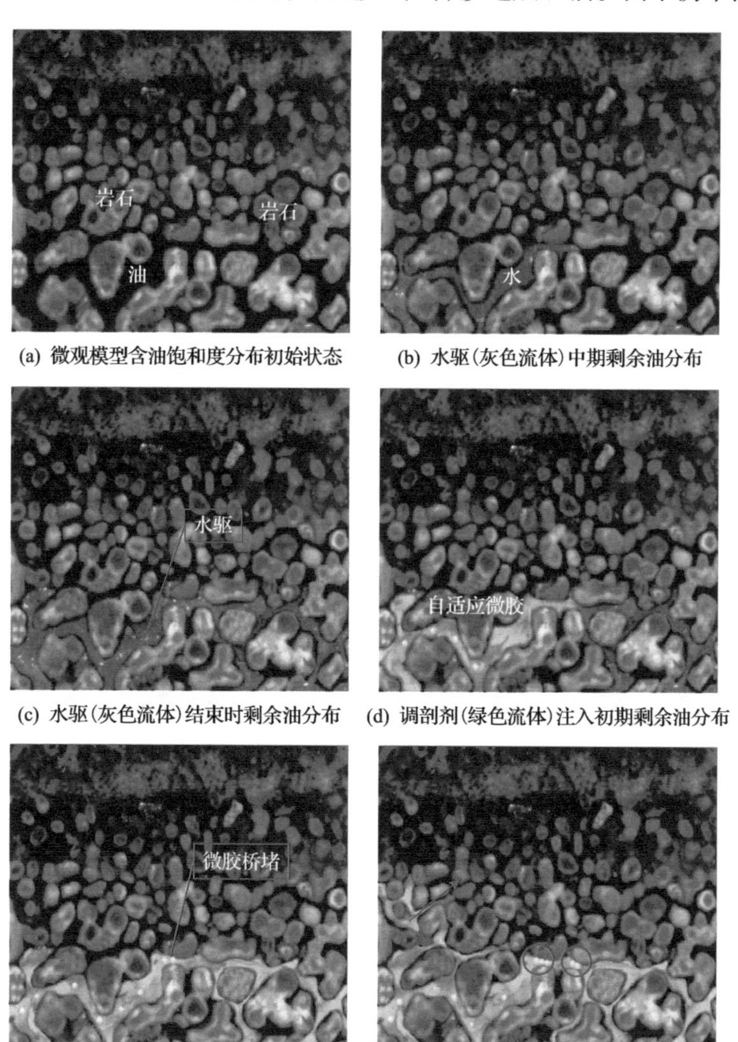

(a) 微观模型含油饱和度分布初始状态　(b) 水驱(灰色流体)中期剩余油分布

(c) 水驱(灰色流体)结束时剩余油分布　(d) 调剖剂(绿色流体)注入初期剩余油分布

(e) 调剖剂(绿色流体)注入中前期剩余油分布　(f) 调剖剂(绿色流体)注入中后期剩余油分布

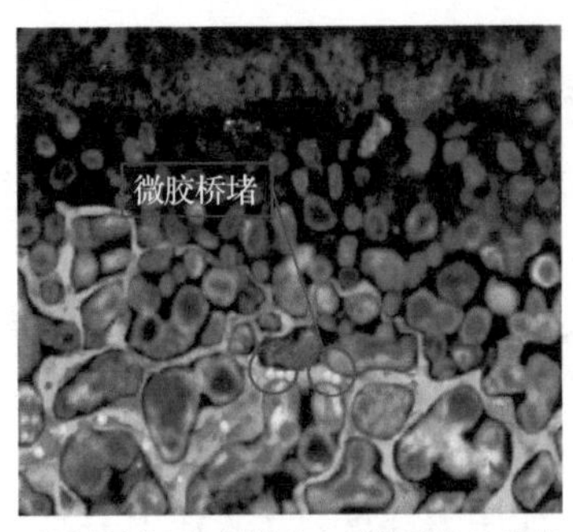

(g) 调剖剂(绿色流体)注入后期剩余油分布

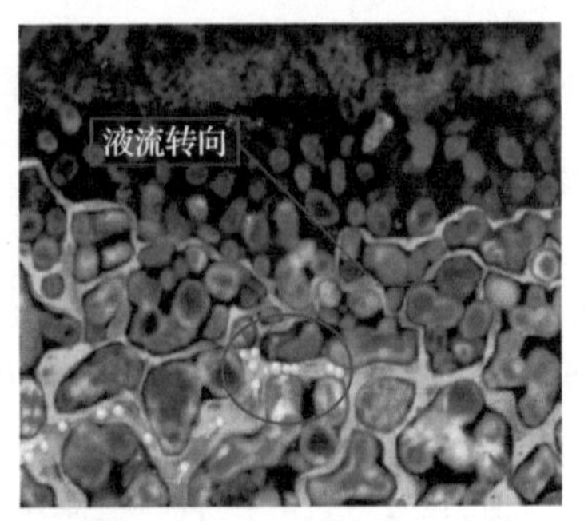

(h) 调剖剂(绿色流体)注入结束时刻剩余油分布

图 6.22 自适应微胶调驱实验过程(三层非均质模型)

性较强,不可及孔隙体积较小,能够进入微小孔隙发挥驱油作用[图 6.22(g)、(h)],最终实现了深部液流转向和提高采收率的目标。

微观驱油实验过程中注入压力、含水率、采收率与 PV 数关系见图 6.23。

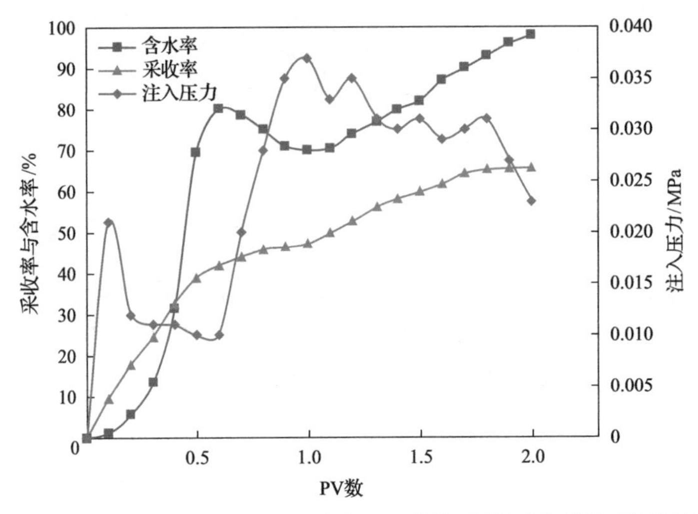

图 6.23 注入压力、含水率、采收率与 PV 数关系(填砂微观模型调驱实验)

从图 6.23 可以看出,自适应微胶调驱阶段压力增幅明显,含水率下降,采收率上升。后续水驱阶段,压力上升与下降交替出现,总体趋于平缓,原因在于:微胶颗粒能够对喉道进行封堵,导致液流转向,又因其能弹性变形通过喉道,具有运移→捕集→变形→再运移→再捕集→再变形的特征,由此便产生了压力上升与下降的波动式变化,采收率大幅度提高。

5. 提高采收率结果定量分析

在孔隙网络模型上开展提高采收率定量对比实验(图 6.24 和图 6.25)。由图 6.24 和图 6.25 可见,水驱结束时,两项实验结果基本相同。但注入调驱剂后,自适应微胶驱的波及面积远大于聚合物驱。此外，图 6.26 给出了微观驱油实验过程中注入压力、含水率、采收率与 PV 数关系。

如图 6.26 所示，在恒压注入条件下，与聚合物驱相比，自适应微胶驱提高采收率增幅较大。这是由于它在多孔介质中具有运移→捕集→变形→再运移→再捕集→再变形和“堵大不堵小”的独特运动特征。此外，其携带液几乎没有不可及孔隙体积。结果表明，自适应微胶驱扩大波及体积效果明显优于传统聚合物驱。

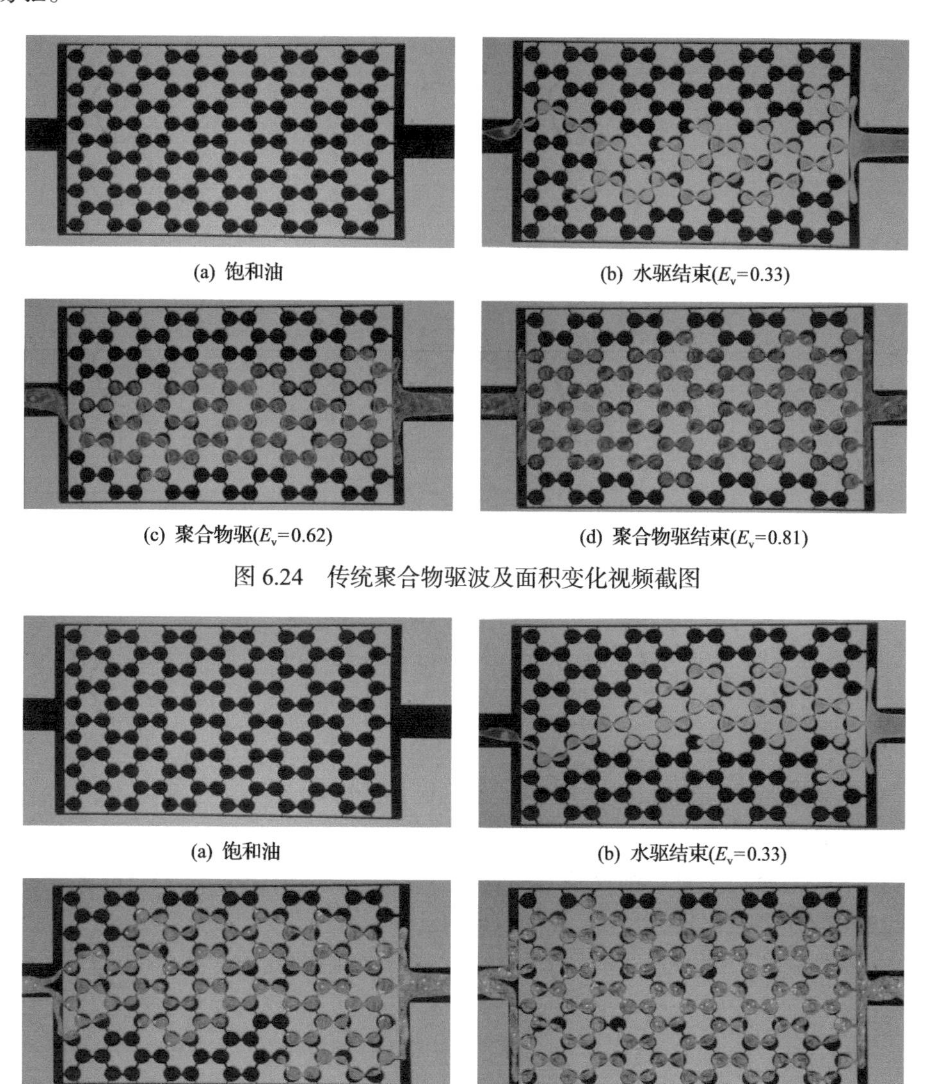

(a) 饱和油　(b) 水驱结束(E_v=0.33)

(c) 聚合物驱(E_v=0.62)　(d) 聚合物驱结束(E_v=0.81)

图 6.24　传统聚合物驱波及面积变化视频截图

(a) 饱和油　(b) 水驱结束(E_v=0.33)

(c) 自适应微胶驱(E_v=0.73)　(d) 自适应微胶驱结束(E_v=0.90)

图 6.25　自适应微胶驱波及面积变化视频截图

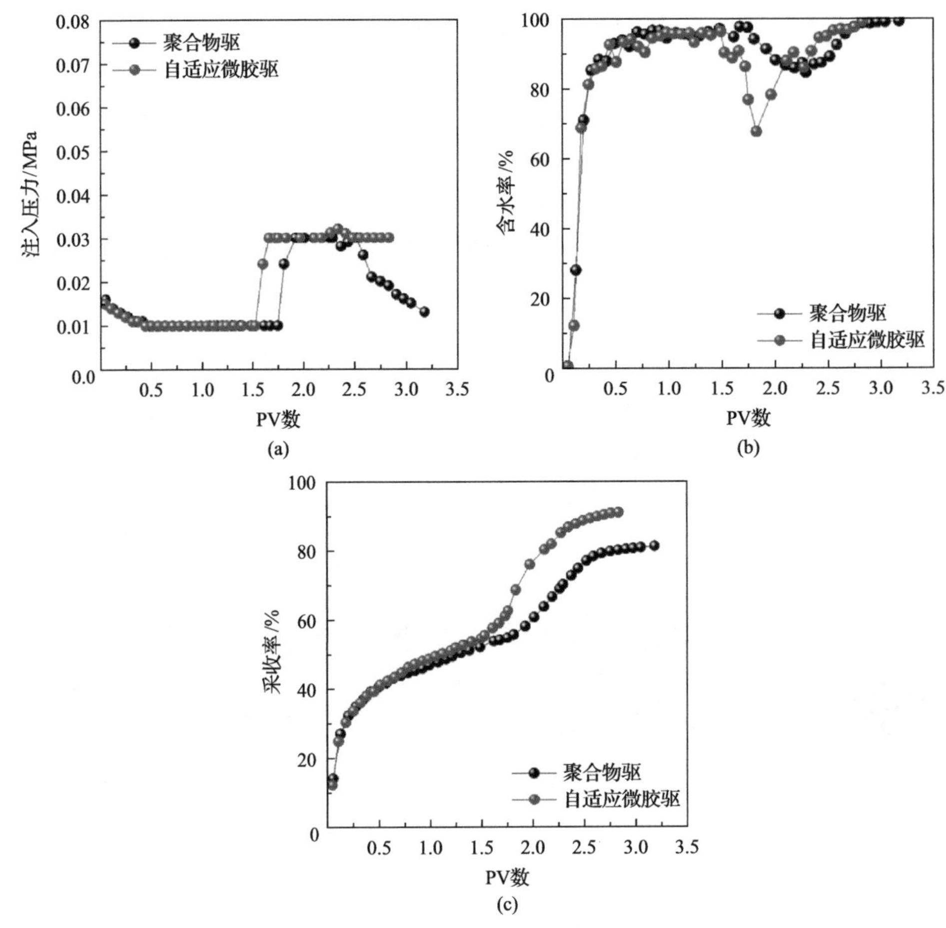

图 6.26　微观驱油实验过程中注入压力、含水率、采收率与 PV 数关系

6. 机理分析

1) 剩余油形成机理

(1) 网络模型。

网络模型使用大量毛细管及毛细管群组成的网络来模拟实际岩石孔隙，因此与毛细管数模型相比较，更接近实际岩石孔隙网络。

将砂粒两孔隙间的连通简化为等径毛细管，砂粒间孔隙即孔隙节点，两孔隙间距离就是砂粒粒径，即每根毛细管的长度。考虑配位数为 4 的网络模型，且假设所有毛细管长度均为砂粒直径，设其值为 l。因为孔隙在各个方向的连通性不一样，所以简化的相配位数的 4 根毛细管半径各不相同(Quemada and Berli，2002)。

(2) 毛细管力。

假设相连通的 4 根毛细管直径大小存在如下关系：

$$d_4 > d_3 > d_2 > d_1 \tag{6.12}$$

毛细管力分别为

$$p_{ci} = \frac{2\sigma \cos\theta}{r_i} = \frac{4\sigma \cos\theta}{d_i}, \quad i = 1 \sim 4 \tag{6.13}$$

式中，r_i、d_i 分别为喉道半径与直径，μm；θ 为润湿角，(°)；σ 为油水两相界面张力，N/m；p_{ci} 为毛细管力，MPa。

则毛细管力大小满足如下关系：

$$p_{c4} < p_{c3} < p_{c2} < p_{c1} \tag{6.14}$$

(3)剩余油形成机理。

假设选取油藏中油、气、水的运动及分布只是驱替动力 Δp 和毛细管力 p_{ci} 共同作用的结果。驱替流体的流动方向为由左向右(首先通过毛细管 4)，洗油效率为 100%，即只要有驱替流体通过毛细管，则该毛细管中就没有剩余油(雷光伦等，2012)。

A. $\Delta p < p_{c4}$。

当驱替动力小于毛细管 4 中的毛细管力时，不足以驱动其中的原油，又由于 $p_{c4} < p_{c3} < p_{c2} < p_{c1}$，孔喉单元为未波及区域，整个孔喉单元中的原油不能被动用，形成剩余油分布形态如图 6.27 所示。

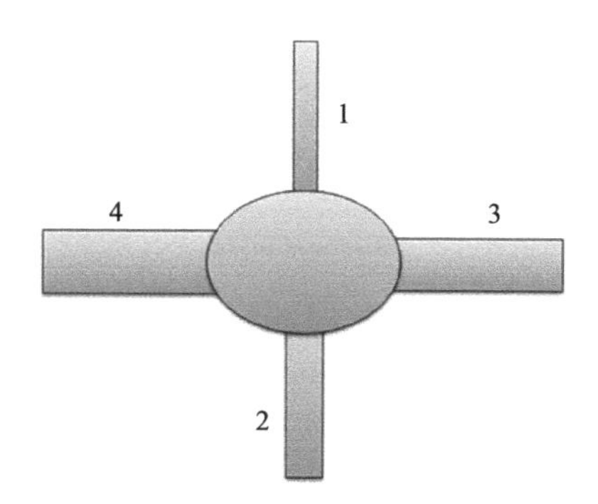

图 6.27　剩余油分布形态 ($\Delta p < p_{c4}$)

B. $p_{c4} \leqslant \Delta p < p_{c3}$。

当驱替动力大于等于毛细管 4 的毛细管力，但是小于毛细管 3 的毛细管力时，可启动毛细管 4 中的原油，但不足以启动毛细管 3 中的原油，故毛细管 3 中形成剩余油，又由于 $p_{c4} < p_{c3} < p_{c2} < p_{c1}$，毛细管 2 和 4 中也形成剩余油。因此，驱替流体从毛细管 4 进入孔隙，绕流之后又从毛细管 4 中流出，剩余油分布形态如图 6.28 所示。

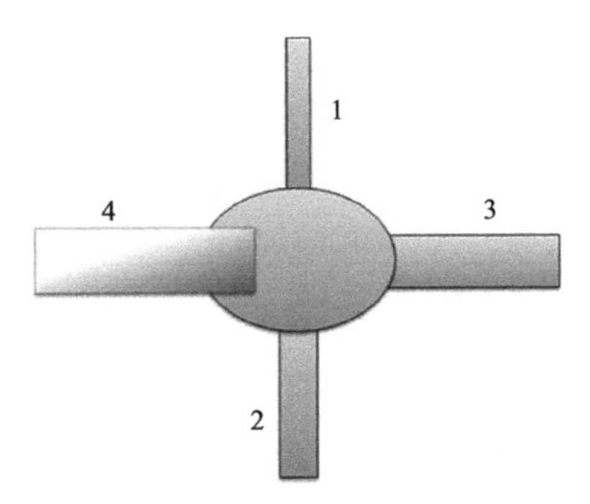

图 6.28　剩余油分布形态 ($p_{c4} \leqslant \Delta p < p_{c3}$)

C. $p_{c3} \leqslant \Delta p < p_{c2}$。

当驱替动力大于等于毛细管 3 的毛细管力，但是小于毛细管 2 的毛细管力时，可启动毛细管 1 和毛细管 3 中的原油，但不足以启动毛细管 2 中的原油，故毛细管 2 中形成剩余油，又由于 $p_{c4} < p_{c3} < p_{c2} < p_{c1}$，毛细管 1 中也形成剩余油。驱替流体从毛细管 4 进入孔隙，从毛细管 3 流出，剩余油分布形态如图 6.29 所示。

D. $p_{c2} \leqslant \Delta p < p_{c1}$。

当驱替动力大于等于毛细管 2 的毛细管力，但是小于毛细管 1 的毛细管力时，可启动毛细管 2、3 和 4 中的原油，但不足以启动毛细管 1 中的原油，故形成剩余油，驱替流体从毛细管 4 进入孔隙，从毛细管 2 和 3 流出，剩余油分布形态如图 6.30 所示。

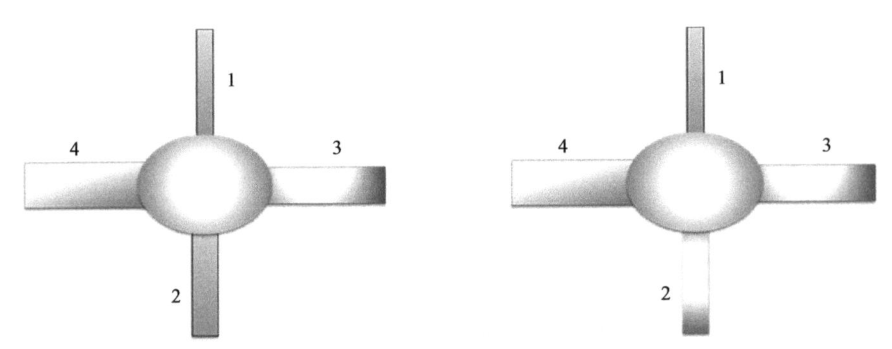

图 6.29　剩余油分布形态 ($p_{c3} \leqslant \Delta p < p_{c2}$)　图 6.30　剩余油分布形态 ($p_{c2} \leqslant \Delta p < p_{c1}$)

E. $p_{c1} \leqslant \Delta p$。

当驱替动力大于等于毛细管 1 的毛细管力时，可启动毛细管 1、2、3 和 4 中的原油。驱替流体从毛细管 4 进入孔隙，从毛细管 1、2 和 3 流出，可以认为波及了孔隙中的全部原油，剩余油分布形态如图 6.31 所示。

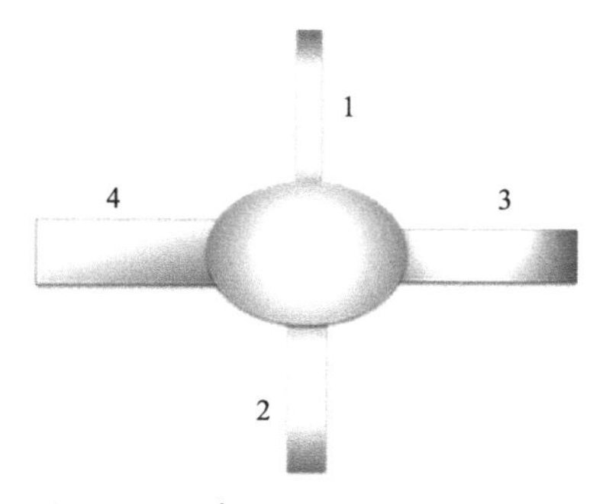

图 6.31　剩余油分布形态 ($p_{c1} \leqslant \Delta p$)

2) 驱替方法

由于剩余油是驱替动力与毛细管力共同作用的结果，可采用以下方法驱替毛细管中的剩余油。

(1) 降低油水两相界面张力 σ 。

降低油水两相界面张力可以减小毛细管力，使驱替动力大于毛细管力，以启动小孔隙中的剩余油。普遍采用的方法是表面活性剂驱，但是表面活性剂驱存在表面活性剂滞留、乳化和流度控制等问题，限制了其应用范围。

(2) 在地层中任意点增加一个附加压力梯度。

这是一种新发展起来的提高采收率方法，在驱替动力的基础上，在地层中任意点增加一个附加压力梯度，以启动中小孔隙的剩余油。自适应微胶能够运移至油藏深部，可以在孔喉处产生封堵效应，并在此处产生一个附加压力梯度，此附加压力梯度与驱替压力梯度共同作为驱替动力即可启动剩余油，达到提高采收率的目的。

3) 微胶液流转向能力及其提高采收率机理

自适应微胶在孔喉处封堵，产生一个附加压力梯度，驱替压力梯度与此附加压力梯度共同使液流方向发生转变，启动之前无法动用的毛细管，起到深部液流转向的作用。当压力升高至一定值时，微胶发生变形，运移通过该喉道继续向前运移。自适应微胶在油藏岩石孔喉中通过运移→捕集→变形→再运移→再捕集→再变形来全程封堵地层孔喉，不断改变油藏岩石中注入流体的流动方向，有效增大油层尤其是深部和油井附近油层的波及体积，实现深部液流转向和提高采收率的目的。

以图 6.32 为例，自适应微胶首先从毛细管 4 进入孔隙，微胶总是沿着阻力最小的方向运移，因此会进入毛细管 3 并产生封堵效应，从而使液流转向。

自适应微胶作用于毛细管 3 的入口端，产生一个附加压力，该压力最大值为 p_t ，一旦压力超过该值，微胶便会发生弹性变形，运移通过毛细管 3。在微胶逐渐弹性变形通过毛细管 3 的过程中，驱替压力与附加压力的合力作用于该孔喉模型，起到液流转向作用，有利于启动毛细管 1 和 2 中的剩余油。

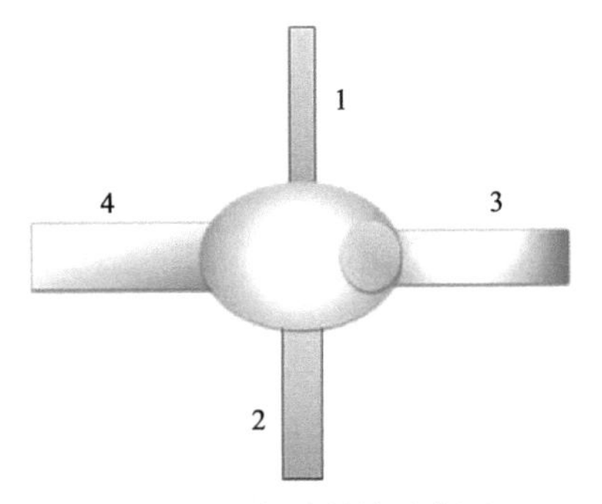

图 6.32　微胶封堵示意图

则启动毛细管 2 中剩余油的临界条件为

$$p_t + \Delta p = p_{c2} \tag{6.15}$$

启动毛细管 1 和 2 中剩余油的临界条件为

$$p_t + \Delta p = p_{c1} \tag{6.16}$$

(1) $p_t + \Delta p < p_{c2}$。

自适应微胶封堵产生的附加压力与驱替压力的合力小于毛细管 2 的毛细管力，驱替流体不会进入毛细管 2，毛细管 1 中的剩余油也不能被启动，此时剩余油分布形态如图 6.32 所示。

(2) $p_{c2} \leqslant p_t + \Delta p < p_{c1}$。

自适应微胶封堵产生的附加压力与驱替压力的合力大于毛细管 2 的毛细管力，但是小于毛细管 1 的毛细管力，因此，驱替流体可以进入毛细管 2，但是不能启动毛细管 1 中的剩余油，此时剩余油分布形态如图 6.33 所示。

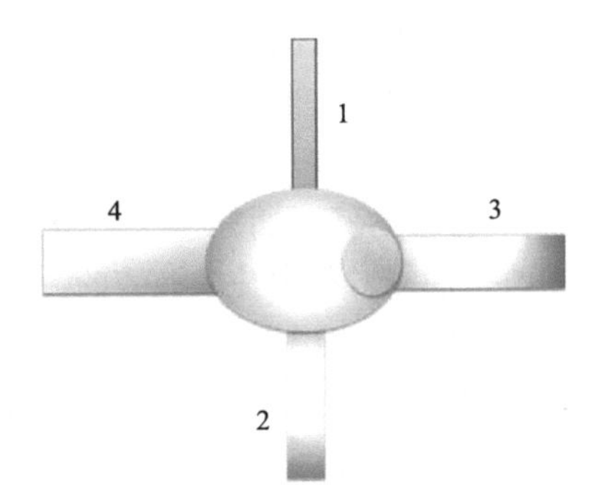

图 6.33　剩余油分布形态 ($p_{c2} \leqslant p_t + \Delta p < p_{c1}$)

(3) $p_{c1} \leqslant p_t + \Delta p$。

自适应微胶封堵产生的附加压力与驱替压力的合力大于等于毛细管 1 的毛细

管力，驱替流体可以进入毛细管 1 和毛细管 2，启动其中的剩余油，此时剩余油分布形态如图 6.34 所示。

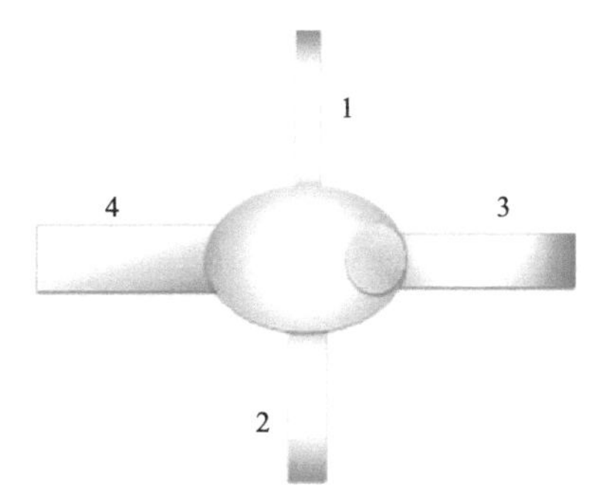

图 6.34　剩余油分布形态（$p_{c1} \leqslant p_t + \Delta p$）

6.5　低场核磁共振岩心实验测试调驱剂扩大波及体积效果

6.5.1　低场核磁共振岩心实验条件

1. 实验材料

1）药剂

自适应微胶 $Microgel_{(Y)}$，固含量为 100%，如图 6.35 所示；聚合物 PZ2 相对分子质量为 1900×10^4，固含量为 90%，如图 6.36 所示。以上药剂均由中国石油勘探开发研究院油田化学研究所提供。

图 6.35　$Microgel_{(Y)}$（质量分数为 0.3%）

图 6.36　聚合物 PZ2（质量浓度为 1800mg/L）

2) 油和水

实验用油为模拟油，由大庆油田第一采油厂脱气原油与煤油混合而成，其在45℃条件下黏度为9.8mPa·s。实验用水为大庆油田第一采油厂采出污水，水质分析见表2.1。

2. 岩心

岩心为石英砂环氧树脂胶结人造均质柱状岩心(张宝岩等，2016)，几何尺寸为ϕ2.5cm×5cm，岩心参数如表6.2所示。

表6.2　岩心参数

岩心编号	气测渗透率/$10^{-3}\mu m^2$	尺寸(直径×长度)/mm
1	950	25.1×50
2	950	25.1×50
3	960	25.1×50

3. 实验设备和流程

低场核磁共振岩心实验流程和实验设备见图6.37和图6.38。

4. 实验目的与原理

1) 实验目的

通过低场核磁共振岩心驱替实验，对比自适应微胶与聚合物的扩大波及体积效果，具体如下。

(1)在0.3mL/min恒流和0.1MPa恒压条件下对比自适应微胶扩大波及体积效果。

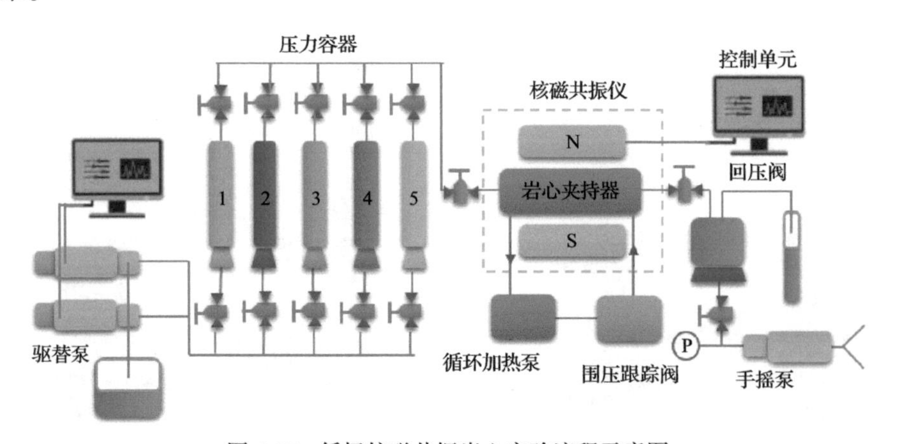

图6.37　低场核磁共振岩心实验流程示意图

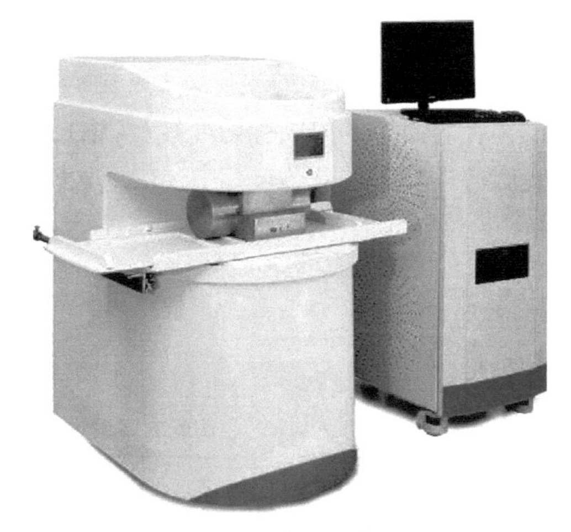

图 6.38　实验设备图

(2) 在恒流 0.3mL/min 条件下对比自适应微胶和聚合物扩大波及体积效果。

2) 实验原理

核磁共振是指磁矩不为零的原子核与磁场之间的相互作用，目前通常测量的是横向弛豫曲线，用横向弛豫时间 T_2 作为标识弛豫速度大小的常数；核磁共振驱替实验过程中测试的信号为岩心内部流体中的氢元素的信号(T_2 谱)；对含有水(油)的岩石进行核磁共振测量能够得到岩石孔隙中含氢质子流体的核磁弛豫信号(图 6.39)。

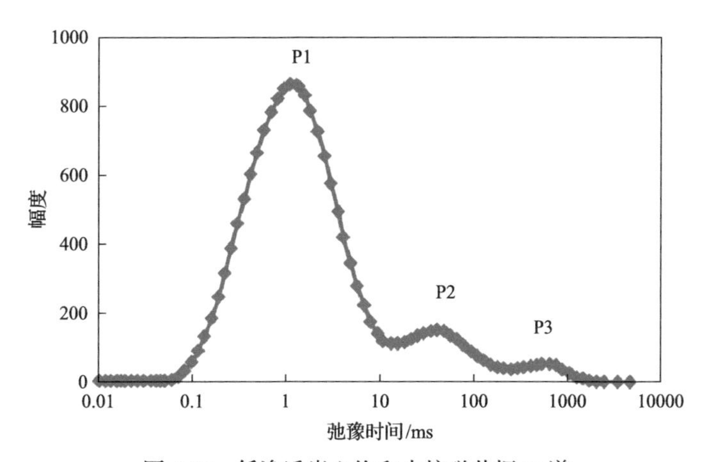

图 6.39　低渗透岩心饱和水核磁共振 T_2 谱

核磁共振技术获得的 T_2 谱反映的是岩样的所有孔隙大小的空间分布，弛豫时间越长孔隙直径越大，弛豫时间越短孔隙直径越小；使用信号幅度和弛豫时间围成的峰面积代表孔隙内液体体积；如图 6.39 所示为低渗透岩心饱和水核磁共振 T_2

谱图，左峰(P1 峰)下的面积代表小孔隙内液体体积，中间峰(P2 峰)下的面积代表中孔隙内液体体积，右峰(P3 峰)下的面积代表大孔隙内液体体积。因此，本实验通过测量含氢质子流体在岩心中的横向弛豫曲线(T_2 谱)，即可获得含氢流体在不同孔隙中的分布及在岩心中含量的变化。其中，在线驱替 T_2 谱为驱替过程中的所测 T_2 谱；离线 T_2 谱为驱替完成后所测 T_2 谱。

5. 实验步骤

方案设计如表 6.3 所示。

表 6.3　低场核磁共振岩心实验方案设计

方案编号	阶段 1	阶段 2
1	室温条件下，岩心恒压(0.1MPa)注纯净水，直到 T_2 谱曲线不再增加	再恒压(0.1MPa)注 Microgel$_{(Y)}$至信号量不再增加
2	室温条件下，岩心恒流(0.3mL/min)注纯净水，直到 T_2 谱曲线不再增加	再恒流(0.3mL/min)注 Microgel$_{(Y)}$至信号量不再增加
3	室温条件下，岩心恒流(0.3mL/min)注纯净水，直到 T_2 谱曲线不再增加	再恒流(0.3mL/min)注聚合物至信号量不再增加

6.5.2　低场核磁共振岩心实验结果分析

1)方案 1 中低场核磁共振岩心实验测试结果

图 6.40 为驱替过程中测得的系列 T_2 谱，水驱 T_2 曲线信号幅度较低，处于 200 以下，波及体积较低；而改换自适应微胶驱后信号幅度大幅增加，且主要增加中孔隙内液流体积(P2)。由图 6.41 可得离线 T_2 谱的峰面积，计算可以得出水驱波及体积为 10.6%，自适应微胶驱波及体积达到 62.38%，提高 51.78%。

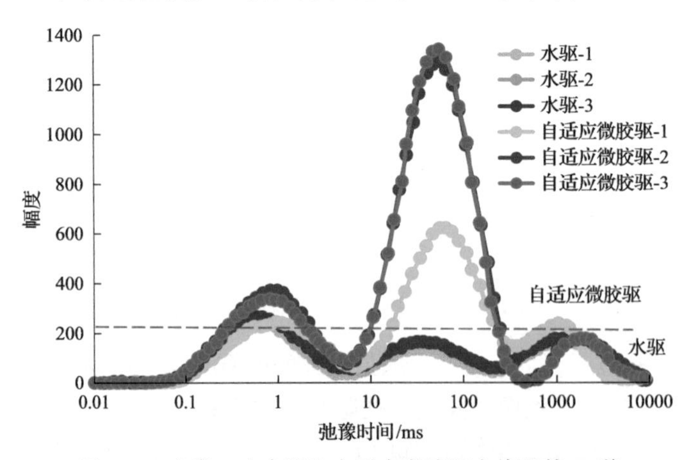

图 6.40　方案 1 中水驱和自适应微胶驱在线驱替 T_2 谱

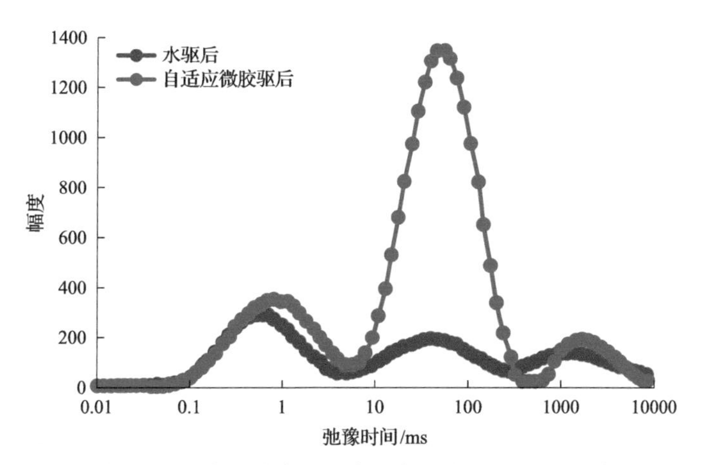

图 6.41　方案 1 中水驱和自适应微胶驱后离线 T_2 谱

2) 方案 2 中低场核磁共振岩心实验测试结果

图 6.42 为驱替过程中测得的系列 T_2 谱，水驱 T_2 曲线信号幅度较低，处于 400 以下，波及体积较低；而改换自适应微胶驱后信号幅度大幅增加，且主要增加中孔隙内液流体积(P2)。由图 6.43 中由离线 T_2 谱的峰面积计算可以得出水驱波及体积为 18.73%，自适应微胶驱波及体积达到 65.32%，提高 46.59%。

3) 方案 3 中低场核磁共振岩心实验测试结果

图 6.44 为驱替过程中测得的系列 T_2 谱，水驱 T_2 曲线信号幅度较低，处于 310 以下，波及体积较低；而改换聚合物驱后信号幅度增加，且主要增加中孔隙内液流体积(P2)。由图 6.45 离线 T_2 谱的峰面积计算可以得出水驱波及体积为 17.96%，聚合物驱波及体积达到 40.69%，提高 22.73%。

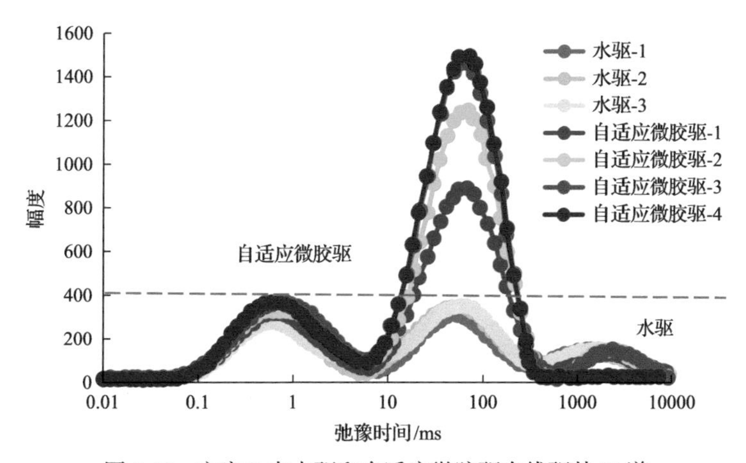

图 6.42　方案 2 中水驱和自适应微胶驱在线驱替 T_2 谱

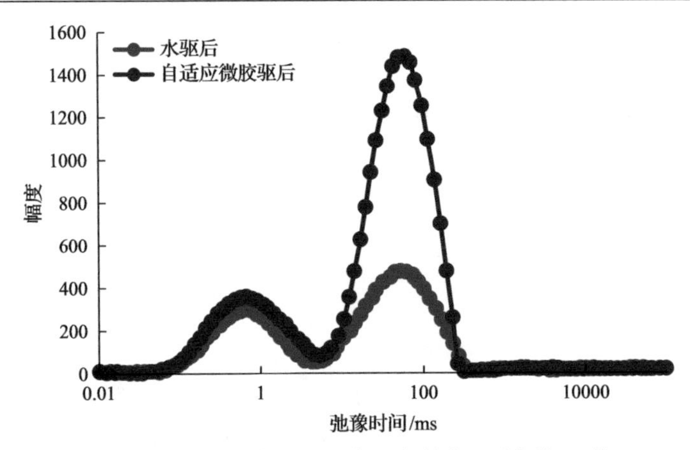

图 6.43　方案 2 中水驱和自适应微胶驱后离线 T_2 谱

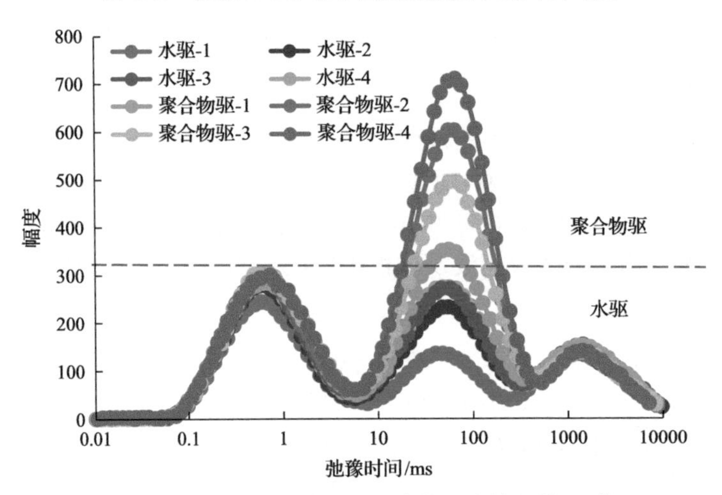

图 6.44　方案 3 中水驱和聚合物驱在线驱替 T_2 谱

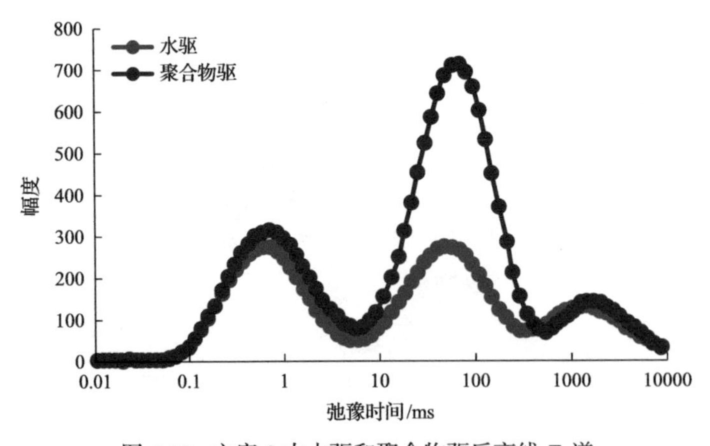

图 6.45　方案 3 中水驱和聚合物驱后离线 T_2 谱

4) 对比分析

将方案 1～方案 3 中低场核磁共振岩心实验测试结果绘制在同一 T_2 谱图中进行对比，数据结果汇总在表 6.4 中。

表 6.4　低场核磁共振实验结果对比

岩心编号	气测渗透率/$10^{-3}\mu m^2$	尺寸(直径×长度)/mm	注入条件	注入剂	水驱波及体积/%	注剂波及体积/%	扩大波及体积/%
3-1	950	25.1×50	恒流 0.3mL/min	$Microgel_{(Y)}$	18.73	65.32	46.59
3-2	950	25.1×50	恒压 0.1MPa	$Microgel_{(Y)}$	10.6	62.38	51.78
13-1	960	25.1×50	恒流 0.3mL/min	聚合物 PZ2	17.96	40.69	22.73

由图 6.46 可得，从水驱-1(自适应微胶水驱)和水驱-2(聚合物水驱)T_2 曲线来看，两块岩心特性基本相同，渗透率分别为 $960\times10^{-3}\mu m^2$、$950\times10^{-3}\mu m^2$，中孔峰顶信号幅度处于 300～400，通过峰面积计算两块岩心水驱波及体积均在 18%左右；聚合物驱在水驱的基础上中孔峰顶信号幅度增加到 700 左右，水驱的基础上增加波及体积 22.73%；而自适应微胶驱在水驱的基础上中孔峰顶信号幅度增加到 1500 左右，远远高于聚合物驱的增幅，水驱基础上增加波及体积 46.59%。

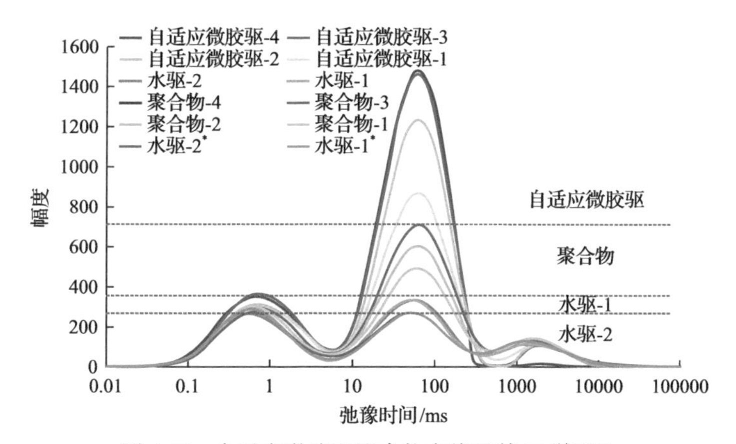

图 6.46　自适应微胶和聚合物在线驱替 T_2 谱对比

由表 6.4 可得，恒流 0.3mL/min 条件下，自适应微胶驱扩大波及体积的效果远远高于聚合物驱；由于恒压 0.1MPa 下水流速度比恒流 0.3mL/min 更快，更易走优势通道，恒压水驱波及体积(10.6%)低于恒流水驱波及体积(18.73%)；恒流恒压条件下，自适应微胶驱最终扩大波及体积分别在 65.32%、62.38%，区分并不明显。

第 7 章　矿场应用情况

自 2007 年至今，自适应微胶颗粒水分散液体系调驱技术已经在大港、华北、辽河、青海、新疆、渤海等不同温度(28～130℃)、不同储层油黏度(4～165mPa·s)、不同地层水矿化度(2000～200000mg/L)、不同含水率(80%～98%)和不同采出程度(15%～48%)的多个油藏进行了矿场试验或应用，均取得明显的技术经济效果，该项技术也得以不断完善。

7.1　典型现场应用实例

7.1.1　华北油田 Z70

Z70 断块普通稠油油藏储层原油黏度为 165mPa·s，温度为 93℃，储层非均质严重，注水开发含水率上升快，采出程度为 7.6%时含水率即高达 83%。为控制水油比的快速上升，2001～2003 年进行了注入交联聚合物驱油矿场试验，仅取得有限的效果，且较高黏度的聚合物还对低渗透层、区造成伤害，导致部分井后继注水困难。自 2010 年开始采用自适应微胶颗粒水分散液体系调驱技术，最终解决了这一问题，并显著改善了开发效果。

全油藏总计注入 0.086PV、3000mg/L 的分散液。开始注入 1 个月后，油田含水率快速下降、日产油量快速上升。在注自适应微胶期间含水率由 81.1%下降至 74.8%，日产油率增加 1 倍；在注聚合物后继注水期间含水率继续降低至 75%，截至目前含水率回升至 77%以上，但自适应微胶调驱的效果仍然延续，计算采收率提高了 5.8%。

1. Z70 主断块油田概况及开发矛盾

Z70 断块油田是一个受 SHN 大断层所控制的断鼻构造，油藏被 5 条断层切割成 6 个次一级小断块(图 7.1)。油层中部埋深 2400m，含油面积 0.86km^2，地质储量 175×10^{4}t，储层原油黏度为 165mPa·s，储层为河流相沉积，具有较强的非均质性，平面渗透率级差为 31.6，纵向渗透率级差为 34.8，渗透率分布范围在 11×10^{-3}～2290×10^{-3}μm^2，平均渗透率 341×10^{-3}μm^2，平均孔隙度 24.9%，油层连通率 72.8%，经取心井岩心分析，储层孔喉宽度分布在 0.5～47.5μm，其中 76%的孔喉宽度分布在 5～15μm。1998 年 11 月开始衰竭开发，2001 年 12 月开始注水开发。油田共有采油井 16 口、注水井 6 口，目前综合含水率 76%，采出程度 16%。

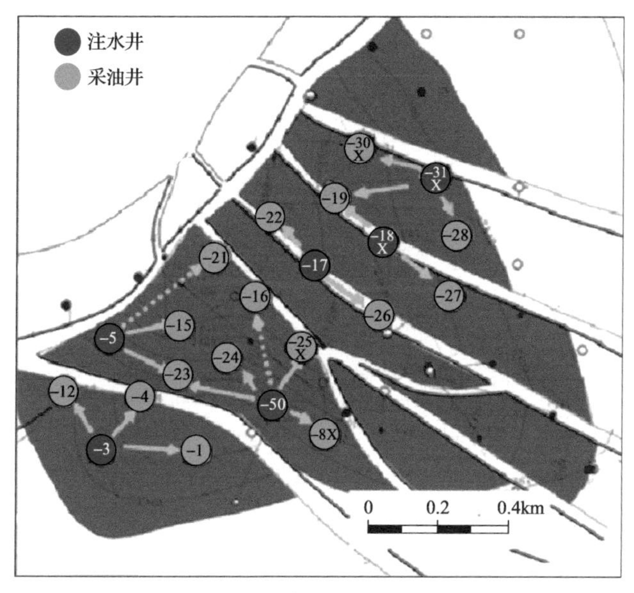

图 7.1　Z70 断块试验区井网图

该油田水驱开发存在以下问题：一是地下原油黏度为 165mPa·s，油水黏度比 550，二是储层非均质性强，层间、平面矛盾突出，统计 6 个注水井组，连通 16 口采油井，注水快速突进的井占 35.7%，缓慢推进的井占 50.1%，水驱效果不明显的井占 14.2%。据注水井吸水剖面资料统计，不吸水/弱吸水层数比例为 44.2%，次吸水层数比例占 38.5%，主吸水层数比例占 17.3%。以上原因导致注入水指进、舌进，含水率上升快，水驱效率低。

2. 交联聚合物凝胶注入试验

因为油藏温度高达 93℃，超出传统聚合物的承受范围。2002 年在该区域开始注入交联聚合物凝胶，该交联体系可以在油藏温度下保持一定时间的稳定，且可以在同等聚合物浓度下获取更高的注入黏度。注入聚合物浓度为 800～1300mg/L，成胶后的黏度为 2000～3000mPa·s，累计注入聚合物 0.13PV。在注入交联聚合物凝胶后，注入压力上升速度快、幅度高，平均注入压力由 11.5MPa 提高到 20.2MPa，压力抬升 8.7MPa。如图 7.2 所示连通采油井有明显反应，初期产油量明显提升，后期产油量变化不明显，对含水率的控制作用明显，但有效期较短，含水率在波动中持续上升，交联聚合物驱阶段含水率上升率仍然达到 3.8%。

在注入过程中，曾 4 次造成井筒堵塞，只能解堵后继续注入，并因此造成储层堵塞污染，平均视吸水指数由 $3.6m^3/(d\cdot MPa)$降至 $3.0m^3/(d\cdot MPa)$，且导致后续注水困难，只能在较高的注入压力下进行，增加了能耗。从吸水剖面的监测结果看，预期的剖面调整作用不明显。

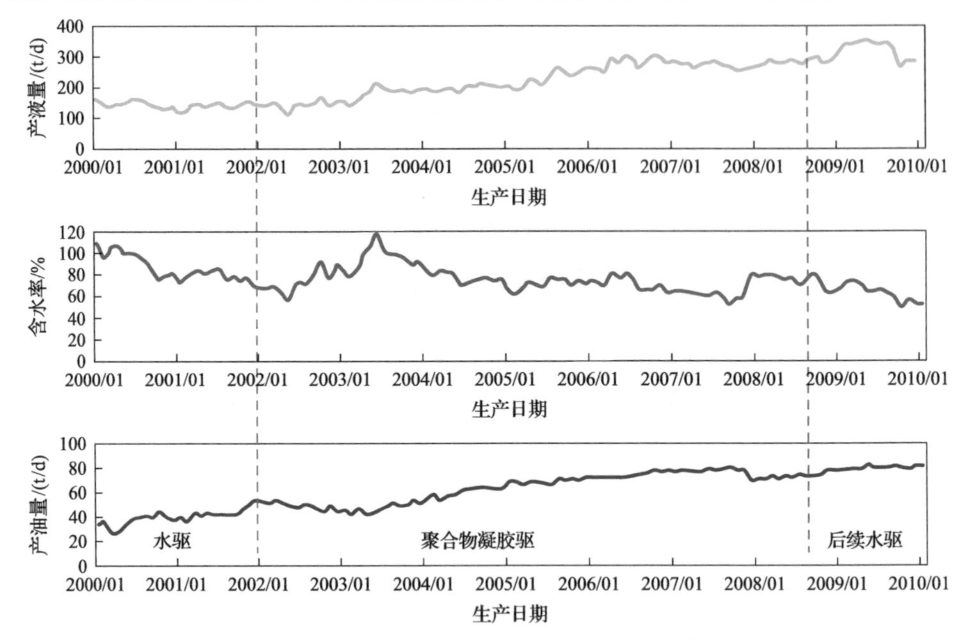

图 7.2　交联聚合物凝胶注入试验生产动态曲线

3. 在线注入和方案优化调整

与传统聚合物溶解于水形成连续相黏性流体不同，自适应微胶在应用时是颗粒在水中形成分散液，不怕流程中的剪切，且其视黏度很低，因此对注入设备要求简单，非常易于注入。如图 7.3 所示可采用单泵对单井注入工艺流程在线注入，此流程可根据注入压力的变化、生产井反应，以及其他监测资料，即时调整注入的自适应微胶颗粒大小和浓度，以便获取最佳效果。

图 7.3　注入设备

根据 Z70 断块的渗透率大小及孔喉大小分布，确定以微米级自适应微胶为主体段塞，在注入过程中根据情况对需要的注水井向上或向下调整注入自适应微胶的粒径级别。项目于 2010 年 1 月开始施工，表现出注水井爬坡压力小、体系注入性好的特点。注入压力上升幅度在 0.3～3.6MPa，平均爬坡压力为 1.0MPa，注入过程中部分井对自适应微胶的颗粒直径有相应的调整，断块油田六口注水井的注入参数及过程调整结果如表 7.1 所示。例如，Z70-31X 井在注入过程中因为注入压力上升缓慢，将注入的微米级自适应微胶调整为亚毫米级自适应微胶，该井在注入自适应微胶一个月后，对应的 3 口生产井全部明显见效，在注入压力升高到 0.5MPa 时，对对应的生产井 Z70-28 井、Z70-30 井进行了调参、换泵提液等工作，随之将 Z70-31X 井的日注速度进行了相应的增加，从而将注水强度与采液强度的比值匹配至较高水平，这个过程中产油量持续上升，含水率持续下降，如表 7.2 所示。

表 7.1　Z70 断块调驱情况表

井号	浓度/(mg/L)	爬坡压力/MPa	累注/m^3	备注
Z70-31X	3000	1.0	20677	粒径由微米级调整为亚毫米级
Z70-17	3000	0.5	20097	
Z70-18X	3000	3.6	19209	
Z70-5	3000	1.0	7566	
Z70-50	3000	0.3	35000	粒径由微米级调整为纳米级
Z70-3	3000	1.2	15110	粒径由微米级调整为纳米级
小计 6 口		1.27	19609.8	

表 7.2　Z70-31X 井组调驱见效后提液统计表

井号	注入日期	治理内容	措施前				措施后				对比			
			日产液量/t	日产油量/t	含水率/%	动液面/m	日产液量/t	日产油量/t	含水率/%	动液面/m	日产液量/t	日产油量/t	含水率/%	动液面/m
Z70-30	2010/07/19～07/22	换大泵提液	14	3.8	72.9	438	41	10.5	74.4	0	27	6.7	1.5	–438
Z70-28	2010/07/17	调参提液	44	4	90.9	358	57	5.7	90.0	364	13	1.7	–0.9	6
合计 2 口井			58	7.8	81.9	398	98	16.2	82.2	182	40	8.4	–3.1	–216

4. 结果及分析

Z70 主断块总注入自适应微胶 0.086PV，总液量为 20.9 万 m^3，如图 7.4 所示，注入自适应微胶后 1 个月开始见效，最高日产油量由 47.6t 升至 91.2t；最高含水率由 81.1%降至 74.8%，截至目前增产原油 6.08 万 t，图 7.5 含水率与采出程度关系图显示，油藏含水率保持平稳并略有下降，曲线继续向采收率为 30%的理论曲线靠近，计算提高采收率 5.8 个百分点。目前自适应微胶调驱仍然有效，另外，因为自 2013 年开始先后有三口注水井因故障停止注水，油藏产液量大幅下降，产油量也受到较大影响，使总体的提高采收率效果打了折扣。例如，2013 年 3 月开始 Z70-31X 井因为沙埋等故障，注入压力持续升高并最终停注待修。经济测算结果：当油价为 100 美元/Bbl 时，投入产出比为 1∶9.6，当油价为 40 美元/Bbl 时，投入产出比为 1∶3.9，该断块油田注自适应微胶前水驱时桶油成本为 28.8 美元，注自适应微胶后桶油成本为 19.2 美元，桶油成本降低 9.6 美元。

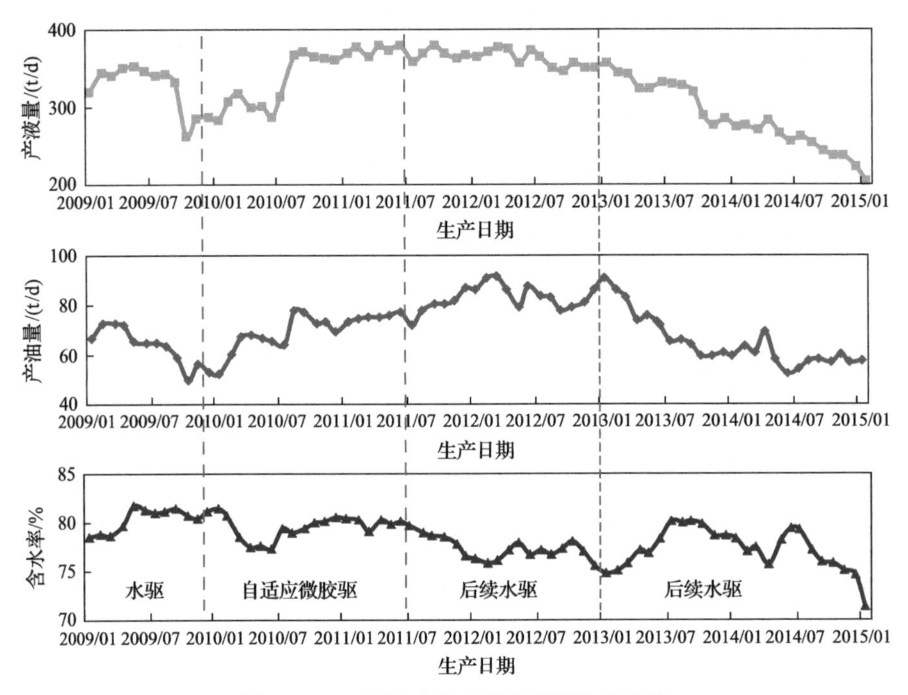

图 7.4　Z70 断块自适应微胶调驱生产曲线

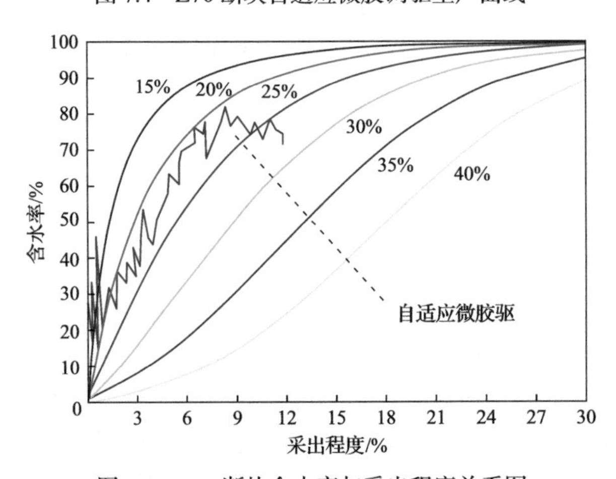

图 7.5　Z70 断块含水率与采出程度关系图

六口注水井对应的 16 口生产井都不同程度见效，且在后继注水期间保持了长时间的效果。对照注水井的吸水剖面在注自适应微胶前后的变化可以得出，自适应微胶的注入不仅对注水井纵向上的剖面有所调整，更重要的是大大提高了主产层的层内微观波及效率，这是自适应微胶调驱在 Z70 断块取得如此显著效果的主要原因。

7.1.2 辽河油田 LHSC

LHSC 是一个断鼻状半背斜构造(图 7.6)，总油层厚度平均为 78.4m，划分 4 个亚段(S_3^1、S_3^2、S_3^3、S_3^4)、12 个油层组、40 个砂岩组、93 个小层。其中 S_3^3、S_3^4 为主力油层，储层原油黏度为 14.5mPa·s，储层温度为 66℃，地层水矿化度为 3570mg/L。

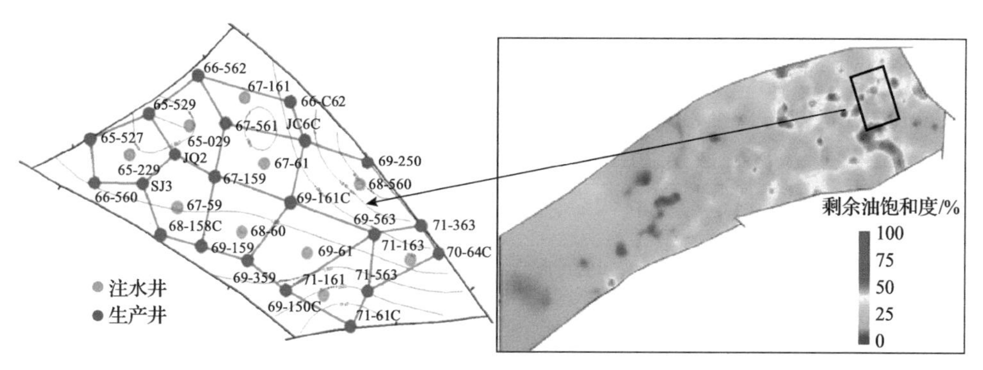

图 7.6 LHSC 先导试验区井位置

根据取心井岩心分析，平均孔隙度为 22.4%，平均渗透率为 934×10^{-3}μm^2，S_3^4 Ⅲ-1-1 单砂层的渗透率最大，平均为 1788×10^{-3}μm^2，向下储层渗透率都呈降低趋势，渗透率变异系数在 0.21～1.49(表 7.3)，储层非均质性强。

表 7.3 LHSC 油藏层内非均质性

小层	样品号	渗透率/10^{-3}μm^2			级差	变异系数
		最大	最小	平均		
S_3^4 Ⅲ-1-1	37	1409	2167	1788	1.54	0.21
S_3^4 Ⅲ-1-2	41	146	2620	1383	17.95	1.05
S_3^4 Ⅲ-2-3	42	100	3114	1607	31.14	1.49
S_3^4 Ⅲ-2-4	43	14	171	92.5	12.21	0.85
S_3^4 Ⅲ-2-5	44	53	1887	970	35.6	0.77

续表

小层	样品号	渗透率/$10^{-3}\mu m^2$			级差	变异系数
		最大	最小	平均		
S_3^4 Ⅲ-2-5	45	117	2565	1341	21.92	0.95
S_3^4 Ⅲ-2-5	46	72	2741	1470	38.07	0.74
S_3^4 Ⅲ-3-6	47	56	1704	880	30.43	0.86
S_3^4 Ⅲ-3-6	48	21	1503	762	71.57	0.91
S_3^4 Ⅲ-3-7	50	357	1520	939	4.26	0.49
平均		235	1999	1117	26.47	0.83

LHSC 油藏历经 30 年开发，目前采用 5 点法面积井网，注采井距 150m，截至 2010 年 6 月，单井平均日产油量 1.5t，含水率 93.9%，采出程度 22.7%。由于纵向上层多，且层内非均质较强，水驱含水率上升快，目前进入高含水开发阶段。10 个井组的试验区，截至 2010 年 6 月，单井平均日产油量 1.3t，含水率 95.3%，采出程度 24.8%。自适应微胶调驱目的层如表 7.3 所示为 S_3^4 Ⅲ段。

1. 方案设计及实施过程中的调整

1) 技术思路

结合 LHSC 油藏的地质和开发矛盾，设计方案的思路是采用交联聚合物凝胶(LPG)携带 SLG(较大粒径颗粒：直径 1～4mm)先对强吸水层或近井地带可能存在的较大的水流优势通道进行较强的封堵和抑制，避免后继注入的自适应微胶水分散液窜流，使不同颗粒大小分布的自适应微胶颗粒能够进入储层深部次级优势通道中适度发挥暂堵→突破→再暂堵→再突破的重复过程，在这一过程中使分散液中的水转向进入相对低渗或小孔隙中，驱出其中的剩余油。

2) 段塞设计

试验区选在油藏东南部的 10 注 21 采井区(图 7.7)，开展了相应的物理模拟和数值模拟研究工作。前置封堵段塞：采用交联聚合物凝胶(复合离子 0.2%～0.4%)携带预交联体膨颗粒(0.1%～0.5%)，颗粒尺寸设计为 0.5～2mm，注入溶液总量 $7.4\times10^4m^3$。自适应微胶主段塞设计注入段塞尺寸 0.3PV，注入溶液总液量 $50.56\times10^4m^3$，注入自适应微胶用量为 1053.2t，日配注 $550m^3$。采用三级段塞注入方式，段塞 1[0.05PV 亚毫米级自适应微胶(3000mg/L)]+段塞 2[0.2PV 微米级自适应微胶(2000mg/L)]+段塞 3[0.05PV 微米级自适应微胶(1500mg/L)]，注入时间为 2.5 年。

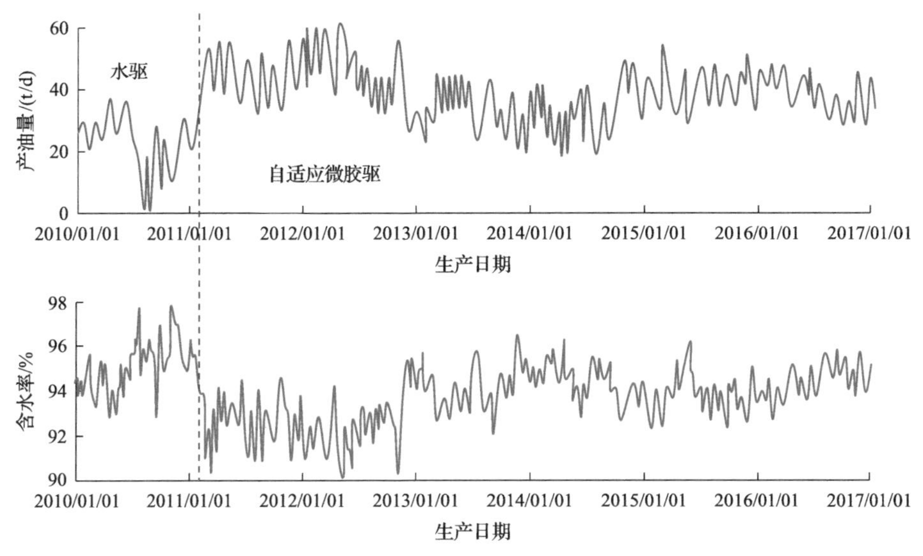

图 7.7　LHSC 自适应微胶调驱生产曲线

3) 实施过程及跟踪调整

2010 年 12 月开始注入前置段塞，2011 年 6 月开始注入自适应微胶段塞，2013 年 12 月底因注入困难暂停，当时已完成 0.27PV，2015 年 8 月有 3 口井恢复注入自适应微胶，累计注入约 0.29PV，目前已经停注。在此过程中根据生产井产油量和含水率的变化，以及注水井的压力变化，进行了多项调整工作。

在实施过程中部分井压力升高较大，为满足注入要求在地面流程中又增加了增压泵，后期发现前置段塞对储层造成了堵塞，导致后继的自适应微胶主段塞很难注入储层深部发挥作用，不得已降低了自适应微胶的注入粒径，虽然相对较小粒径的自适应微胶能够注入储层深部，但发挥的作用打了折扣，2012 年 12 月开始增产效果受到影响开始下降；针对部分井升压不明显，部分时间段或将自适应微胶的注入浓度由 3000mg/L 调整至 4000mg/L，或将自适应微胶注入粒径由微米级调升至亚毫米级，调整后对应生产井产油量均明显上升，含水率明显下降；为了进一步提高储层的动用程度，5 口井开展了自适应微胶分层注入工艺，吸水厚度比例由 45.3%提高到 67.8%；针对 2 口井注入压力持续增高达到了 21MPa 以上的问题，进行了小型压裂使注入压力下降了 2～5MPa，基本达到了油藏配注要求。

2. 技术效果

自适应微胶注入后，试验区产量明显上升，日产油量由空白水驱的 27.0t 上升至 58.5t，含水率由 95.3%下降到 91.1%，累计增产原油 3.2×10^4t、降水 52.63×10^4m^3。自适应微胶停注改水驱后生产形势依然向好，效果持续保持稳定，在如此苛刻的油藏条件下，以及并不很顺利的注入情况下，取得了明显的技术和经济效果。

1) 产油量和含水率

如图 7.7 所示，自 2010 年 10 月前置段塞开始注入后，日产油量明显上升，含水率明显下降，日产油量由空白水驱阶段(2010 年的 12 月)的 27.0t 上升至 2012 年 2 月的 58.5t，含水率由 95.3%下降到 91.1%；2011 年 6 月开始注入自适应微胶段塞后，产油量和含水率分别有一定程度的上升和下降，2012 年 12 月由于近井地带的堵塞越发强化，自适应微胶注入困难，将其粒径由亚毫米级改为微米级后，继续注入，直到 2014 年 1 月全部停止自适应微胶注入，改为单纯注水，这一期间，由于注入储层深部的是小粒径的自适应微胶颗粒，其效果打了折扣，增油降水效果相应比之前变差，但仍比之前水驱效果要好，停注自适应微胶后继注水期间，随着贮留储层中的自适应微胶颗粒的不断运移分布，其继续发挥作用，生产形势逐渐向好发展(这一期间未做其他措施)，2015 年只在 3 口井恢复了间断性的自适应微胶注入，目前试验区整体维持在较好的状态。

这一过程体现了自适应微胶调驱技术的规律，即自适应微胶在储层中通过暂堵→突破→再暂堵→再突破的亿万次重复过程，不断使注入水转向进入相对低渗或小孔隙中，驱出其中的剩余油，这一机理决定了自适应微胶的有效期长。

2) 响应情况

(1)生产井见效率增加。

自适应微胶调驱前后，油井的见效方向发生改变(表 7.4)，油井单向受效比例由自适应微胶调驱前的 42.9%下降到自适应微胶调驱后的 28.6%，双向受效比例由自适应微胶调驱前的 42.9%上升到自适应微胶调驱后的 47.6%，多向受效比例由自适应微胶调驱前的 14.2%提高到自适应微胶调驱后的 23.8%。

表 7.4　LHSC 生产井受益方向比较

项目	总受益井/口	单向		双向		多向	
		生产井数/口	比例/%	生产井数/口	比例/%	生产井数/口	比例/%
调驱前	21	9	42.9	9	42.9	3	14.2
调驱后	21	6	28.6	10	47.6	5	23.8
差异		–3	–14.3	1	4.7	2	9.6

(2)注入压力上升、视吸水指数降低。

统计了 10 口注水井在自适应微胶调驱前后的注入压力、视吸水指数的变化，(表 7.5)，结果显示：①在自适应微胶注入过程中，压力均有不同程度的上升；②自适应微胶调驱后的注水压力有一定程度的抬升，单井平均上升 4.5MPa。

表 7.5　微胶调驱前后典型注水井注入压力和表观黏度

注水井	注微胶期间注入压力/MPa	调驱前			调驱后			压力增加/MPa	表观黏度下降幅度/%
		压力/MPa	注入速率/(m³/d)	表观黏度/[m³/(d·MPa)]	压力/MPa	注入速率/(m³/d)	表观黏度/[m³/(d·MPa)]		
L65-029	0.5	14	51	3.6	18	60	3.3	4	8.3
L65-229	2	9.5	50	5.3	12	60	5.0	2.5	5.7
L67-59	1	13	65	5.0	14.2	70	4.9	1.2	2
L67-61	3.7	11.5	81	7.0	23	41	1.8	11.5	74.3
L68-60	0.5	13	60	4.6	16.5	65	3.9	3.5	15.2
L67-161	2.5	11	60	5.5	17.5	80	4.6	6.5	16.4
L68-560	3.5	12	72	6.0	17	67	3.9	5	35
L69-61	3.6	11.7	50	4.3	15.5	60	3.9	3.8	9.3
L71-161	0.5	14	40	2.9	14.5	40	2.8	0.5	3.4
L71-163	6.5	11.5	81	7.0	18	58	3.2	6.5	54.3

3)提高采收率

由于 LHSC 在实际注入过程中出现堵塞造成增油效果在中间形成塌陷，无法真实体现提高采收率效果，采用 Eclipse 数值模拟软件(图 7.8)，在拟合截至目前的实际开发效果后，预测十年后的增油效果，如图 7.8 的 *A* 曲线所示；在采用该模型拟合实际生产历史后，优化相关段塞参数重新计算自适应微胶驱油的过程，使该过程能顺利注入，消除实际注入过程中堵塞、增压注入的影响后预测其生产效果，如图 7.8 的 *B* 曲线所示。实际自适应微胶调驱过程提高采收率 4.9%，而优化方式 *B* 提高采收率为 5.3%。

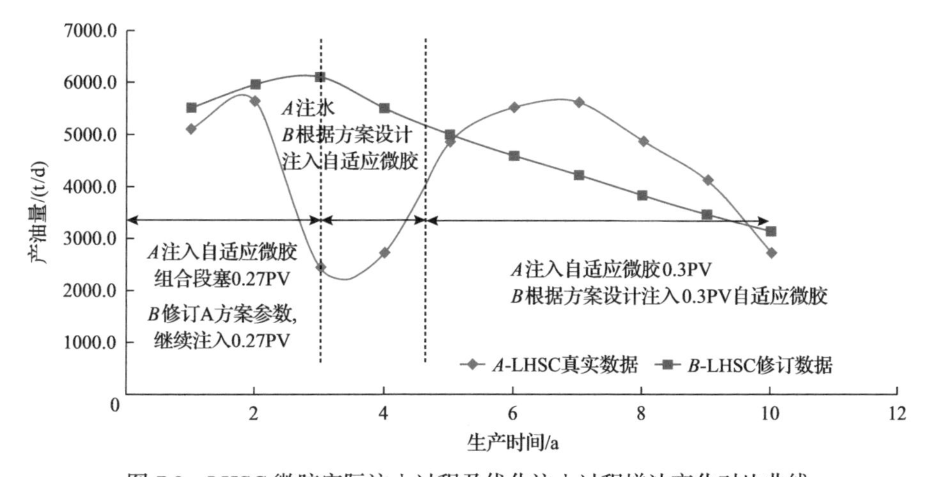

图 7.8　LHSC 微胶实际注入过程及优化注入过程增油变化对比曲线

3. 经济效果

按逐年实际价格计算，项目实际总收入 21178.7×10^3 美元，全部按 30 美元/Bbl 的低油价计算，总收入为 9597.4×10^3 美元，项目总投入 6886.5×10^3 美元，计算实际投入产出比为 1∶3.1，即使在 30 美元/Bbl 的低油价下仍然可以取得 1∶1.4 的投入产出比，项目仍然具有较好的盈利能力；如果考虑在优化情况下完成项目，即 *B* 曲线，按逐年实际油价和 30 美元/Bbl 的低油价计算，经济效益还要好一些，投入产出比分别为 1∶4.1 和 1∶1.8。项目实际 EOR 桶油操作成本为 21.5 美元/Bbl，优化后的 *B* 曲线 EOR 桶油操作成本为 16.8 美元/Bbl，而 LHSC 的水驱采油桶油操作成本为 52.1 美元/Bbl，桶油操作成本有大幅的下降，如表 7.6 所示。

表 7.6　LHSC 试验区微胶驱经济参数

年份	*A*, LHSC 实际数据			B, LHSC 修订数据			真实油价/(美元/Bbl)
	年产油量/t	年收入/10^3 美元	年收入(按 30 美元/Bbl)/10^3 美元	年产油量/t	年收入/10^3 美元	年收入(按 30 美元/Bbl)/10^3 美元	
1	5110.7	3905.8	1126.9	5510.7	4211.5	1215.1	104.0
2	5626.6	4183.3	1240.7	5967.0	4436.4	1315.7	101.2
3	2440.8	1734.4	538.2	6096.0	4331.9	1344.2	96.7
4	2709.5	969.7	597.4	5492.0	1965.5	1211.0	48.7
5	4843.0	1674.5	1067.9	4981.0	1722.2	1098.3	47.0
6	5494.9	1981.5	1211.6	4578.0	1650.9	1009.4	49.1
7	5613.0	2058.1	1237.7	4213.0	1544.8	929.0	49.9
8	4853.0	1845.6	1070.1	3818.0	1452.0	841.9	51.7
9	4115.0	1589.9	907.4	3459.0	1336.4	762.7	52.6
10	2719.0	1235.9	599.5	3122.0	1419.1	688.4	61.8
累计增油量/t	43525.5			47236.7			
采收率增幅/%	4.9			5.3			
总收入/10^3 美元		21178.7	9597.4		24070.6	10415.7	
总投入/10^3 美元	6886.5				5825.9		
EOR 桶油操作成本/(美元/Bbl)	21.5			16.8			
投入产出比		1∶3.1	1∶1.4		1∶4.1	1∶1.8	

7.1.3　新疆油田 XJ6ZD

XJ6ZD 砾岩油藏，地下原油黏度 80mPa·s，类似于碳酸盐岩油藏，其储层沉积无明显韵律，孔喉结构、大小差异大，储层同时存在双重-多重孔渗系统，水驱油严重不均，传统的聚合物驱技术难以适应。2013 年开展的先导试验采用自适应微胶颗粒水分散体系段塞，并组合了多个聚合物凝胶小段塞，获得显著的增油降水效果。

在该油藏钻取了 8 口密闭取心井；开展岩心铸体薄片图像分析，研究储层孔隙的微观结构；通过压汞试验测试定量表征储层的孔喉大小及分布，并应用地质建模软件模拟预测了整个试验区储层孔喉大小分布。数值模拟结合井间示踪剂试验，量化了宏观水窜优势通道的分布和体积，并据此设计了自适应微胶调驱组合段塞参数。

试验区由 5 口注水井、11 口采油井组成，试验及检测结果表明，注采井间水驱速度相差 17 倍，最大水窜流速度高达 27.7m/d；储层孔隙结构主要为复模态-双模态-复模态，孔喉直径分布在 1.72～354.6μm。为控制含水率上升，油藏开发维持在较低的注入-采出液量水平，分散在多重孔渗体系中的剩余油难以启动。采用粒径大小在微米尺度范围变化的自适应微胶颗粒水分散液、低黏的大段塞与高黏的连续相交联聚合物凝胶小段塞交替注入。总注入液量为 0.2PV，试验开始 1 个月后，试验区含水率快速下降、日产油量快速上升。日产油量由 16.1t 提高到 62.2t，含水率最多时由 82.0%下降到 35.8%，中心井效果更加显著。试验区注入压力平均抬升 2MPa；日注水量和日采液量逐渐提升了 20%。对于储层孔隙结构复杂、大小差异大的砾岩油藏，在采用高黏度的聚合物凝胶对较大的串流通道抑制的基础上，采用新型亚毫米/微米级自适应微胶水分散段塞有利于驱动分散于孔隙空间的剩余油。

1. XJ6ZD 油田概况

XJ6ZD 为两条逆断裂夹持的断背斜构造，构造顶缓翼陡，埋藏深度为 380～430m，总油层厚度平均为 25.4m，划分为 2 个砂层组、7 个小层，其中 S_7^2、S_7^3 为主力油层，储层原油黏度为 80mPa·s，储层温度为 20.6℃，地层水矿化度为 4212mg/L。

根据取心井岩心分析，平均孔隙度为 19.9%，算术平均渗透率为 $649\times10^{-3}\mu m^2$，总的来看，$S_7^{2\text{-}3}$ 单砂层的渗透率最大，平均为 $1016.2\times10^{-3}\mu m^2$，向上和向下储层渗透率都呈降低的趋势。$S_7^2$ 和 S_7^3 单砂层储层渗透率级差 54.4～92.8，渗透率变异系数在 0.81～1.60（表 7.7），储层非均质性强。

XJ6ZD 油藏为冲积扇沉积体系，储集体的岩性复杂，可以划分为砾岩、砂砾岩和砂岩三大类。孔隙结构为复模态-双模态、双模态-单模态，砾岩储层以粒间孔和粒间溶孔为主，以发育复模态结构为主（图 7.9），孔隙大小以中孔-粗孔组合为主，孔喉分布不均。

表 7.7　XJ6ZD 油藏非均质性

小层	样本号	渗透率/$10^{-3}\mu m^2$			渗透率级差	变异系数
		最大	最小	平均		
S_6^3	2	862	55.5	230.0	15.5	1.24
S_7^1	8	4400	68.5	380.3	64.2	0.95
$S_7^{2\text{-}1}$	27	3660	54.5	366.9	67.2	1.09
$S_7^{2\text{-}2}$	25	5000	54.4	494.2	91.9	1.40
$S_7^{2\text{-}3}$	76	3800	69.8	1016.2	54.4	0.81
$S_7^{3\text{-}1}$	76	4700	54.2	653.4	86.7	0.90
$S_7^{3\text{-}2}$	28	5000	53.9	808.8	92.8	1.20
$S_7^{3\text{-}3}$	14	4460	51.2	436.7	87.1	1.60
S_7^4	9	3700	51.9	258.6	71.3	1.68
合计	265	5000	51.2	649	97.7	1.02

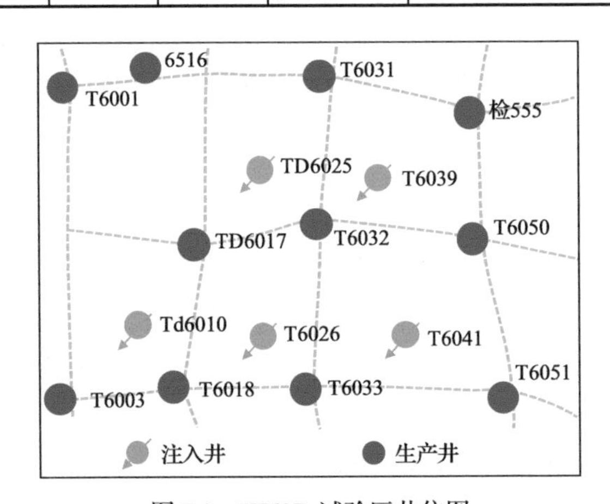

图 7.9　XJ62D 试验区井位图

XJ6ZD 油藏历经 40 年开发，目前采用 5 点法面积井网，注采井距 125m，截至 2012 年 5 月，单井平均日产油量 2.2t，含水率 80.8%，采出程度 25.5%。由于岩相变化快、孔喉结构多样、储层非均质严重，含水率上升快、产量递减明显，储层自下而上水流优势通道逐渐形成，水驱效率不断下降。砾岩油藏特有的双模态和复模态结构使储层同时存在单一、双重-多重孔渗系统，大量剩余油存在于低孔低渗区域无法有效采出(图 7.10)。

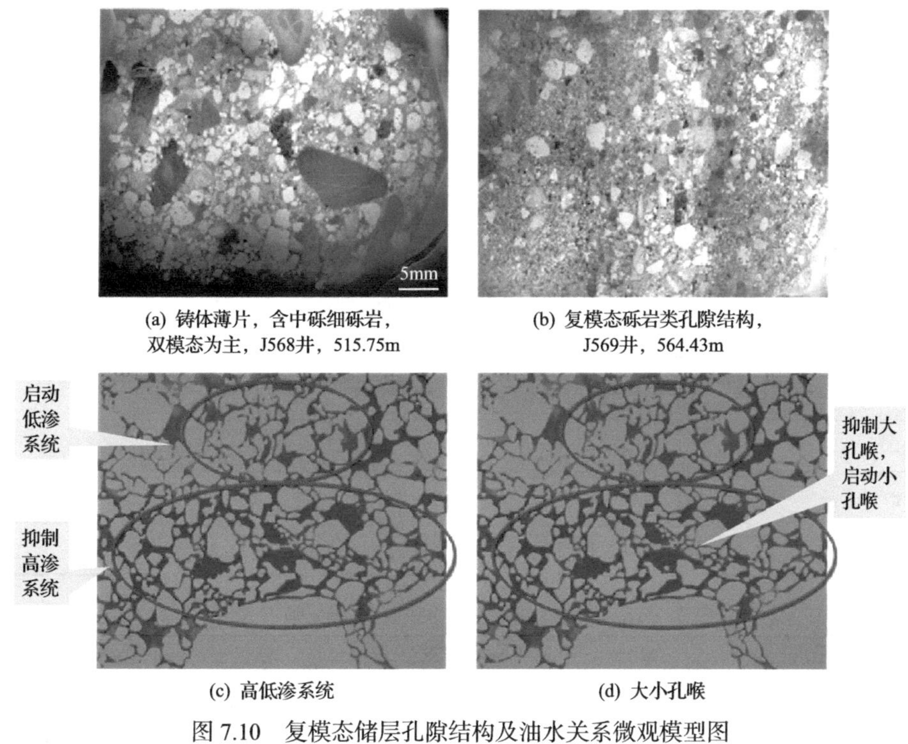

(a) 铸体薄片，含中砾细砾岩，双模态为主，J568井，515.75m　(b) 复模态砾岩类孔隙结构，J569井，564.43m

(c) 高低渗系统　(d) 大小孔喉

图7.10　复模态储层孔隙结构及油水关系微观模型图

红色表示油；蓝色表示水

2. 优势水流通道的识别、量化和分级

1) 铸体薄片

岩石薄片统计结果反映：储层喉道大小分布变化大，其中S_7^1层以中喉为主，其次则为粗喉。$S_7^{2\text{-}1}$、$S_7^{2\text{-}2}$、$S_7^{2\text{-}3}$、$S_7^{3\text{-}1}$、$S_7^{3\text{-}2}$、S_7^4层以粗喉为主，最大直径可达100μm以上，反映特粗-粗-中-细喉系统共存，$S_7^{3\text{-}3}$层喉道偏小，以中-细喉为主。孔隙大小以中孔为主，S_7^1和$S_7^{2\text{-}1}$层以小孔(<25μm)为主，其次为大孔。中孔和特大孔相对较少，其他层则以中孔为主，其次为大孔，特大孔较少。

2) 压汞试验测试

压汞资料分析可以看出，该区砾岩、砂砾岩和砂岩主要发育粗喉细孔、中喉中孔、细喉中孔和多喉多孔等类型，反映了冲积扇沉积体系储层微观结构的多样性和复杂性。

压汞资料分析该区岩心的最大孔喉半径在0.86～94.0μm变化，砂砾岩储层的最大孔喉半径平均值为51.5μm，比砂岩、含砾砂岩和砾岩的平均最大孔喉半径都大，孔喉半径均值反映孔喉大小的总体分布，各类岩石的平均孔喉半径均值在

1.19～3.53μm，平均为 2.72μm。

3) 示踪剂测试

开展了 3 个井组的示踪剂监测试验，结果显示 3 个井组 9 个方向见剂，井组见剂率 50%左右；示踪剂运移速度在 1.0～31m/d，见剂速度最大相差 17 倍。表明油藏平面及层间非均质严重，水窜通道形成，大大影响波及效率。XJ6ZD 示踪试验结果如表 7.8 所示。

表 7.8　XJ6ZD 示踪试验结果

小层	示踪剂产出率/%	水流速度分级/%			平均水流速度/(m/d)
		≥20m/d	20～10m/d	＜10m/d	
S_7^{3-1}	50	57.2	7.1	35.7	26
S_7^{3-2}	50	49.6	12.5	37.9	22.4
S_7^{3-3}	44	35.3	35.3	29.4	27.7

示踪剂采出曲线按形态可分为单峰偏态型、双峰型、复合多峰型和单峰正态型 4 类。单峰偏态型反映注入水推进快，高渗透层薄，等效渗透率大，渗透率级差大。这类曲线有 15 井层，占产出井总数的 45.5%。双峰型反映注采井之间纵向上存在两个或两个以上的窜流通道，这类曲线有 3 井层，占产出井总数的 9.1%。复合多峰型是由两个或两个以上的次级峰组成，反映注采井之间示踪剂窜流通道存在多个渗透性相近的通道，这类曲线有 4 井层，占产出井总数的 12.1%。单峰正态型反映示踪剂窜流通道渗透率相对较低，油水井间水淹层厚度越大，示踪剂峰值浓度越大，产出时间越长，注采井之间水窜不严重，这类曲线有 11 井层，占产出井总数的 33.3%。

4) 综合资料模拟计算

综合前述数据资料，应用地质建模和数值模拟技术模拟预测了储层最大孔喉半径和孔喉半径均值的空间展布，并对优势水流通道的分布及分级进行了确定。最大孔喉半径的最大值在 S_7^{2-3} 层为 104.7～177.3μm，平均值在 16.7～25.9μm。最大孔喉半径在六中东北部较大，向东南变小，孔喉半径横向变化快，整体呈现东部小而西部大的特点。

优势水流通道的分布、分级标准及所占体积定量化结果见表 7.9 和表 7.10，从 S_6^3 到 S_7^4 单砂层，各级优势通道总体积 $58.87\times10^4m^3$，占储层总孔隙体积的 11.98%。S_7^{3-1} 层水流优势通道的分布范围最广，Ⅰ～Ⅳ级水流优势通道的孔隙体积为 $17.14\times10^4m^3$，占该层总体积的 15.77%。S_7^{3-1} 层与 S_7^{3-2} 层、S_7^{3-3} 层Ⅰ～Ⅳ类水流优势通道的孔隙体积合计为 $27.76\times10^4m^3$，占这 3 个层总孔隙体积的 11.3%，如表 7.10 所示。总的来看，Ⅰ级水流优势通道的厚度小，展布范围小，但对水流量及方向起比较明显的控制作用。

表 7.9　六中东克下组水流优势通道分类表

最大渗透率 $K_m/10^{-3}\mu m^2$	平均渗透率 $K_a/10^{-3}\mu m^2$	渗透率级差 K_d	优势通道级别
＞2000	50～2000	＞17	Ⅰ
500～2000	50～2000	＞17	Ⅱ
＞2000	50～2000	17-8	Ⅲ
500～2000	50～2000		
50～500	50～500	＞17	Ⅳ

表 7.10　水流优势通道孔隙体积计算表

层位	水流优势通道孔隙体积/10^4m^3					总孔隙体积/10^4m^3	占总孔隙体积分数/%
	Ⅰ级	Ⅱ级	Ⅲ级	Ⅳ级	小计		
S_6^3	0.63	1.89	0.08	0	2.6	14.94	17.4
S_7^1	0.5	1.46	1.05	0.21	3.22	26.19	12.29
S_7^{2-1}	0.64	0.9	1.16	0.15	2.85	31.44	9.06
S_7^{2-2}	1.02	1.08	0.82	1.65	4.57	34.82	13.12
S_7^{2-3}	1.95	4.65	5.22	2.05	13.87	82	16.91
S_7^{3-1}	2.49	8.31	3.94	2.4	17.14	108.66	15.77
S_7^{3-2}	0.34	2.18	1.14	2.11	5.77	58.58	9.85
S_7^{3-3}	1.52	1.7	1.47	0.16	4.85	79.2	6.12
S_7^4	0.29	0.92	1.02	1.77	4	55.75	7.17
合计	9.38	23.09	15.9	10.5	58.87	491.58	11.98

3. 方案设计

2013 年 4 月～2015 年 1 月注入化学剂矿场，总体注入 0.2PV 孔隙体积。采用连续相交联聚合物凝胶 LPG、纳微米自适应微胶水分散液和毫米级预成胶体膨颗粒 SLG，设计了三种 EOR 模式，并开展了矿场对比试验。

模式一：以交联聚合物凝胶 LPG 为主，前置封堵段塞预成胶体膨颗粒大颗粒 SLG，后继段塞逐渐降低聚合物浓度(凝胶黏度)，各段塞连续注入，需要说明的是考虑该油藏窜流通道发育、储层原油黏度高，选择了高黏度的交联聚合物凝胶，没有选择低黏度的聚合物溶液。

模式二：以自适应微胶水分散液体系为主，前置封堵段塞与模式一相同；四次交替注入自适应微胶段塞与 LPG 小段塞。

模式三：高黏度的 LPG 复合 SLG 段塞与水交替注入三个轮次，化学剂段塞不连续注入。

模式一、模式二都很快见到明显效果，模式一由于持续的连续相黏性流体注入，储层油、水流动阻力都大幅增加，导致生产井供液能力不足，增油降水效果不能进一步提升和长时间保持；模式二由于采用小段塞的 SLG 和 LPG 对宏观、中观级别的优势流动进行了封堵或抑制，微观级别上低表观黏度的自适应微胶水分散液抑制优势通道，同时水转向进入小孔隙或低渗区高效驱出相对富集的剩余油，获得了比模式一更为显著的增油降水效果。模式二在化学剂注入期间日产油量提高了 2.9 倍，模式一在化学剂注入期间日产油量提高了 1.1 倍；模式一、模式二在化学剂注入期间含水率最大降幅分别为 46.2 和 32.2 个百分点。模式三没有见到明显的 EOR 效果。

对比试验验证了模式二——自适应微胶调驱技术的先进性和科学性，并取得经济上的成功。对于储层孔隙结构复杂、非均质严重的水驱油藏，采用自适应微胶调驱技术可大幅提高注入水的利用效率，达到提高采收率的目的。

1) 三种 EOR 模式试验区域的划分

如图 7.11 所示模式一选择油藏的主体部位，注水井 25 口，对应生产井 42 口，

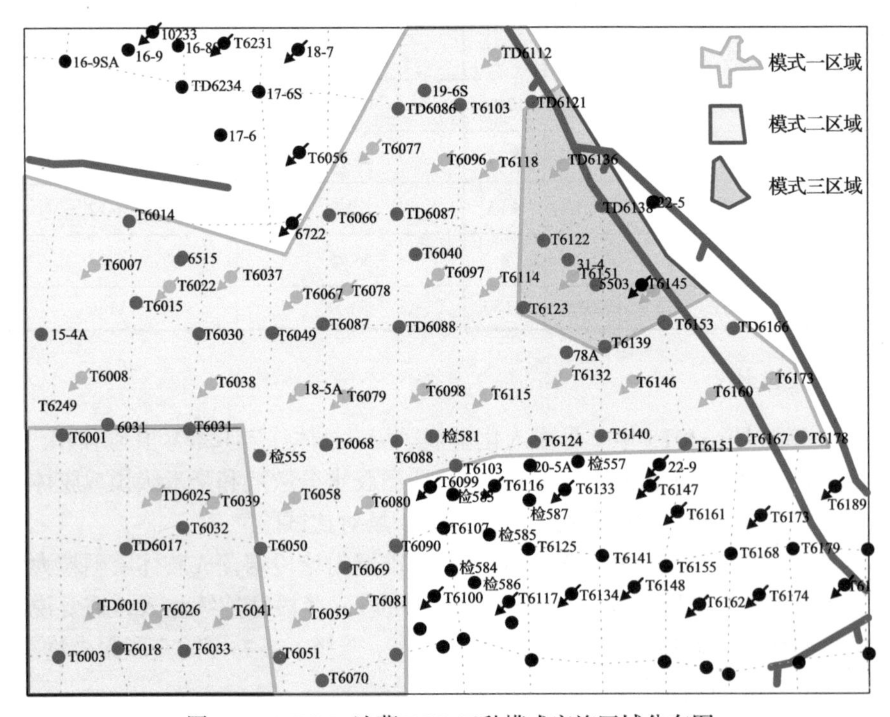

图 7.11　XJ6ZD 油藏 EOR 三种模式实施区域分布图

中心受效生产井 12 口；模式二在油藏西南侧，注水井 5 口，对应生产井 11 口，中心受效生产井 2 口；模式三在油藏东侧，注水井 3 口，对应生产井 8 口，中心受效生产井 2 口。

2) 段塞组合

根据对储层优势流动通道尺寸和体积的定量化研究，根据Ⅰ～Ⅳ级优势通道的体积比例设计 EOR 三种模式的段塞参数，注入段塞总体积设计为 0.2PV。总体设计思路是采用交联聚合物凝胶 LPG 携带 SLG 先对Ⅰ级优势通道进行较强的封堵和抑制，对Ⅱ～Ⅳ级优势通道进行适度的抑制。三种 EOR 模式段塞结构及参数设计如表 7.11 所示。

表 7.11　段塞组成

<table>
<tr><th>优势通道级别</th><th>段塞名称</th><th>EOR 模式 1</th><th>EOR 模式 2</th><th>EOR 模式 3</th></tr>
<tr><td rowspan="2">Ⅰ</td><td>封堵段塞 1</td><td colspan="2">SLG（直径为 1～4mm，质量分数为 0.3%～0.5%）+LPG［0.25%（质量分数，余同）聚合物+0.2%交联剂+0.02%助剂］</td><td rowspan="5">［SLG（直径为 1～4mm，质量分数为 0.2%）+LPG（0.4% 聚合物+0.2%交联剂+0.02%助剂）］/水，交替 3 次</td></tr>
<tr><td>封堵段塞 2</td><td colspan="2">SLG（直径为 1～4mm，质量分数为 0.1%～0.3%）+LPG（0.25%聚合物+0.2%交联剂+0.02%助剂）</td></tr>
<tr><td rowspan="3">Ⅱ～Ⅳ</td><td>主段塞 1</td><td>LPG（0.3%聚合物+0.2%交联剂+0.02%助剂）</td><td rowspan="3">［微胶（亚毫米或微米，质量分数为 0.25%～0.3%）］/［LPG（0.25%聚合物+0.2%交联剂+0.02%助剂）］，上述主段塞 2 交替 4 次，注入体积比为 5∶1</td></tr>
<tr><td>主段塞 2</td><td>LPG（0.2%聚合物+0.2%交联剂+0.02%助剂）</td></tr>
<tr><td>保护段塞</td><td>LPG（0.25%聚合物+0.2%交联剂+0.02%助剂）</td></tr>
</table>

3) 实施及效果对比评价

施工自 2013 年 4 月开始至 2015 年 1 月结束，2015 年 2 月开始恢复后续注水。EOR 模式一在试验开始后 1 个月内即见到明显效果，在前置封堵段塞注入阶段最高日产油量由 67.6t 升至 143.82t；最高含水率由 82.5%降至 55.8%，同时这一阶段虽然注入液量持续增加，由 300m^3/d 上升到 600m^3/d，但产液量却持续走低，由 387m^3/d 降到 296m^3/d，虽然后继注入的主段塞 1 中不再添加 SLG 大颗粒，大幅降低了对储层的堵塞能力，主段塞 2 中又进一步降低聚合物浓度至 0.2%（LPG 在容器中当聚合物浓度为 0.3%、0.25%、0.2%时的黏度分别约 18000mPa·s、15000mPa·s、11000mPa·s），即对储层的堵塞能力进一步降低，但在注入液量维持在高位的同时，产液量仍然持续走低，导致整个主段塞注入阶段含水率未能进一步下降，产油量不仅未能进一步提升，而且持续走低。在后继水驱阶段 2014 年 4 月～2015

年 4 月，生产形势有所好转，之后随着 LPG 的破解和水对 LPG 段塞的突破，EOR 失效。其中心受效井的生产曲线变化进一步清楚体现了连续相高黏流体驱替的机理和特征，在前置封堵段塞，由于化学剂对Ⅰ级优势流动通道的堵塞，波及截面扩大，实现了明显的增油降水效果，但随着后继主段塞的持续注入，虽然降低了封堵能力，但其仍然是连续的较高黏度的流体，这些流体充斥着储层，并不能有效启动波及程度低的相对低渗区域，同时还降低了生产井的供液能力，这一阶段生产井采出液主要是Ⅰ、Ⅱ、Ⅲ级优势流动通道附近的相对高渗区域的流体，因此 EOR 效果难以持续提升，甚至明显变差，在后继水驱阶段，低黏度的水在突破 LPG 段塞时有一定时期的绕流作用，EOR 的效果有一定程度的好转。

EOR 模式二在试验开始后 1 个月即开始见效，在前置封堵段塞注入阶段效果提升相对缓慢，进入主段塞——自适应微胶水分散液注入阶段效果有大幅提升，最高日产油量由 16.1t 升至 59t；最高含水率由 82.0%降至 43.6%，随后注入一个 LPG 的小段塞后，进入第二轮自适应微胶水分散液注入阶段，日产油量有一个明显的提升趋势，达到 62.2t；含降率至 35.8%。与模式一不同的是，该模式自开始注入化学剂到这一时期产液能力不仅没有受到影响，而且略有提升。进入自适应微胶/LPG 的第 3、4 个交替注入阶段，由于生产井故障，正常开井数不断降低，由 11 口井生产降到 5～6 口井生产，严重影响了产液和产油能力，但含水率仍然保持低位的相对平稳，说明储层中 EOR 效果良好；在后继水驱阶段在开井数不能很好恢复的条件下，仍然保持长时间的高产油量和低含水率。2016 年 12 月，中心井 T6032 井因故障关井，整体产油量大幅下降、含水率上升，在曲线数据上表现出 EOR 失效。由于中心受效井 T6032 的效果完全来自模式二的段塞组合，其生产动态曲线可以更好地说明自适应微胶水分散体系的驱替机理和特征。该井在化学剂注入期间即实现显著的增油降水效果，日产油量由空白水驱阶段平均 1.1t/d 上升到 14.95t/d，含水率由 97.5%降至 16.5%，自适应微胶/LPG 的第 3、4 个交替注入阶段，产量在高位回调，含水率在低位回升，伴随着动液面明显降低，后继水驱阶段自适应微胶颗粒在水的推动下继续发挥调驱作用，生产形势得到扭转，且恢复到前期的高产水平，一直保持良好的增油降水效果直到因故障关井。反之该井的 EOR 效果还将继续。模式二的试验动态说明，该方法基本实现了自适应微胶颗粒与水“分工合作”，基本实现了同步调驱，启动了相对低渗区域相对富集的剩余油。

EOR 模式三在试验开始后近一年时间未能见到明显的增油降水效果，在完成 (LPG+SLG)/水/(LPG+SLG) 1.5 个交替注入轮次后，未再按原计划进行，而是改为模式二继续进行。改为模式二后，含水率有明显的下降趋势，但由于产液量走低，产油量未能得到提升。虽然 LPG+SLG 与水交替注入，但 LPG+SLG 总量仍然不小且堵塞强度大，储层阻力大，水不能有效启动低渗区域剩余油，虽然改为自适应微胶水分散液注入，但未能扭转前期过强的堵塞。后继水驱阶段相当长时间内也未观察到明显的效果，直至2016年5月后，LPG+SLG段塞破解分离到一定程度，与自适应微胶颗粒一起发挥调驱作用，含水率有明显的下降，但由于正常生产井数不断降低，产油量未得到提升。表7.12给出了EOR模式一和模式二的技术效果对比指标，可以看出无论在化学剂注入期间还是后继水驱期间，模式二的技术指标都要好于模式一，模式二的也明显好于模式一，体现了模式二在EOR机理上的优势。

表7.12　EOR模式一、模式二技术效果对比指标

对比指标	模式一	模式二
空白水驱阶段最高产油量/(t/d)	67.7	16.1
化学驱阶段最高产油量/(t/d)	144.1	62.2
后续水驱阶段最高产油量/(t/d)	129.3	49.3
空白水驱阶段最低含水率/%	82.5	82.0
化学驱阶段最低含水率/%	50.3	35.8
后续水驱阶段最低含水率/%	48.4	25.7
化学驱阶段最大增油倍数(PV数)	1.1	2.9
后续水驱阶段最大增产倍数	0.9	2.1
化学驱阶段最大降水幅度/%	32.2	46.2
后续水驱阶段最大降水幅度/%	34.1	56.3
EOR有效时间/月	37	46
备注		是否失效存在争议

4) 经济评价

根据累计增油和总投入可算出每吨EOR产油的操作成本，总投入包括注入工艺设备费用、化学药剂费用、含人工管理的注入费用等；分别按油价30美元/Bbl、40美元/Bbl、50美元/Bbl计算出总收入，不同油价下的总收入除以总投入可得出在不同油价下的投入产出比。由于很难将三种模式的成本进行区分，将三种EOR模式合在一起总体进行了经济评价，结果如表7.13所示，XJ6ZD油藏EOR阶段桶油成本在17.28美元/Bbl，与油藏水驱时的桶油成本21.8美元/Bbl相比，降低桶油成本4.52美元/Bbl。即使在30美元/Bbl低油价下测算，其投入产出比仍然可达1∶1.7。事实上，如果分开评价模式二，其经济效果要好于前述指标，充分说明了在低油价下该技术方法的优势和生命力。

表 7.13　EOR 技术和经济效果评价

项目		参数
注入 PV 数		0.12
最大日增油/%		84.3
最大含水率下降/%		32.7
累计增油量/t		86500
累计含水率下降/%		1967.5
EOR/%		4.58
水驱桶油成本/(美元/Bbl)		21.8
总投入/10^3 美元		10985
EOR 桶油成本/(美元/Bbl)		17.28
总产出/10^3 美元	30 美元/Bbl	19073.3
	40 美元/Bbl	25431
	50 美元/Bbl	31788.8
投入产出比	30 美元/Bbl	1∶1.7
	40 美元/Bbl	1∶2.2
	50 美元/Bbl	1∶2.8

7.1.4　秦皇岛 QHD326

海上油田水驱开发一般注采井距大、纵向油层厚度大，又由于储层非均质性和油水黏度差异的客观存在，注入水在储层深部指进、舌进甚至窜进，水驱波及效率低，严重影响水驱开发的技术和经济效果。

QHD326 油藏属高孔高渗、重质稠油油藏，API 度(60℃)在 14.3～17.3，孔隙度在 25%～43%，渗透率在 500～18443mD，储层有效厚度为 32.6m。于 2002 年投产，截至 2012 年，采出程度仅为 5.74%，含水率已高达 85%，平均单井日产油量仅 31m^3。自 2012 年开始，在该油藏试验应用了自适应微胶调驱技术，取得技术和经济上的成功。该技术针对储层条件，采用传统连续相聚合物凝胶和自适应微胶水分散液体系进行段塞组合，其中自适应微胶颗粒粒径大小分布在纳米级到亚毫米级，可根据储层孔喉大小分布进行设计，在水中膨胀、在油中不发生变化。该段塞组合在抑制注入水在窜流通道中的流动同时，使注入水在储层深部不断绕流，进入剩余油丰富的中低渗区域，大幅提高注入水的波及效率。截至目前在 QHD326 油藏先后实施了 13 个注入井组，总注入化学剂为 102000m^3，增产原油为 100195m^3，少产水 185153m^3，平均单井日产油增幅达到 20%，投入产出比 1∶10.9(100 美元/Bbl)，即在目前低油价条件下(30 美元/Bbl)仍然具有经济可行性，投入产出比 1∶3.3。

1. QHD326 油田概况

渤海湾海上油田属中新生代陆相沉积，一般为以反韵律为主的复合韵律沉积，层多，单层厚度达30m以上，渗透率高，储层非均质性强，原油黏度高(50～400mPa·s)，因此注水开发后，水驱不均现象严重。

自2012年开始，QHD326油田开始小规模试验这一思路，虽然限于筛管完井方式，段塞组合并不是理想的，但是限于预算，段塞的尺寸都比较小，却取得了显著的技术经济效果，体现了这一技术思路的发展前景。

QHD326油田是被断层复杂化的大型披覆构造，属于河流相沉积，Ng属于典型的辫状河沉积，Nm_lⅠ、Nm_lⅡ两个油组基本属于辫状河沉积，特别是Nm_lⅡ油组为比较典型的辫状河沉积。Nm_lⅢ、Nm_lⅣ两个油组则属于曲流河沉积。

QHD326油田储层埋藏浅(<1500m)，处于欠压实阶段，成岩作用较弱，因此砂岩疏松，储层物性好。明下段储层平均孔隙度为35%～38%，平均渗透率为$1492\times10^{-3}\sim2747\times10^{-3}\mu m^2$；馆陶组平均孔隙度为33%；平均渗透率为$4811\times10^{-3}\mu m^2$。地层水矿化度为4386mg/L，黏度(地层)为126mPa·s，油层中部温度为64℃。

试验区域于2002年投产(图7.12)，采用400～500m注采井距。截至2014年9月，含水率为79.8%，采油速度为1.45%，采出程度为13.1%。老井平均单井产

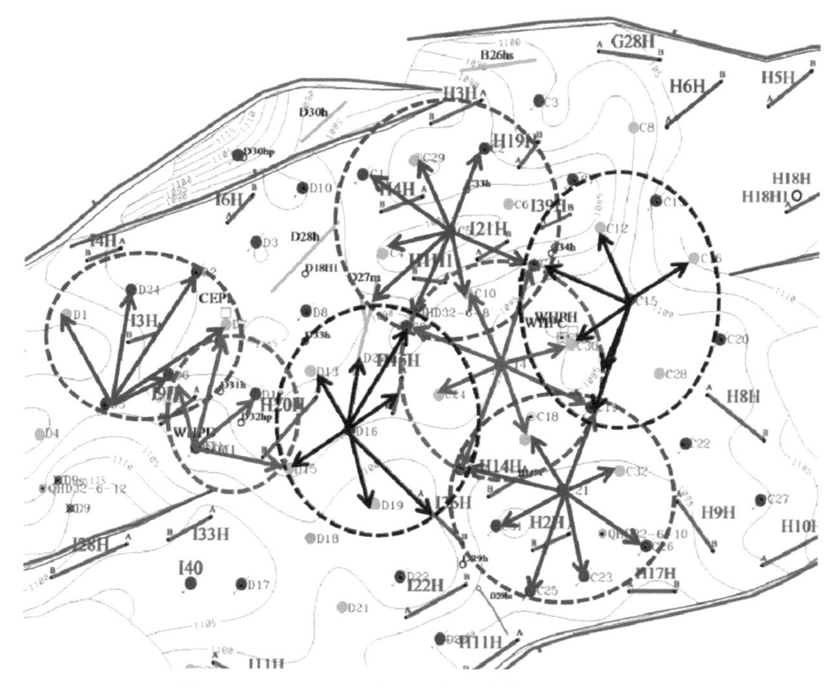

图7.12　QHD326油田试验区域构造井位示意图

油量 22m^3/d，新井平均单井产油量 65m^3/d。由于储层非均质严重、油水黏度比大，含水率上升快、产量递减明显，注入水沿注采方向窜进的水流优势通道逐渐形成，水驱效率不断下降。与其他案例不同的是，限于预算等原因在 QHD32 油田是一个井组一个井组实施的，不同井之间没有协同效果，部分井组基本情况如表 7.14 所示。

表 7.14 调驱井组基本情况一览表

年份	注水井号	注入层位	化学剂用量/m^3	实施时间	增油量/m^3	降水量/m^3	对应油井井号	备注
2012	C21	Nm_0、Nm_1 Ⅰ、Nm_1 Ⅱ	7600	2012/06/27～07/27	11746	17494	C17、C18、C19、C23、C25、C26、C31、C32	统计至 2014 年 4 月
	C05	Nm_0、Nm_1 Ⅰ、Nm_1 Ⅱ、Nm_1 Ⅳ	9500	2012/12/09～2013/01/08	25298	44961	C1、C2、C4、C9、C10、C11、C29、D27M	统计至 2014 年 7 月
2013	C14	Nm_0、Nm_1 Ⅰ、Nm_1 Ⅳ	8000	2013/04/19～05/08	11369	29983	C9、C10、C11、C17、C18、C19、C24、C30	统计至 2015 年 1 月
	C15	Nm_0、Nm_1 Ⅰ、Nm_1 Ⅳ	10000	2013/09/28～11/07	9895	20988	C11、C12、C16、C19、C28、C30	统计至 2015 年 1 月
2015	D16	Nm_0、Nm_1 Ⅰ、Nm_1 Ⅱ、Nm_1 Ⅳ	7500	2015/07/21～08/19	9886	9529	C9、D13、D15、D19、D27M、H15H、I36H	统计至 2016 年 1 月

2. 注采响应体现的方向性水窜

方向性水窜在 QHD32 油田普遍存在，由于缺乏必要的检测资料，无法进行精确的水流优势通道的分级表述，以 C05 注采井组的注采响应说明储层存在的宏观级别的水窜问题。

C05 井组渗透率变异系数为 0.3～1.3，突进系数为 0.5～4.0，渗透率级差为 50～550。其对应的生产井有 C1、C2、C4、C9、C10、C11、C29、D27M，注入水突进明显的油井有 C29、C2、C1，以 C29 井为例分析如下：C29 井投产初期边水能量充足，含水率上升迅速，生产稳定后含水率稳定为 38%。在 C05 井注水半年后，产液量在注水后由 48m^3 上升至 127m^3，在产油量基本没有太大变化情况下，含水率迅速上升至 60%，2012 年 3 月 C05 井注入量下降，C29 井产液量和含水率同样呈下降趋势，表明 C29 井与 C05 井响应明显，C29 井高含水主要为 C05 井注入水突进所致。

3. 段塞设计

由于 QHD326 油田采用筛管防砂完井方式，筛管尺寸为 304.8μm，筛管缝宽为 0.012in[①]，对于封堵水流大孔道效果比较好的 SLG 无法通过而不能使用。QHD326 油田化学剂选择交联聚合物凝胶和自适应微胶。

C05 井的注入段塞组合及参数如表 7.15 所示，实际注入量仅仅为 9560m^3，与 0.3PV 相比来说是微不足道的，在 C05 井段塞中还加入了表面活性剂。

表 7.15　段塞设计

段塞	用量/m^3		注入体系	备注
1	300		0.1%聚合物	试注
2	4500	2500	0.30%聚合物+0.05%交联剂 1+0.20%交联剂 2+0.01%促胶剂	封堵井间水流优势通道
		2000	0.35%聚合物+0.07%交联剂 1+0.25%交联剂 2+0.01%促胶剂	
3	3500	1500	0.35%自适应微胶	启动中低渗透区域
		1000	0.35%自适应微胶+0.2%活性剂 H	
		1000	0.35%自适应微胶	
4	1200		0.50%聚合物+0.09%交联剂 1+0.30%交联剂 2+0.015%促胶剂	保护主段塞，增强有效期
合计	9200			

4. 监测及效果分析

1)压降曲线对比

仍然以 C05 井为例，该井从 2012 年 12 月 9 日开始注入，至 2013 年 1 月 8 日注入结束，注入起始压力 5.0MPa，结束压力 6.8MPa，爬坡压力 1.8MPa。限于海上条件，最直接的监测数据是注入调驱前后的压降曲线。测试结果表明，C05 井措施前 90min 压降从 6.0MPa 降到 2.0MPa，措施后 90min 压降从 7.3MPa 降到 5.75MPa，压降曲线明显变缓(图 7.13)；说明化学剂段塞进入地层深部，并对油水井间的水流优势通道产生一定的抑制作用。

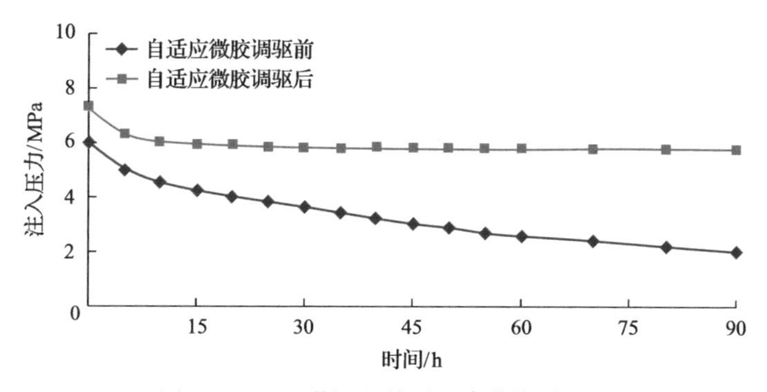

图 7.13　C05 井调驱前后压降曲线对比图

① 1in=2.54cm。

2) 增油降水效果分析

2012 年至今，先后在 13 个注水井组实施了自适应微胶调驱技术，增产原油 100195m^3，减少产水 185153m^3，投入产出比 1∶10.9(100 美元/Bbl)，即在目前低油价条件下(30 美元/Bbl)仍然具有经济可行性，投入产出比 1∶3.3。这一技术的应用取得了技术经济成功，并扭转了 QHD326 油田不利的生产形势(图 7.14)。

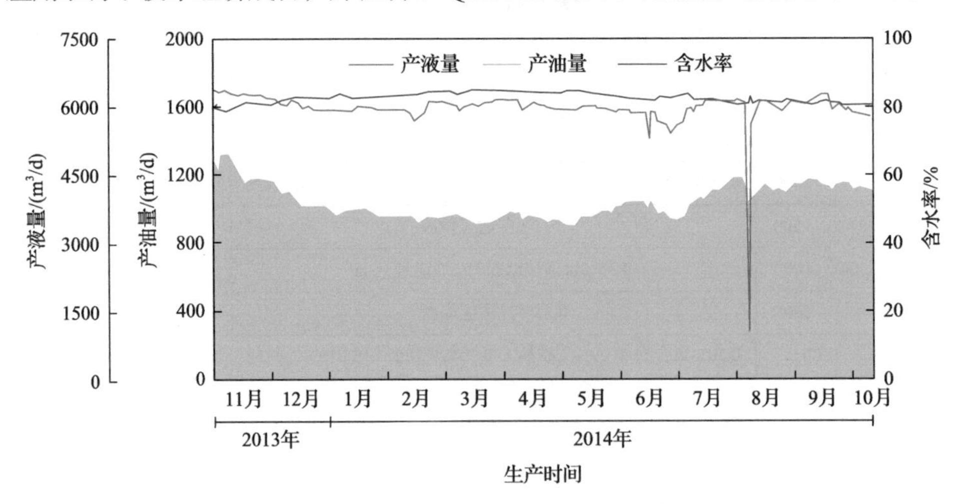

图 7.14　QHD326 油藏调驱期间生产形势图

5. 改进建议

1) 使受益井由单向驱动向多向驱动转变

面积注水和水驱油藏是互相影响的矛盾的统一体，对一口生产井的效果是来自它所受的所有驱动方向作用的总和，如能将不同方向的调驱施工统一到相同的时间段，调驱效果一定会有较大的提升。

2) 增加注入段塞总体积，延长有效期

本章所述自适应微胶调驱并不是严格的 EOR 项目，段塞注入时间一般只有 1 个月时间，与通常的 EOR 项目一般注入时间为 2～3 年、注入段塞大小为 0.2～0.4PV 相比是微不足道的，只能算是生产措施。但其效果提示我们，如果以正规的 EOR 项目形式如增加段塞尺寸、优化段塞设计，得到比一般 EOR 项目更好的效果是可以期待的。

3) 优化设计段塞组合及参数

如前所述，进一步研究储层非均质性，识别与量化储层不同级别的水流优势通道，据此充分按照调驱段塞设计方法，对每一口注水井进行个性化的段塞组合及参数设计，充分考虑不同驱动方向驱替动力的协同，将进一步提升自适应微胶调驱技术的经济竞争力。

7.2　技术经济效果评价

基于自适应微胶调驱技术在条件各异油藏中应用的技术和经济结果，通过建立 EOR 的百万吨产能数值模拟模型和经济分析模型，对不同油价下该项技术的经济竞争力进行了计算分析。根据以上结果进一步建立华北、新疆、辽河、青海、渤海、大港等油田提高采收率幅度与渗透率、孔隙度、温度、矿化度及原油黏度的关系表达式，给出提高采收率幅度定量预测图版。结果表明，用有效的 EOR 方法开发老油田，可盘活大量常规油田资源，且不需要花费大量的勘探投资，在低油价下，显然采用 EOR 技术更具经济优势，可为石油公司在低油价下的投资决策提供参考。

大港、华北、辽河、青海、新疆等 8 个油田的地质油藏条件如表 7.16 所示。

表 7.16　8 个油田地质油藏条件

	油田							
	1	2	3	4	5	6	7	8
	DGBB	Z70	LHSC	DGXJ	QHGS	XJ6ZD	HBDY	QHD326
岩石类型	砂岩	砂岩	砂岩	砂岩	砂岩	砾岩	砂岩	砂岩
渗透率/$10^{-3}\mu m^2$	225	341	396	49	51	649	176	3000
孔隙度/%	17	22.3	20.9	17.6	14.3	18.8	20	35
温度/℃	105	93.4	70	113	126	24	90	65
矿化度/(mg/L)	8139	8159	4000	36235	180000	4212	8590	4500
原油黏度/(mPa·s)	1.36	156	5.84	3.64	1.76	80	6.3	120
采出程度/%	64.4	15	28	43	43.3	25.5	37.13	9.55
含水率/%	97.5	86	95	97	85	81.4	84.6	81.8
井网	不规则井网	不规则井网	五点井网	不规则井网	排状井网	五点井网	不规则井网	反 9 点法井网
井距/m	200～350	250	150	180～200	300～350	125	200～300	500～600
注水井/生产井	3/4	9/18	10/21	19/25	7/17	33/49	12/29	8/38

每个案例的总投入包括注入工艺设备费用、化学药剂费用、含人工管理的注入费用等；对于每个案例的累计增油，已过增油有效期的按实际计算，还在有效期的用截至目前的累计增油预测未来的增油量；根据累计增油和总投入可算出每吨 EOR 产油的总成本，可分别按油价 30 美元/Bbl、40 美元/Bbl、50 美元/Bbl 计

算出总收入，每个案例不同油价下的总收入除以总投入可得出该案例的投入产出比。大港、华北、辽河、青海、新疆油田的技术经济效果如表 7.17 所示。

表 7.17　8 个油田技术经济效果

		油田							
		1	2	3	4	5	6	7	8
油田		DGBB	HBZ70	LHSH	DGXJ	QHGS	XJ6ZD	HBDY	QHD32
时间		2007/10～2008/02	2010/01 至今	2010/12～2015/08	2011/08～2015/08	2012/06～2013/12	2013/03～2015/01	2014/07～2016/02	2012/06～2015/09
PV 数		0.01	0.1	0.3	0.08	0.1	0.12	0.06	0.004
最大增产幅度/%		107	87.7	116.7	51.99	89.1	84.3	40	66.7
最大降水幅度/%		13.3	11.0	5.2	2.5	16	46.2	1.5	29.1
累计增油/t		5756	90587	43525	75930	15000	86500	35154.4	94774
累计降水/Bbl			511.0	5000.5	445.6	438.0	1967.5	33.4	1198.0
EOR/%			5.02	4.9	3.59	2.1	4.58	2.6	—
水驱桶油操作成本/(美元/Bbl)		54.0	21.1	52.1	41.1	24.9	21.8	21.1	25.3
总投入/10^3 美元		303.0	2868.2	6886.5	15940.9	3000.1	10985.0	3245.5	2310.6
EOR 桶油操作成本/(美元/Bbl)		7.16	4.31	21.53	28.56	27.21	17.28	12.6	3.32
总产出/10^3 美元	30 美元/Bbl	1269.2	19974.4	9597.3	16742.6	3307.5	19073.3	6615.0	20897.7
	40 美元/Bbl	1692.3	26632.6	12796.4	22323.4	4410.0	25431.0	8820.0	27863.6
	50 美元/Bbl	2115.3	33290.7	15995.4	27904.3	5512.5	31788.8	11025.0	34829.4
投入产出比	30 美元/Bbl	1∶3.95	1∶6.62	1∶1.40	1∶1.00	1∶1.25	1∶1.67	1∶2.4	1∶9.04
	40 美元/Bbl	1∶5.26	1∶8.75	1∶1.87	1∶1.32	1∶1.67	1∶2.18	1∶3.2	1∶11.36
	50 美元/Bbl	1∶6.66	1∶11.07	1∶2.33	1∶1.67	1∶2.09	1∶2.76	1∶4.0	1∶14.37

计算结果如表 7.17 所示。8 个 EOR 项目折算出来的 EOR 桶油操作成本在 3.32～28.56 美元，分别与油藏水驱 EOR 桶油操作成本对比，只有案例 5 QHGS 的 EOR 桶油操作成本 27.21 美元/Bbl 略高于其基础水驱 EOR 桶油操作成本 24.9 美元/Bbl，其他都不同程度低于基础水驱成本；如前所述案例 5 的前置段塞问题如得到解决，其 EOR 桶油操作成本也将低于基础水驱成本。

对 8 个案例在 30 美元/Bbl 油价下的产出投入比进行计算，如表 7.17 所示，最低的是案例 4，其在 30 美元/Bbl 油价下是 1∶1.00；最高的是案例 8，达到 9.04，所有案例的投入产出比都大于或等于 1，说明了低油价下自适应微胶调驱这种

EOR 技术的生命力。8 个案例在 40 美元/Bbl、50 美元/Bbl 油价下的投入产出比都相应有较大提升。

7.3　EOR 的百万吨产能的数值模拟测算

7.3.1　百万吨产能建设投资的概念

百万吨产能建设投资这一指标到目前为止还没有一个比较科学的行业标准及计算方法。但这一指标又因为可以简单明了地反映石油公司产能建设项目或者年度投资方向的单位经济效益，所以又被大型石油公司作为论证对比投资项目的关键指标。

百万吨产能建设投资这一指标的不确定性主要来源于“产能”这一参数的不确定性，因为通常将油田建成投产后第二年的生产能力大小定义为“产能”的大小，但投产后稳产时间及递减速度不同又使这一指标的简单对比不合理，另外不同类型油藏、地理条件、不同的开发方式及不同的生产运营水平等都对这一指标的评价有影响，而油价的高低则对这一指标是否能通过经济评价对投资项目方向有最直接的影响。

历史上，中国的油公司一般要求产能建设的结果是建成的生产力基本稳产 3～4 年、按指数递减能控制在 10%～12%附近，近年来由于可供建产的新资源品级越来越差，或者是新老油田混合建产，或者是老油田内部通过加密钻井、增产措施等方式建产，产能建设项目投产后基本没有稳产期。

为公平合理比较新区产能建设和老油田 EOR 增加生产能力在低油价下的优劣，统一“产能”的计算标准为投资项目形成全面生产能力当年及之后两年的年产能力的平均值，同时要求之后年递减控制在 10%以下，评价期 10 年。

7.3.2　EOR 的百万吨产能建设投资的测算

采用前述百万吨产能建设的概念，为了使 EOR 方法与传统的新区建产进行对比，在 8 个实际矿场实例中选择案例 3 LHSC 的实际增油数据为基础，采用数值模拟方法进行折算。

LHSC 在实际注入过程中出现堵塞造成增油效果在中间形成塌陷，无法按照前述标准折算成产能，所以采用该案例自适应微胶调驱区域的数值模拟模型。图 7.15 分别为自适应微胶调驱区域的井位图和数值模型栅状剩余油分布示意图，采用该模型拟合实际生产历史后，优化相关段塞参数重新计算自适应微胶驱油过程，使该过程能顺利注入，不出现实际注入过程中的堵塞、增压注入并通过调整相关参数将年递减控制在 10%以内。图 7.16 中 B 曲线为对曲线 A 进行修正后的结果，如表 7.18 所示，该修正方案总体效果比 *A* 曲线略有提升，测算其产能为 5857.9t，总投入在增压设备及注入费用较 *A* 曲线有所节约，为 5825.91×10^3 美元，折算百万吨产能投资为 994.5×10^6 美元；为了使这一计算更具代表性，可以代表普遍意义上的水驱老油田的地质和开发条件，在曲线 *B* 的基础上，将平均采收率由 $396\times10^{-3}\mu m^2$ 提升为 $800\times10^{-3}\mu m^2$，将平均孔隙度由 20.9%调整为 25%，将自适应微胶调驱前的含水率由 95%调整为 85%，其他参数不变，这样就形成一个具有普遍代表意义的虚拟的案例，模拟计算结果如图 7.16 中 *C* 曲线所示，测算其产能为 11921.6t，总投入为 5825.91×10^3 美元，折算百万吨产能投资为 488.7×10^6 美元。

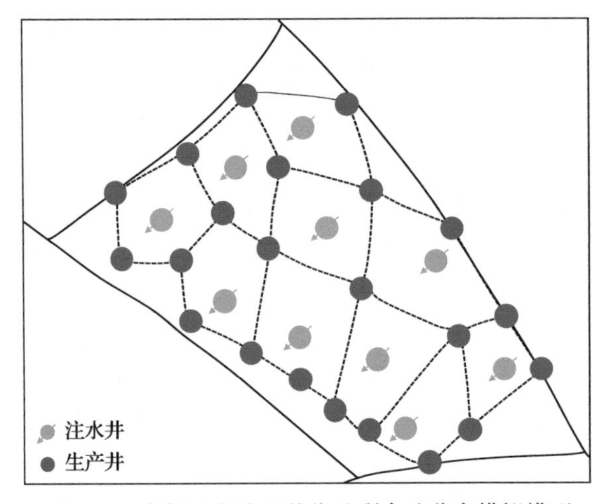

图 7.15　案例 3 微胶区井位及剩余油分布模拟模型

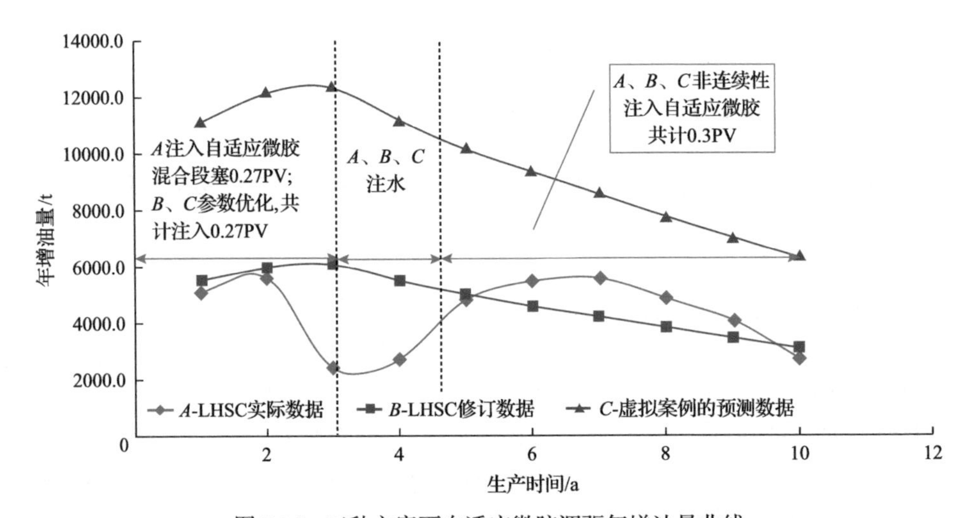

图 7.16　三种方案下自适应微胶调驱年增油量曲线

表 7.18　百万吨产能投资转化数据

生产时间/a	A-LHSC 真实数据	B-LHSC 修正数据		C-虚拟代表演示案例的预测数据	
	年增油量/t	年增油量/t	递减率/%	年增油量/t	递减率/%
1	5110.7	5510.7		11186.7	
2	5626.6	5967.0		12172.7	
3	2440.8	6096.0		12405.4	
4	2709.5	5492.0	9.9	11192.7	9.8
5	4843.0	4981.0	9.3	10126.4	9.5
6	5494.9	4578.0	8.1	9384.9	7.3
7	5613.0	4213.0	8.0	8594.5	8.4
8	4853.0	3818.0	9.4	7758.2	9.7
9	4115.0	3459.0	9.4	7025.2	9.4
10	2719.0	3122.0	9.7	6343.9	9.7
累计增油/t	43525.46	47236.70		96190.56	
年产油能力/t		5857.9		11921.6	
总投入/10^3美元	6886.52	5825.91		5825.91	
百万吨产能投资/10^6美元		994.5		488.7	

7.3.3　低油价下不同建产方式投资效益对比分析

1. 百万吨产能建设投资对比分析

百万吨产能建设投资是衡量不同建产方式投资效率的重要指标。根据百万吨产能建设投资概念，EOR 的百万吨产能建设投资一般在 488.7×10^6 美元左右，比较差的油藏条件下达到 994.5×10^6 美元左右；根据我们了解的统计数据，中国陆上油田新区打井建产百万吨产能建设在 900×10^6～1100×10^6 美元，低渗油田建产百万吨产能建设高达 1200×10^6～1400×10^6 美元，致密油百万吨产能建设在 1500×10^6 美元以上。由于缺乏深海、极地资源投资数据，未能就深海、极地建产方式进行对比。

2. 投入产出比对比分析

为验证前述 EOR 与新区建百万吨产能投资大小的对比关系，利用掌握的某油公司实际新区建产数据及生产措施建产数据，采用投入产出比的方法进行对比分析。投入产出比定义如式(7.1)所示：

$$R_{\text{in/out}}=\textstyle\sum_{\text{assessing period}}(P_{\text{oi}}-T_{\text{ri}})/(I_{\text{t}}+\textstyle\sum_{\text{assessing period}}\text{Opex}_i) \tag{7.1}$$

式中，$R_{\text{in/out}}$ 为投入产出比；P_{oi} 为第一年收入；T_{ri} 为第 i 年税金及附加费用；I_{t} 为总投入；Opex_i 为第 i 年操作费；$\sum_{\text{assessing period}}$ 为评估期。

计算结果如表 7.19 所示，计算了某石油公司 8 个自适应微胶 EOR 项目、23 个新区建设或老区建设项目、10 个增产措施项目的投入产出比数据，从不同油价 30～50 美元/Bbl 的投入产出比指标可明显看出，大部分自适应微胶 EOR 项目投入产出比优于新区建设或老区建设项目与增产措施项目。当油价在 40 美元/Bbl 时，自适应微胶 EOR 项目的平均投入产出比是 4.32，新区建设或老区建设项目的平均投入产出比是 0.88，增产措施项目平均投入产出比是 1.95。

表 7.19　百万吨产能投资投入产出比数据

等级	案例	投入产出比		
		30 美元/Bbl	40 美元/Bbl	50 美元/Bbl
自适应微胶 EOR 项目	案例 1	1∶3.95	1∶5.26	1∶6.66
	案例 2	1∶6.62	1∶8.75	1∶11.07
	案例 3	1∶1.35	1∶1.75	1∶2.21
	案例 4	1∶1.00	1∶1.32	1∶1.67
	案例 5	1∶1.06	1∶1.38	1∶1.75
	案例 6	1∶1.67	1∶2.18	1∶2.76
	案例 7	1∶1.96	1∶2.56	1∶3.24
	案例 8	1∶8.56	1∶11.36	1∶14.37
新区建设或老区建设项目	案例 1	1∶0.69	1∶0.92	1∶1.15
	案例 2	1∶0.68	1∶0.90	1∶1.13
	案例 3	1∶0.66	1∶0.89	1∶1.11
	案例 4	1∶0.59	1∶0.79	1∶0.99
	案例 5	1∶0.63	1∶0.84	1∶1.05
	案例 6	1∶0.66	1∶0.88	1∶1.10
	案例 7	1∶0.64	1∶0.85	1∶1.07
	案例 8	1∶0.71	1∶0.95	1∶1.19
	案例 9	1∶0.71	1∶0.94	1∶1.18
	案例 10	1∶0.82	1∶1.09	1∶1.37
	案例 11	1∶0.53	1∶0.70	1∶0.88
	案例 12	1∶0.64	1∶0.85	1∶1.06
	案例 13	1∶0.58	1∶0.77	1∶0.96
	案例 14	1∶0.60	1∶0.81	1∶1.01
	案例 15	1∶0.70	1∶0.94	1∶1.17
	案例 16	1∶0.58	1∶0.77	1∶0.97
	案例 17	1∶0.62	1∶0.83	1∶1.04

续表

等级	案例	投入产出比		
		30 美元/Bbl	40 美元/Bbl	50 美元/Bbl
新区建设或老区建设项目	案例 18	1∶0.71	1∶0.95	1∶1.19
	案例 19	1∶0.73	1∶0.98	1∶1.23
	案例 20	1∶0.68	1∶0.91	1∶1.14
	案例 21	1∶0.70	1∶0.94	1∶1.18
	案例 22	1∶0.65	1∶0.87	1∶1.08
	案例 23	1∶0.58	1∶0.78	1∶0.98
增产措施项目	案例 1	1∶1.18	1∶1.64	1∶2.06
	案例 2	1∶1.10	1∶1.54	1∶1.93
	案例 3	1∶1.31	1∶1.82	1∶2.28
	案例 4	1∶1.05	1∶1.47	1∶1.84
	案例 5	1∶0.95	1∶1.32	1∶1.66
	案例 6	1∶1.18	1∶1.64	1∶2.06
	案例 1	1∶1.90	1∶2.65	1∶3.32
	案例 2	1∶1.69	1∶2.35	1∶2.95
	案例 3	1∶1.69	1∶2.35	1∶2.95
	案例 4	1∶1.34	1∶1.86	1∶2.34
	案例 5	1∶1.82	1∶2.53	1∶3.17
	案例 6	1∶1.92	1∶2.67	1∶3.35
	案例 7	1∶0.89	1∶1.25	1∶1.56
	案例 8	1∶0.99	1∶1.37	1∶1.72
	案例 9	1∶0.89	1∶1.25	1∶1.56
	案例 10	1∶0.89	1∶1.25	1∶1.56

自适应微胶调驱技术在条件各异的 8 个油藏取得了技术和经济的成功，核算 8 个案例桶油成本在 3.32～28.56 美元，即使按油价 30 美元/Bbl 计算，仍有 7 个案例盈利，一个案例盈亏平衡，进一步证明自适应微胶调驱机理的先进性和良好的储层适应性。

按照百万吨产能建设的计算标准，折算自适应微胶调驱 EOR 方法百万吨产能建设投资为 488.7×10^6 美元，低于常规新区建设百万吨投资 900×10^6～1100×10^6 美元，低渗油田建设百万吨投资需 1200×10^6～1400×10^6 美元，致密油百万吨产能建设投资需 1500×10^6 美元以上。采用投入产出比经济评价方法，进一步说明了采用 EOR 方法在低油价条件下获取产量要比通过新、老区建产或者增产措施建产要更经济。

在低油价时期，大量的常规老油田处于盈亏平衡点以下，面临关闭或低价甩卖，但其仍然有可观的剩余储量，采用高效的 EOR 技术可降低其生产成本，扭亏为盈。对于石油公司来说，在低油价时期加大 EOR 方向的投资对保持公司平稳运营是有战略意义的。

7.4 提高采收率幅度定量预测

7.4.1 地质油藏条件

为进一步分析提高采收率幅度与渗透率、孔隙度、温度、矿化度及原油黏度等影响因素的关系变化，根据统计分析方法，建立华北、新疆、辽河、青海、渤海、大港等油田提高采收率幅度与渗透率、孔隙度、温度、矿化度及原油黏度的关系表达式。利用专业统计分析软件 SPSS 多元线性拟合表 7.20 中的实际数据，计算结果如表 7.21 所示。

表 7.20 SPSS 多元线性拟合结果

模型	影响因素	非标准化系数		标准化系数	相关		共线性统计资料	
		B	标准误差		零阶	部分	允差	VIF
1	(常数)	–4.702	0.000					
	渗透率	0.029	0.000	5.405	0.731	1.000	0.010	100.181
	孔隙度	–68.397	0.000	–1.553	0.748	–1.000	0.048	20.668
	温度	0.181	0.000	5.280	–0.606	1.000	0.009	109.033
	矿化度	-4.300×10^{-5}	0.000	–2.413	–0.710	–1.000	0.037	26.988
	原油黏度	–0.009	0.000	–0.479	0.632	–1.000	0.256	3.906

注：VIF 表示方差膨胀因子。

表 7.21 SPSS 拟合精度

模型	R	R^2
1	1.000	1.000

从表 7.21 可以看出，利用 SPSS 进行多元线性拟合的结果中，拟合参数 R 的平方的值为 1.000(其值可以反映拟合结果的好坏，越接近 1，说明拟合结果越好，负数说明结果偏差太大)。因此，EOR 与渗透率、孔隙度、温度、矿化度及原油黏度的拟合经验公式为

$$\text{EOR} = 0.029K - 68.397\phi + 0.181T - 4.3\times 10^{-5}C - 0.009\mu - 4.7023 \tag{7.2}$$

式中，EOR 为提高采收率幅度，%；K 为岩心渗透率，$10^{-3}\mu m^2$；ϕ 为孔隙度，%；T 为温度，℃；C 为矿化度，mg/L；μ 为原油黏度，mPa·s。

由式(7.2)计算的 EOR 与实际结果相对误差均不超过 3%，从而验证了上述拟合公式的正确性，根据以上计算方法可分析渗透率、孔隙度、温度、矿化度及原油黏度对 EOR 的影响规律。

7.4.2　开发情况分析

根据统计分析方法，建立华北、新疆、辽河、青海、渤海、大港等油田提高采收率幅度与采出程度、含水率及 PV 数的关系表达式。利用专业统计分析软件 SPSS 多元线性拟合表 7.22 中的实际数据，计算结果如表 7.23 所示。从表可以看出，利用 SPSS 进行多元线性拟合的结果中，拟合参数 R 的平方的值为 0.899。因此，EOR 与采出程度、含水率及 PV 数的拟合经验公式为

$$\text{EOR} = -10.193R + 7.816f_w + 1.483\text{PV} - 0.020 \tag{7.3}$$

式中，R 为采出程度，%；f_w 为含水率，%。

表 7.22　整体开发情况 SPSS 多元线性拟合结果

模型	影响因素	非标准化系数		标准化系数	T	显著性	共线性统计资料	
		B	标准误差	Beta			允差	VIF
1	(常数)	−0.020	4.300		−0.005	0.997		
	采出程度	−10.193	2.922	−0.917	−3.488	0.073	0.729	1.372
	含水率	7.816	5.530	0.397	1.413	0.293	0.640	1.563
	PV	1.483	3.987	0.104	0.372	0.746	0.639	1.565

表 7.23　整体开发情况 SPSS 拟合精度

模型	R	R 的平方	调整后 R 的平方	标准偏斜度误差
1	0.948	0.899	0.748	0.62238

由式(7.3)计算的 EOR 与实际结果相对误差均不超过 15%，从而验证了上述拟合公式的正确性，根据以上计算方法可分析采出程度、含水率及 PV 数对 EOR 的影响规律。

(1)由式(7.3)可得在采收率 R 相同条件下 EOR 与含水率 f_w 和 PV 数关系图版。当采出程度 $R = 40\%$ 时，其关系图版如图 7.17 所示。从图可以看出，随着注入时机提前和 PV 数增加，提高采收率幅度呈现持续升高态势。

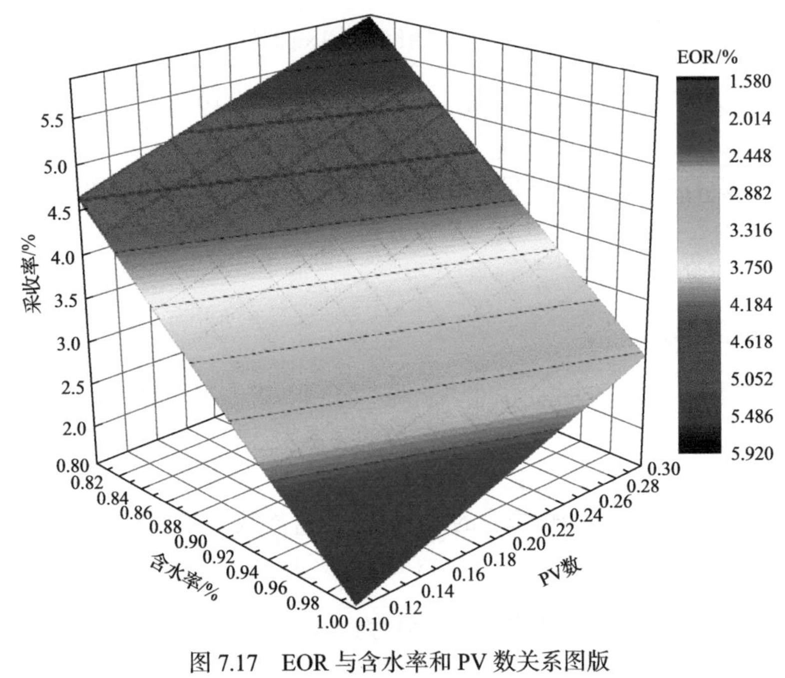

图 7.17　EOR 与含水率和 PV 数关系图版

(2) 由式 (7.3) 可得在 PV 数相同条件下 EOR 与采出程度 R 和含水率 f_w 关系图版。当 PV 数=0.2 时，其关系图版如图 7.18 所示。从图可以看出，随着低采出程

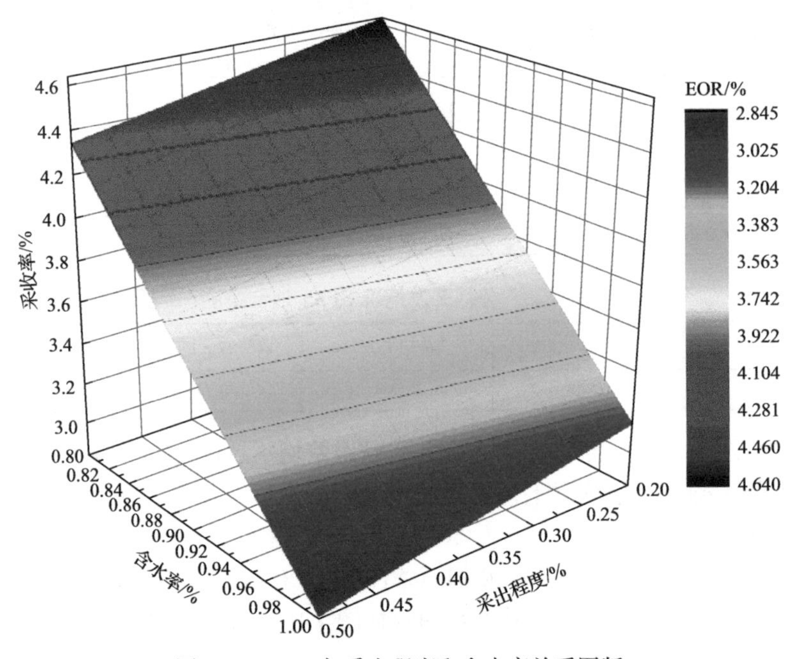

图 7.18　EOR 与采出程度和含水率关系图版

度和注入时机提前，提高采收率幅度呈现持续升高态势。

(3) 由式(7.3)可得在注入时机相同条件下 EOR 与采出程度 R 和 PV 数关系图版。当 $f_w = 0.85$ 时，其关系图版如图 7.19 所示。从图可以看出，随着低采出程度和 PV 数增加，提高采收率幅度呈现持续升高态势。

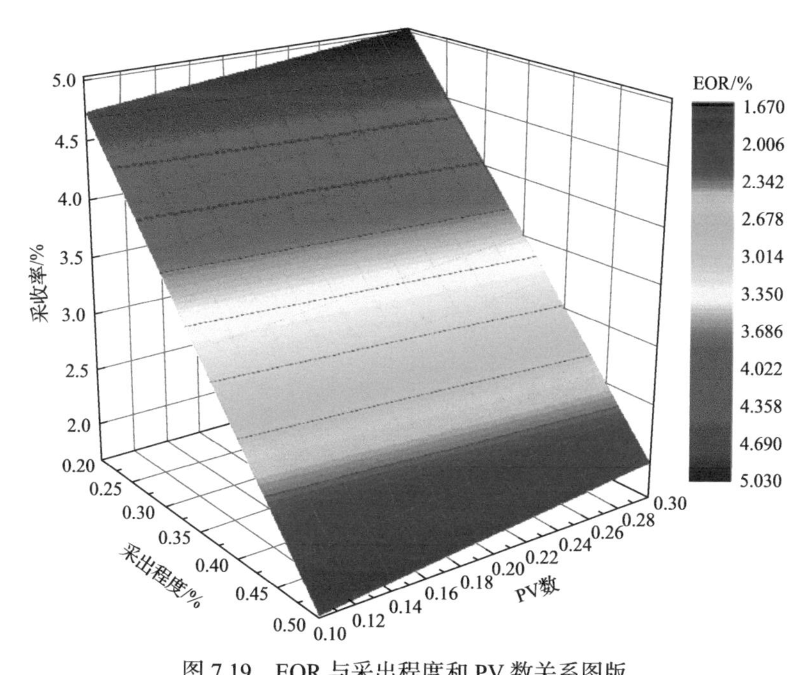

图 7.19　EOR 与采出程度和 PV 数关系图版

7.4.3　总体情况分析

根据主成分分析法(principal component analysis，PCA，通过正交变换将一组可能存在相关性的变量转换为一组线性不相关的变量)，建立华北、新疆、辽河、青海、渤海、大港等油田提高采收率幅度与渗透率、孔隙度、温度、矿化度、原油黏度、采出程度、含水率及 PV 数的关系表达式。利用专业统计分析软件 SPSS 多元线性拟合实际数据，拟合精度结果如表 7.24 所示。从表可以看出，利用 SPSS 进行多元线性拟合的结果中，由于存在 8 个未知参数，而参与拟合的只有 6 组油田数据，拟合参数 R 的平方的值为 0.627(即对于个别油田拟合的经验公式误差较大)。由此可得，EOR 与渗透率、孔隙度、温度、矿化度、原油黏度、采出程度、含水率及 PV 数的拟合经验公式为

$$\begin{aligned}\text{EOR} = & 0.002028K - 0.00101\phi - 0.00231T - 8.1\times10^{-6}C - 0.00037\mu \\ & - 0.00014R - 0.00161f_w + 0.000759\text{PV} + 3.776\end{aligned} \tag{7.4}$$

表 7.24　总体情况 SPSS 拟合精度

模型	R	R 的平方	调整后 R 的平方	标准偏斜度误差
1	0.792	0.627	0.379	0.97662

由式(7.4)可分析渗透率、孔隙度、温度、矿化度、原油黏度、采出程度、含水率及 PV 数对 EOR 的影响规律。

参 考 文 献

白宝君, 刘伟, 李良雄, 等. 2002. 影响预交联凝胶颗粒性能特点的内因分析. 石油勘探与开发, 29(2): 103-105

鲍文博, 卢祥国, 刘义刚, 等. 2019. 抗温抗盐微球合成、优化及性能评价. 精细化工, 36(5): 984-991

陈才, 卢祥国, 杨玉梅. 2012. “复配聚合物”分子线团尺寸分布及渗流特性. 西安石油大学学报(自然科学版), 27(3): 63-66

陈海玲, 郑晓宇, 王雨. 2011. 微米级大颗粒交联聚合物微球的制备. 西安石油大学学报(自然科学版), 26(5): 74-77

曹瑞波, 韩培慧, 侯维虹. 2009. 聚合物驱剖面返转规律及返转机理. 石油学报, 30(2): 267-270

曹毅, 张立娟, 岳湘安, 等. 2011a. 非均质油藏微球乳液调驱物理模拟实验研究. 西安石油大学学报(自然科学版), 26(2): 48-51

曹毅, 邹希光, 杨舒然, 等. 2011b. JYC-1 聚合物微球乳液膨胀性能及调驱适应性研究. 油田化学, 28(4): 385-389

戴彩丽, 邹辰炜, 刘逸飞, 等. 2018. 弹性冻胶分散体与孔喉匹配规律及深部调控机理. 石油学报, 39(4): 427-434

付欣, 刘月亮, 李光辉, 等. 2013. 中低渗油藏调驱用纳米聚合物微球的稳定性能评价. 油田化学, 30(2): 193-197

韩大匡. 2010. 关于高含水油田二次开发理念、对策和技术路线的探讨. 石油勘探与开发, 37(5): 583-591

韩海英, 李俊键. 2013. 聚合物微球深部液流转向油藏适应性. 大庆石油地质与开发, 32(6): 112-116

韩培慧, 赵群, 穆爽书, 等. 2006. 聚合物驱后进一步提高采收率途径的研究. 大庆石油地质与开发, 25(5): 81-84

韩秀贞, 李明远, 林梅钦, 等. 2006. 交联聚合物微球体系水化性能分析. 油田化学, 23(2): 162-165

韩秀贞, 李明远, 郭继香, 等. 2008. 交联聚合物微球分散体系封堵性能. 中国石油大学学报(自然科学版), 32(4): 127-131

韩秀贞, 李明远, 林梅钦. 2009. 交联聚合物微球分散体系性能评价. 油气地质与采收率, 16(5): 63-65

胡泽文, 付美龙, 陈畅, 等. 2016. 低张力聚合物微球粒径变化规律及油藏适应性研究. 科学技术与工程, 16(12): 120-124

黄学宾, 李小奇, 金文刚, 等. 2013. 文中油田耐温抗盐微球深部调驱技术研究. 石油钻采工艺, 35(5): 100-103

贾晓飞, 雷光伦, 李会荣, 等. 2009. 孔喉尺度聚合物弹性微球膨胀性能研究. 石油钻探技术, 37(6): 87-90

贾晓飞, 雷光伦, 尹金焕, 等. 2011. 孔喉尺度弹性调驱微球与储层匹配关系理论研究. 石油钻探技术, 39(4): 91-93

姜志高, 李陈, 韦巍, 等. 2016a. 交联聚合物微球-聚合物 HAP 组合体系的深部调驱性能研究. 长江大学学报(自然科学版), 13(7): 4-8

姜志高, 郑晓宇, 郭文峰, 等. 2016b. 反相悬浮聚合法制备交联聚合物微球改善聚合物驱的效果. 油田化学, 33(4): 687-691

孔柏岭, 唐金星, 谢峰. 1998. 聚合物在多孔介质中水动力学滞留研究. 石油勘探与开发, 25(2): 68-70

雷光伦. 2011. 孔喉尺度弹性微球深部调驱新技术. 东营: 中国石油大学出版社

雷光伦, 郑家朋. 2007. 孔喉尺度聚合物微球的合成及全程调剖驱油新技术研究. 中国石油大学学报(自然科学版), 31(1): 87-90

雷光伦, 李文忠, 贾晓飞, 等. 2012. 孔喉尺度弹性微球调驱影响因素. 油气地质与采收率, 19(2): 41-43

刘承杰, 安俞蓉. 2010. 聚合物微球深部调剖技术研究及矿场实践. 钻采工艺, 33(5): 62-65

鲁光亮, 王健, 鲁道素, 等. 2009 . 孔喉尺度调堵剂微球在高温高盐条件下的性能. 新疆石油地质, 30(6): 748-750

李宏岭, 韩秀贞, 李明远, 等. 2011. 交联比对交联聚合物微球性能的影响. 石油与天然气化, 40(4): 362-366
李娟, 朱维耀, 龙运前, 等. 2012. 纳微米聚合物微球的水化膨胀封堵性能. 大庆石油学院学报, 36(3): 52-57
李蕾, 雷光伦, 姚传进, 等. 2013. 孔喉尺度弹性微球调整油层分流能力实验研究. 科学技术与工程, 13(17): 4793-4796
罗强, 唐可, 罗敏, 等. 2014. 聚合物微球在人造砾岩岩心中的运移性能. 油气地质与采收率, 21(1): 63-65
林伟民, 陈永浩, 曹敏, 等. 2011. 深部调剖剂 YG 聚合物微球性能评价与应用. 油田化学, 28(3): 327-330
卢祥国, 高振环, 闫文华. 1994. 人造岩心渗透率影响因素试验研究. 大庆石油地质与开发, 13(4): 53-55
卢祥国, 王树霞, 王荣健, 等. 2011. 深部液流转向剂与油藏适应性研究——以大庆喇嘛甸油田为例. 石油勘探与开发, 38(5): 576-581
卢祥国, 胡广斌, 曹伟佳, 等. 2016. 聚合物滞留特性对化学驱提高采收率的影响. 大庆石油地质与开发, 35(3): 99-105
黎晓茸, 张营, 贾玉琴, 等. 2012. 聚合物微球调驱技术在长庆油田的应用. 油田化学, 29(4): 419-422
廖新武, 刘超, 张运来, 等. 2013. 新型纳米微球调驱技术在海上稠油油田的应用. 特种油气藏, 20(5): 129-132
娄钰, 朱维耀, 宋洪庆, 等. 2014. 考虑固液界面作用的表观渗透率分形模型. 东北石油大学学报, 38(2): 69-73
刘义刚, 徐国瑞, 鞠野, 等. 2015. 紫外分光光度法测定聚合物微球产出液浓度. 科学技术与工程, 15(17): 145-149
李仲谨, 杨威, 王培霖, 等. 2010. β-环糊精聚合物微球的合成与表征. 精细化工, 27(7): 692-695
蒲万芬, 赵帅, 王亮亮, 等. 2018a. 聚合物微球粒径与喉道匹配性研究. 油气地质与采收率, 25(4): 100-105
蒲万芬, 赵帅, 袁成东, 等. 2018b. 耐温抗盐聚合物微球/表面活性剂交替段塞调驱实验研究. 油气藏评价与开发, 6(4): 69-73
任闽燕, 赵明宸, 徐赋海, 等. 2014. 海水基弹性微球深部调驱工艺在埕岛油田的应用. 油气地质与采收率, 21(1): 81-83
宋岱锋, 韩鹏, 王涛, 等. 2011. 乳液微球深部调驱技术研究与应用. 油田化学, 28(2): 163-166
孙龙德, 伍晓林, 周万富, 等. 2018. 大庆油田化学驱提高采收率技术. 石油勘探与开发, 45(4): 636-645
孙玉青. 2011. 微纳米弹性微球启动剩余油及提高采收率机理研究. 青岛: 中国石油大学(华东): 25-56.
孙哲, 孙学法, 卢祥国, 等. 2016. 原油组成对碱-表面活性剂-聚合物三元复合驱的影响. 石油化工, 45(6): 725-730
孙哲, 吴行才, 康晓东, 等. 2019. 连续相与分散相驱油体系驱油机理及其性能对比. 石油勘探与开发, 46(1): 116-124
唐孝芬, 刘玉章, 杨立民, 等. 2009. 缓膨高强度深部液流转向剂实验室研究. 石油勘探与开发, 36(4): 494-497
田鑫, 任芳祥, 韩树柏, 等. 2010. 可动微胶封堵性能影响因素研究. 石油天然气学报, 32(6): 139-142
王崇阳, 蒲万芬, 赵田红, 等. 2015. 高温高盐油藏新型表面活性剂微球复配体系调驱实验. 油气地质与采收率, 22(6): 107-111
王聪, 辛爱渊, 张代森, 等. 2008. 交联聚合物微球深部调驱体系的评价与应用. 精细石油化工进展, 9(6): 23-25
王代流, 肖建洪. 2008. 交联聚合物微球深部调驱技术及其应用. 油气地质与采收率, 15(2): 86-88
王德民, 程杰成, 吴军政, 等. 2005. 聚合物驱油技术在大庆油田的应用. 石油学报, 26(1): 74-78
王立凯, 冯喜增. 2005. 微流控芯片技术在生命科学研究中的应用. 化学进展, 17(3): 1-8
王鸣川, 朱维耀, 王国锋, 等. 2010. 纳米聚合物微球在中渗高含水油田的模拟研究. 西南石油大学学报(自然科学版), 32(5): 105-108
王涛, 肖建洪, 孙焕泉, 等. 2006. 聚合物微球的粒径影响因素及封堵特性. 油气地质与采收率, 13(4): 108-111
熊廷江, 刘伟, 雷元立, 等. 2007. 柳 28 断块聚合物凝胶微球在线调剖技术. 石油钻采工艺, 29(4): 64-67
姚传进, 雷光伦, 高雪梅, 等. 2012. 非均质条件下孔喉尺度弹性微球深部调驱研究. 油气地质与采收率, 19(5): 61-64

姚传进, 雷光伦, 高雪梅, 等. 2014. 孔喉尺度弹性微球调驱体系的流变性质. 油气地质与采收率, 21(1): 55-58

杨俊茹, 谢晓庆, 张健, 等. 2014. 交联聚合物微球-聚合物复合调驱注入参数优化设计. 石油勘探与开发, 41(6): 727-730

余明芬, 曾洪梅, 张桦, 等. 2014. 微流控芯片技术研究概况及其应用进展. 植物保护, 40(4): 1-8

张宝岩, 卢祥国, 谢坤, 等. 2016. Cr^{3+}聚合物凝胶与水交替注入调驱效果和机理分析——以渤海油田储层条件为例. 石油化工高等学校学报, 29(1): 35-40

张凤久, 姜伟, 孙福街, 等. 2011. 海上稠油聚合物驱关键技术研究与矿场试验. 中国工程科学, 13(5): 28-33

赵光, 戴彩丽, 由庆. 2018. 冻胶分散体软体非均相复合驱油体系特征及驱替机理. 石油勘探与开发, 45(3): 108-117

赵怀珍, 吴肇亮, 郑晓宇, 等. 2005. 水溶性交联聚合物微球的制备及性能. 精细化工, 22(1): 62-65

赵亮, 黄岩谊. 2011. 微流控芯片技术与芯片实验室. 大学化学, 26(3): 482-496

赵帅, 蒲万芬, 李科星, 等. 2019. 聚合物微球非均质调控能力研究. 油气藏评价与开发, (4):51-56

张霞林, 周晓君. 2008. 聚合物弹性微球乳液调驱实验研究. 石油钻采工艺, 30(5): 89-92

张云宝, 薛宝庆, 卢祥国, 等. 2015. 渤海油田多轮次凝胶调驱参数优化实验研究——以LD5-2油田A22井为例. 石油与天然气化工, 44(4): 87-92

张艳辉, 戴彩丽, 纪文娟, 等. 2012. 聚合物微球调驱机理及应用方法探究. 石油与天然气化工, 41(5): 508-511

周守为. 2009. 海上油田高效开发技术探索与实践. 中国工程科学, 11(10): 55-60

周元龙, 姜汉桥, 王川, 等. 2013. 核磁共振研究聚合物微球调驱微观渗流机理. 西安石油大学学报(自然科学版), 28(1): 70-75

赵玉武, 王国锋, 朱维耀. 2009. 纳微米聚合物驱油室内实验及数值模拟研究. 石油学报, 30(6): 894-897

张增丽, 雷光伦, 刘兆年, 等. 2007. 聚合物微球调驱研究. 新疆石油地质, 28(6): 749-751

Afeez, O G, Junin R, Manan M A, et al. 2018. Recent advances and prospects in polymeric nanofluids application for enhanced oil recovery. Journal of Industrial and Engineering Chemistry, 66: 1-19

Aladasani A, Bai B J. 2010. Recent developments and updated screening criteria of enhanced oil recovery techniques. International Oil and Gas Conference and Exhibition in China, Beijing SPE-130726-MS

Almohsin A, Bai B J, Imqam A, et al. 2014. Transport of nanogel through porous media and its resistance to water flow. SPE Improved Oil Recovery Symposium, Tulsa, Oklahoma, USA, SPE-169078-MS

Baisali S, Sharma V, Udayabhanu G. 2012. Gelation studies of an organically cross-linked polyacrylamide water shut-off gel system at different temperatures and pH. Journal of Petroleum Science & Engineering, 81(1): 145-150

Bartley J T, Ruth D W. 2001. Relative permeability analysis of tube bundle models, including capillary pressure. Transport in Porous Media, 45(3): 445-478

Bolandtaba S F, Skauge A. 2011. Network modeling of EOR processes: a combined invasion percolation and dynamic model for mobilization of trapped oil. Transport in Porous Media, 89(3): 357-382

Chauveteau G. 2001. New size-controlled microgels for oil production. SPE International Symposium on Oilfield Chemistry, Houston, Texas, SPE-64988-MS

Chauveteau G, Denys K. 2002. New insight on polymer adsorption under high flow rates. SPE/DOE Improved Oil Recovery Symposium, Tulsa, Oklahoma, SPE-75183-MS

Dahle H K, Celia M A, Hassanizadeh S M. 2005. Bundle-of-tubes model for calculating dynamic effects in the capillary-pressure-saturation relationship. Transport in Porous Media, 58(1-2): 5-22

Denney D. 2007. Improving sweep efficiency at the mature koluel kaike and piedra clavada waterflooding projects, Argentina. Journal of Petroleum Technology, 60(1): 47-49

Dong M, Dullien F A L, Dai L, et al. 2005. Immiscible displacement in the interacting capillary bundle model part I-development of interacting capillary bundle model. Transport in Porous Media, 59 (1) : 1-18

Dong M, Dullien F A L, Dai L, et al. 2006. Immiscible displacement in the interacting capillary bundle model part Ⅱ-applications of model and comparison of interacting and non-interacting capillary bundle models. Transport in Porous Media, 63 (2) : 289-304

Du D J, Pu W F, Zhang S, et al. 2020a. Preparation and migration study of graphene oxide-grafted polymeric microspheres: EOR implications. Journal of Petroleum Science and Engineering, 192:107286

Du W H, Wu P W, Zhao Z X, et al. 2020b. Facile preparation and characterization of temperature-responsive hydrophilic crosslinked polymer microspheres by aqueous dispersion polymerization. European Polymer Journal, 128: 109610

Du Y, Guan I. 2004. Field-scale polymer flooding lessons learnt and experiences gained during past 40 years. SPE International Petroleum Conference in Mexico, Puebla Pue, SPE-91787-MS

Eric D. 2014. Chemical EOR for heavy oil: The Canadian experience. SPE EOR Conference at Oil and Gas West Asia, Muscat, SPE-169715-MS

Faivre M, Abkarian M, Bickraj K, et al. 2006. Geometrical focusing of cells in a microfluidic device: An approach to separate blood plasma. Biorheology, 43 (2) : 147-159

Fenton B M, Carr R T, Cokelet G R. 1985. Nonuniform red cell distribution in 20 to 100 μm bifurcations. Microvascular Research, 29: 103-126

Gunstensen A K, Rothman D H, Zaleski S, et al. 1991. Lattice boltzman model of immiscible fluids. Physical Review A, 43 (43) : 4320-4327

Guo Q, Reiling S J, Rohrbach P, et al. 2012. Microfluidic biomechanical assay for red blood cells parasitized by plasmodium falciparum. Lab on a Chip, 12 (6) : 1143-1150

Hejri R, Shahab J. 1993. Permeability reduction by a Xanthan/Chromium (III) system in porous media. SPE Reservoir Engineering, 8 (4) : 299-304

Hoffmann T. 2003. Viscoelastic Properties of Polymers. Boston: Alternative Lithography: 25-45

Hu Y, Werner C, Li D. 2003. Influence of three-dimensional roughness on pressure-driven flow through microchannels. Journal of Fluids Engineering, 125 (5) : 871-879

Hua Z, Lin M Q, Guo J R, et al. 2013. Study on plugging performance of cross-linked polymer microspheres with reservoir pores. Journal of Petroleum Science and Engineering, 105: 70-75

Hua Z, Lin M Q, Dong Z X, et al. 2014. Study of deep profile control and oil displacement technologies with nanoscale polymer microspheres. Journal of Colloid and Interface Science, 424: 67-74

Husband M, Ohms D, Frampton H, et al. 2010. Results of a three-well waterflood sweep improvement trial in the Prudhoe Bay Field using a thermally activated particle system. SPE Improved Oil Recovery Symposium, Tulsa, Oklahoma, USA, SPE-129967-MS

Hyun U, Wun-gwi K. 2007. Effect of particle migration on the heat transfer of nanofluid. Korea-Australia Rheology Journal, 19 (3) : 99-107

Ioannidis M, Chatzis I. 2000. On the geometry and topology of 3D stochastic porous media. Journal of Colloid and Interface Science, 229 (2) : 323-334

James P, Harry F. 2003. Field Application of a new in-depth waterflood conformance improvement tool. SPE International Improved Oil Recovery Conference in Asia Pacific, Kuala Lumpur, SPE-84897-MS

Kiyoshi T. 2006. Extension of Einstein's viscosity equation to that for concentrated dispersions of solutes and particles. Journal of Bioscience and Bioengineering, 102 (6) : 524-528

Kovalchuka N, Starova V. 2010. Effect of aggregation on viscosity of colloidal suspension. Colloid Journal, 72(5): 647-652

Laila D S, Wei M Z, Bai B J. 2014. Data analysis and updated screening criteria for polymer flooding based on oilfield data. SPE Reservior Evaluation & Engineering ,17 (1): 15-25

Lee J, Koplik J. 2001. Network model for deep bed filtration. Physics of Fluids, 13(5): 1076-1086

Lee J, Beniah G, Dandamudi C B, et al. 2018. Noncovalent grafting of polyelectrolytes onto hydrophobic polymer colloids with a swelling agent. Colloids and Surfaces A: Physicochemical and Engineering Aspects, 555: 457-464

Leena K. 2014. Worldwide EOR survey. Oil & Gas Journal, 112(4): 49-59

Liang S, Hu S Q, Li J, et al. 2019. Study on EOR method in offshore oilfield: combination of polymer microspheres flooding and nitrogen foam flooding. Journal of Petroleum Science and Engineering, 178: 629-639

Lim C Y, Shu C, Niu X D, et al. 2002. Application of lattice Boltzmann method to simulate microchannel flows. Physice of Fluids, 14(7): 2299-2308

Liu W J, Cheng Y F, Meng X R, et al. 2019. Synthesis of multicore energetic hollow microspheres with an improved suspension polymerization-thermal expansion method. Powder Technology, 343: 326-329

Lu X G, Sun Z, Zhou Y X, et al. 2016. Research on configuration of polymer molecular aggregate and its reservoir applicability. Journal of Dispersion Science and Technology, 37(6): 908-917

Majumdar A, Bhushan B. 1990. Role of fractal geometry in roughness characterization and contact mechanics of surfaces. Journal of Tribology, 112(2): 205-216

Miyazaki K, Wyss H M, Weitz D A, et al. 2006. Nonlinear viscoelasticity of metastable complex fluids. EPL (Europhysics Letters), 75(6): 915-918

Obuse H, Ryu S, Furusaki A, et al. 2014. Spin-directed network model for the surface states of weak three-dimensional Z2 topological insulators. Physical Review B, 89(15): 155-158

Ohms D, Mcleod J, Graff C J, et al. 2009. Incremental oil success from waterflood sweep improvement in Alaska. SPE production & Operation, 25 (3): 247-254

Okabe H, Blunt M J. 2004. Prediction of permeability for porous media reconstructed using multiple-point statistics. Physical Review E, 70(6): 66-78

Quemada D, Berli C. 2002. Energy of interaction in colloids and its implications in rheological modeling. Advances in Colloid and Interface Science, 98(1): 51-85

Renouf G. 2014. A survey of polymer flooding in Western Canada. SPE Improved oil Recovery Symposium, Tulsa, Oklahoma, USA, SPE-169062-MS

Sheng J J. 2011. Modern Chemical Enhanced Oil Recovery: Theory and Practice. Boston: Gulf Professional Publishing

Smith J E, Mack J C. 1997. Gels correct in-depth reservoir permeability variation. Oil and Gas Journal, 9(5): 33-39

Strauss J P. 2010. EOR development screening of a heterogeneous heavy oil field-challenges and solutions. SPE EOR Conference at Oil & Gas West Asia, Muscat, Oman, SPE-129157-MS

Sun Z, Lu X G, Sun W. 2016. The profile control and displacement mechanism of continuous and discontinuous phase flooding agent. Journal of Dispersion Science and Technology, 38(10): 1403-1409

Tanka T, Hoeker L O, Benedsk G B. 1973. Spectrum of light scattered from a viscoelastic gel. Journal of Chemistry Physics, 59(9): 51-59

Utada A S, Lorenceau E, Link D R, et al. 2005. Monodisperse double emulsions generated from a microcapillary device. Science, 308: 537-541

Vogel H J, Roth K. 2001. Quantitative morphology and network representation of soil pore structure. Advances in Water Resources, 24 (3) : 233-242

Wang X M, Wu J K. 2006. Flow behavior of periodical electroosmosis in microchannel for biochips. Journal of Colloid and Interface Science, 29 (3) : 483-488

Wu X C, Han D K, Lu X G, et al. 2017a. Oil displacing mechanism of soft microgel particle dispersion in porous media. Earth Science, 42 (8) : 1348-1355

Wu X C, Wu H B, Bu Z Y, et al. 2017b. An innovative EOR method for waterflooding heterogeneous oilfield—graded diversion-flooding technology and verification by field comparison tests. SPE Russian Petroleum Technology Conference, Moscow, SPE-187845-MS

Wyss H M, Blair D L, Morris J F, et al. 2006. Mechanism for clogging of microchannels. Physical Review E, 74 (6) : 61-64

Yang H B, Shao S, Zhu T Y, et al. 2019. Shear resistance performance of low elastic polymer microspheres used for conformance control treatment. Journal of Industrial and Engineering Chemistry, 79: 295-306

Yao C J, Lei G L, Li L, et al. 2012. Selectivity of pore-scale elastic microspheres as a novel profile control and oil displacement agent. Energy & Fuels, 26: 5092-5101

Yao C J, Lei G L, Lawrence M, et al. 2014. Pore-scale investigation of micron-size polyacrylamide elastic microspheres (MPEMs) transport and retention in saturated porous media. Environmental Science & Technology, 48 (9) : 5329-5335

Zaitoun A, Tabary R. 2007. Using microgels to shut off water in a gas well. International Symposium on Oilfield Chemistry, Houston, SPE-106042-MS

编 后 记

“博士后文库”是汇集自然科学领域博士后研究人员优秀学术成果的系列丛书。“博士后文库”致力于打造专属于博士后学术创新的旗舰品牌，营造博士后百花齐放的学术氛围，提升博士后优秀成果的学术影响力和社会影响力。

“博士后文库”出版资助工作开展以来，得到了全国博士后管委会办公室、中国博士后科学基金会、中国科学院、科学出版社等有关单位领导的大力支持，众多热心博士后事业的专家学者给予积极的建议，工作人员做了大量艰苦细致的工作。在此，我们一并表示感谢！

“博士后文库”编委会